ANDRÉ GODARD

LES RÉFECTIONS FRANÇAISES

LES
JARDINS-VOLIÈRES

CRIMINELLE DESTRUCTION
REPEUPLEMENT POSSIBLE
IRREMPLAÇABLES SERVICES
DES OISEAUX

DEUXIÈME ÉDITION

Librairie académique PERRIN et Cⁱᵉ.

LES JARDINS-VOLIÈRES

ANDRÉ GODARD

LES RÉFECTIONS FRANÇAISES

LES JARDINS - VOLIÈRES

CRIMINELLE DESTRUCTION
REPEUPLEMENT POSSIBLE
IRREMPLAÇABLES SERVICES
DES OISEAUX

PARIS

LIBRAIRIE ACADÉMIQUE

PERRIN ET Cie, LIBRAIRES-ÉDITEURS

35, QUAI DES GRANDS-AUGUSTINS, 35

1916

PRÉFACE

I

Parmi tant d'irréparables ruines, dues à l'anarchie du dix-neuvième siècle, il faut noter la destruction des oiseaux.

Plus d'un quart des espèces européennes ont entièrement disparu; d'autres, mentionnées comme très communes par les anciens naturalistes, deviennent presque introuvables. C'est la série des oiseaux de rivages qui a le plus souffert; puis celle des passereaux vivant à découvert sur les guérets. Si quelques trilles de merles ou de pinsons égaient encore nos jardins, ni grèbes, ni hérons n'enchantent plus la solitude des lacs, et la voix claire de l'alouette ne nous repose plus du fastidieux spectacle des blés et des vignes.

Ces choses, je le sais, ne touchent presque personne. A peine demeurons-nous quelques-uns, qui tournerions le dos à toutes les prouesses d'aviateurs pour suivre un vol de mouettes, ou qui sacrifierions les Léonard et les Raphaël, s'il fallait à ce prix sauver l'éclatant plumage de nos martins-pêcheurs et de nos loriots.

Je sacrifierais même beaucoup plus ! Et, à moins qu'une République intelligente, autoritaire, pareille à celles des États-Unis et de la Suisse, ne doive édicter chez nous des mesures efficacement protectrices, je souhaiterais d'avoir connu la joie de vivre de l'Ancien Régime, avant que la débilité politique de Louis XVI n'eût laissé la France s'engluer dans l'anarchie.

Non que la Révolution ait, autant qu'on le dit, dépravé les cœurs; elle les a même, à divers points de vue, humanisés. Seulement, elle a donné au mal, sous prétexte de libéralisme, un effroyable pouvoir de destruction. Voilà bien ce que nous fait toucher du doigt le nécrologe de la faune ailée ! Au temps où Buffon décrivait les richesses de cette faune, il existait, autant qu'aujourd'hui, des sauvages capables de tuer un rossignol. Mais ils ne le tuaient point, parce que l'Institution féodale réservait la vénerie à quelques privilégiés, lesquels rencontraient trop de vrai gibier pour s'abaisser à exterminer les passereaux. Si notre Gouvernement veut démocratiser la chasse, qu'il consacre d'abord au repeuplement le prix des permis ! Au lieu de cela, il vient d'imposer les chasses gardées, dernier refuge des oiseaux ; cependant qu'hier certains députés du Sud-Ouest étaient élus sur ce programme, que la capture des insectivores serait autorisée en tout temps et par tous les moyens ! Voilà le dernier mot de la licence démagogique, issue des clubs girondins ou hébertistes.

Ainsi, la barbarie contemporaine achève d'anéantir l'être auquel toute l'Antiquité avait reconnu, selon le mot de Joseph de Maistre, une sorte de caractère divin. On le trouve mêlé aux fables comme aux souvenirs religieux de l'Humanité. La formidable puissance romaine tremblait devant un oiseau réputé néfaste. Mais un corbeau nourrissait les prophètes du vrai Dieu. Le disciple aimé, le voyant de l'Apocalypse caressait une perdrix, dérobée à la poursuite d'un chasseur. L'Oiseau restait la dernière joie terrestre de François d'Assise et des saints d'Irlande.

A des âmes brisées par le sort, ou par l'injustice humaine, il apporte un suprême rayon. Le naufragé des mers du pôle aperçoit encore le ptarmigan, une paire d'ailes survolant le morne linceul de la banquise. Tels vieillards mêlés aux drames de l'Histoire, et venus des points opposés de l'horizon politique, se rencontrent, désabusés des hommes, dans la contemplation de l'Oiseau : Billaud-Varennes éduque des perroquets à la Guyane; Chateaubriand émiette du pain aux poules d'eau des lacs helvétiques.

Fleur animée, l'Oiseau semble quelque chose de déjà moral introduit par le Créateur dans les éclosions de la Beauté. Par son coloris, sa voix, sa forme, chaque espèce s'harmonise avec les charmes différents des forêts, des plaines, des jardins ou des fleuves. Chouette ou rossignol, l'Oiseau est encore la poésie, mélancolique ou amoureuse, de la nuit.

L'exterminer est plus qu'un crime imbécile : c'est un attentat contre la splendeur de l'œuvre divine, une régression vers le chaos, alors que la planète tournait vide et silencieuse, telle qu'aux premiers versets de la Genèse.

Nul être, mieux que l'Oiseau, ne confirme cette leçon de Moïse : « Dieu créa les animaux selon leurs espèces » ; nul plus victorieusement ne proteste contre les insanités du transformisme. Dans chaque ordre chaque genre, dans chaque genre chaque espèce se révèlent invariablement, irréductiblement différenciés du genre ou de l'espèce les plus voisins, tant par la structure anatomique que par les mœurs, la nourriture, la construction du nid, la couleur de l'œuf. Les rares métis féconds produisent seulement des variétés de l'un ou de l'autre parent; et bientôt, rendue à l'état libre, soustraite à l'action très restreinte de la sélection artificielle, leur descendance retourne entièrement à l'un des types primitifs. C'est ce que Buffon, puis Brehm ont reconnu pour le genre le plus abondant en variétés domestiques : le pigeon.

Vraiment, l'on croirait que le matérialisme industriel d'aujourd'hui s'efforce de supprimer dans la faune ailée le plus gênant témoin de la supériorité de l'œuvre divine sur nos débiles entreprises ! A vrai dire, nos modernes titans n'en cherchent pas si long. En refaisant la Création à leur manière, ils poursuivent un lucre immédiat; ils sacrifient à un besoin de jouissance égoïste l'avenir des générations et les plus précieuses richesses naturelles.

Qu'importe l'anéantissement de vingt races d'oiseaux à la coquette qui exige une parure de plumes, aux parents faibles qui achètent une carabine à leur fils, au député qui sacrifierait un monde pour sa réélection, au paysan qui regarde un loriot manger une cerise, et ne le voit pas nourrir sa couvée des plus dangereux insectes ?

De ce vandalisme l'opinion publique ne s'émeut guère. Vainement Michelet, avec tous les naturalistes, tous les agronomes, a sonné l'alarme. Vainement Toussenel écrivit : « Les petits oiseaux chanteurs, ennemis des insectes, sont les génies ailés à qui Dieu a confié la garde des vergers de l'homme. » Les désastres agricoles eux-mêmes ne triomphent pas de la stupide indifférence des foules à l'égard de la Nature violée. Qu'un tableau soit lacéré dans un musée, la presse frémit d'indignation. Mais l'affreux silence des campagnes, mais les bourses des chenilles remplaçant les nids de fauvettes semblent ne toucher presque personne. L'anarchie gouvernementale laisse chez nous, comme en Italie, des peuplades, que renieraient les pires sauvages, exterminer par millions hirondelles et bergeronnettes. La Conven-

tion internationale de 1902 pour la protection des
oiseaux utiles, due cependant à la généreuse initiative de la France, et particulièrement de MM. Méline
et Mougeot, n'est appliquée strictement que dans
d'autres États, où particuliers et gouvernements rivalisent depuis longtemps du zèle le plus intelligent
pour sauvegarder la faune ailée.

En quelques régions françaises toutefois l'on s'est
occupé de repeupler les chasses artificiellement. Certains amateurs d'oiseaux tentèrent aussi en grandes
volières l'élevage de palmipèdes et de gallinacés. Mais
presque rien n'a été essayé pour multiplier de cette
façon nos passereaux insectivores. De tels essais au
reste demeureraient vains, au moins pour les migrateurs, tant qu'une législation sévère et mondiale
n'atteindra pas partout les massacreurs.

Puis, l'équilibre numérique des espèces une fois
rompu, on ne le rétablit point aisément. Plusieurs,
très utiles quand d'autres les restreignent, deviennent nuisibles par une multiplication excessive. Il
faut une législation assez compliquée pour déterminer les oiseaux dont on peut réduire le nombre, et
ceux que l'on ne doit tuer sous aucun prétexte.

Enfin, dans l'état présent de l'industrie, diverses
espèces paraissent impossibles à protéger. Phares
électriques, poisons agricoles, faucheuses mécaniques
continueront d'anéantir des genres entiers de notre
avifaune, si la France ne se décide pas à imiter les
pays qui placent des échelles de repos autour des

phares, interdisent l'emploi de certaines drogues, et imposent à la faucheuse mécanique une sonnette d'alarme.

Comme il est peu probable que nos gouvernants déploient ici l'énergie nécessaire, nous, les rares que préoccupe l'intégralité de la faune ailée, nous devrons, menacés par le déluge de folie exterminatrice, rebâtir l'arche, construire de vastes volières où les espèces les plus menacées retrouveront un peu de leur ambiance naturelle. Par ce moyen les Anglais viennent de perpétuer en Égypte le héron garde-bœuf.

Puisse mon livre, où j'ai tenté de résumer parallèlement la moralité et la technique de ces questions, susciter quelques bons vouloirs ! J'y compte peu ; trop de mes prédécesseurs y échouèrent. La Ligue française pour la protection de l'Oiseau put réunir péniblement quatre ou cinq cents abonnés, alors que toutes les puissances de la réclame extorquent des millions à la crédulité publique, pour des entreprises qui alimentent certains brasseurs d'affaires ou les caisses électorales. Les oiseaux, eux, que l'on sauverait à moindre prix, nul n'y songe. Et cependant leur chasse, dernière forme du banditisme, devrait disparaître de tout État vraiment policé.

II

Les pages qu'on vient de lire furent écrites à la veille de la guerre. Au lieu d'absorber les poisons moraux et matériels que nous déversait l'Allemagne avant d'incendier nos villes, que ne lui empruntions-nous plutôt l'exemple d'une protection efficace de la faune ailée !

A vrai dire, il exista de tout temps deux Allemagnes : celle des reîtres et des étudiants à rapière, laquelle endossa contre nous la livrée prussienne ; puis celle de Leibnitz et de Wagner, de la métaphysique et du rêve, avec les clairs de lune et les rossignols de Gretchen.

Nous ne devons pas seulement à la première les horreurs du militarisme, mais encore les pernicieux effluves du luthérianisme, de l'illuminisme, puis du panthéisme. Bismarck reprit la pensée atroce de Frédéric II : la déchristianisation et l'assauvagissement de l'Europe par la Prusse. Nous devons aussi à la Prusse cette hypertrophie industrielle dont, autant que l'Amérique, elle nous fournit le dépravant exemple.

Besoins factices, esclavage de l'ouvrier, et les grands buts de la vie méconnus, l'esprit hypnotisé sur la matière et le lucre, voilà ce qu'a substitué l'Industrie au songe de la Germanie et à l'âme généreuse de l'ancienne France [1]. Où tout cela a-t-il abouti ? A revoir, transposée à la mode de Krupp, la barbarie du cinquième siècle.

Plus encore que le parti militaire, le parti commercial et industriel de l'Allemagne rendit inévitable une conflagration. C'est pour la rivalité de Hambourg et de Londres que tant de veuves sanglotent. Des intérêts métallurgiques ont transformé en cimetières nos sillons de l'Est.

Quant au parti militaire allemand, il nous présente souvent de hautains veneurs. Le grand responsable de la guerre actuelle, celui qui en sema implacablement tous les germes, ce fut Bismarck, la brute matérialiste, l'homme aux dogues. Le kaiser, qui disgracia enfin ce misérable, s'est laissé lui-même endurcir par la chasse, massacrant jusqu'à la dernière bécasse de ses réserves domaniales. Il eût mieux valu rêver toujours au cygne de Lohengrin, aux héros chastes, aux légendes enchantées des Niebelungen !

A l'Allemagne des usiniers et des reîtres l'ignoble Nietzsche fournit une morale : son contre-évangile.

Il serait dès lors injuste de tenir rancune aux

---

1. Dès 1860, Louis Veuillot prophétise l'anarchie despotique et les catastrophes mondiales que le machinisme prépare. On lit dans le *Parfum de Rome* : « La religion avait fait prévaloir la pensée sur la matière. Vous faites prévaloir la matière sur la pensée, et vous rétrogradez ainsi de dix-huit siècles... Quant à la religion, la brute polytechnique ne s'en occupe pas. Elle sonde les œuvres de Dieu, mais elle ne voit pas l'ouvrier. Quelque jour, un membre de l'Institut offrira de créer la terre... L'espèce humaine deviendra de plus en plus brutale et asservie. »

bouvreuils de Fritz et aux rossignols de Gretchen. Ils furent les premières victimes de l'Allemagne dépravée par les cultes de la Force.

Déjà, oublieuse de ses cigognes, l'Allemagne s'occupait d'élever des phares pour l'aviation, comme si les lentilles maritimes ne suffisaient pas aux hécatombes des migrateurs ! Nature, rêverie, tout s'effaçait devant le caporalisme teuton, tandis qu'au romantisme des beffrois succédait l'ignoble reproduction d'un Chicago.

Légendes souabes, Nibelungen, fées et walkyries, il vous fallait fuir devant les docks hambourgeois et les banques de Francfort ! Les vieilles épopées germaniques, l'ombre d'Arminius ne défendaient plus la Forêt-Noire, engloutie dans les hauts fourneaux.

Voilà le mal que toléra l'Allemagne, et par où elle ensanglanta l'Europe. Ne lui chicanons pas quelque louange pour un reste d'idéalisme, alors qu'elle protégeait sa faune ailée ou les paradisiers océaniens.

D'ailleurs, ne méconnaissons pas nos propres torts. Si la Prusse a pu incendier nos voûtes traditionnelles de Reims, c'est sans doute qu'aucune prière ne s'y élevait plus.

Hélas ! L'Europe entière eût dû trembler de provoquer le Ciel par de bien autres forfaits que ses hécatombes de fauvettes ! Le dimanche où éclata la nouvelle de la mobilisation, un frisson courut dans les églises, lorsque fut lu l'évangile de ce jour-là :

« Jésus, pleurant sur Jérusalem, s'écria : Ah ! si tu savais ce qui peut t'apporter la paix ! Cela reste caché à tes yeux. Le temps vient où tes ennemis t'environneront de tranchées, parce que tu n'as pas connu l'heure où tu fus visitée ! »

Cependant Dieu, avide de sauver la France, prévaricatrice envers Lui, mais moins barbare que ses ennemis, écouta les prières dictées par l'affolement de l'invasion. Après les dévastatations renouvelées du cinquième siècle, le miracle de Geneviève se reproduisit dans les mêmes champs où avaient tourné bride les cavaliers d'Attila. Plus d'unanimité dans la contrition eût rendu la délivrance plus définitive.

Mais, parce que l'orgie païenne du Second Directoire revint à nos esprits, comme la cause surnaturelle qui avait déchaîné sur nous la foudre, est-il nécessaire d'oublier que de moindres désordres furent naguères expiés par de moindres fléaux, et que les nuées d'insectes vengèrent l'Oiseau ?

Eh ! qui donc le créa, lui assigna sa tâche ? Les massacres de passereaux constituent réellement contre l'ordre providentiel un attentat qui doit disparaître, lui aussi, de notre société, si tant de larmes la régénèrent.

Et, puisque chaque crise de l'Humanité paraît l'élever à un degré supérieur, peut-être l'apport moral du vingtième siècle résidera-t-il dans le respect de l'existence animale et de la beauté naturelle, dans l'horreur des inutiles destructions.

En ce cas, les générations futures parleront des tueurs de grèbes et de loriots comme nous parlons de ces Vandales qui se faisaient un jeu de briser les marbres d'Hellas.

La Beauté naturelle plus sacrée que l'Art, comprendrons-nous enfin cela en France ?

III

Mieux encore qu'à nos ennemis nous pouvons emprunter à nos Alliés britanniques l'exemple d'une intelligente protection de l'avifaune, particulièrement des oiseaux de mer. Ceux-ci, un jour, se montrèrent reconnaissants :

« Voici l'incident qui nous arriva dans la mer du Nord, écrivait un matelot anglais. Nous avons toujours une quantité de mouettes qui suivent notre vaisseau et, après les repas, elles sommeillent. J'étais près d'une de nos pièces de 12 livres, après dîner — toutes les mouettes reposant — lorsque je fus stupéfait de les voir soudainement voler autour d'un objet que nous reconnûmes être le périscope d'un sous-marin allemand. Sans ces vigilantes mouettes, nous allions au fond. »

Ce petit récit et quelques autres nouvelles ornithologiques me parviennent, mon livre achevé. Je les relate ici, et comme en Dernière Heure.

Le *Bulletin* de la « Royal Society for the protection of birds » expose les efforts tentés présentement en Angleterre par l'industrie — une très louable industrie, celle-là ! — pour remplacer les usines allemandes qui fournissaient aux éleveurs d'oiseaux les vers de farine et les pâtées pour insectivores. En outre, la Royal Society se préoccupe aussi de supplanter l'Allemagne dans la fabrication d'abris d'hiver pour les passereaux sédentaires. Elle insiste sur l'importance de cet outillage dans les climats septentrionaux. « C'est le docteur Gordon Hewet qui, le premier, eut l'idée de mettre en pratique cette conception, sur une grande échelle, dans les peuplements de mélèzes de Thirlmere (entreprise municipale de la ville de Manchester), lors de la maladie qui les ravagea. Les oiseaux et plus spécialement les mésanges, ainsi protégés durant la mauvaise saison, contribuent à la destruction des insectes qui s'attaquent aux mélèzes. Les effets bienfaisants de cette heureuse idée ont été constatés lors d'une inspection faite l'été dernier par la municipalité de Manchester. »

En France, M. Henri Kehrig qui, dans sa *Feuille vinicole de la Gironde*, soutient depuis longtemps que l'Oiseau seul peut nous délivrer des parasites de la vigne, remarque au printemps de 1915 une diminution de la cochylis, et l'attribue « au plus grand nombre de passereaux insectivores, que la suppression de la chasse et des destructions en masse a favorisés[1]. » D'ailleurs les essais de nichage artificiel se multiplient dans le Médoc.

Malheureusement l'hirondelle, cette exterminatrice des papillons de cochylis, des mouches, des moustiques, n'est pas encore partout respectée. M. de Chapel signale à Valabrègues (Gard) cet incroyable scandale : « En octobre 1914 on chassait au filet les hirondelles, près d'un chemin très passager, non loin du village qui possède *quatre gardes*. Mon correspondant a écrit au préfet; moi, j'ai écrit au commandant de gendarmerie, expliquant que le délit était grave et multiple, car les braconniers prenaient les hirondelles (oiseau qu'il est défendu de tuer) avec des engins prohibés (filets se rabattant) et pendant que la chasse est défendue ! Ces braconniers avaient une quinzaine d'hirondelles vivantes attachées au milieu de leurs filets, comme appeaux. Les autorités auxquelles nous nous sommes adressés ont dû mettre notre réclamation au panier, car nous n'avons reçu aucune réponse. C'est souvent que les choses se passent ainsi ! »

Au lieu de rappeler à leur devoir ces étranges fonctionnaires, que fait le Gouvernement pour nous délivrer de l'invasion de mouches et de moustiques, résultat des massacres d'hirondelles? Il envoie à tous les maires une circulaire insane enjoignant de

---

1. Toutefois la destruction des couvées par un printemps pluvieux, et le départ prématuré des hirondelles ont laissé plus tard le champ libre à la deuxième éclosion de la cochylis.

vider les mares pour y déposer de l'huile de goudron, d'asperger de crésol les fumiers, d'enlever ceux-ci « trois fois par semaine », de laver toutes les étables et écuries, cela dans un temps où l'on manque de bras pour semer le blé ! Jamais l'imbécillité administrative, la cécité de la science officielle, les louches spéculations des marchands de drogues, et enfin l'ignorance ou le dédain de nos auxiliaires naturels n'avaient atteint ce paroxysme.

Néanmoins, utilitaire ou esthétique, limité aux insectivores ou étendu à l'ensemble de la faune ailée, le courant protectionniste s'intensifie. Au Nord, au Centre, le braconnage des passereaux décroît depuis plusieurs années ; le Midi lui-même, ce pire fief des oiseleurs, tend à s'amender.

La municipalité de Marseille vient de donner un exemple, regrettable par son résultat, mais louable comme symptôme d'un esprit nouveau : Une immense cargaison d'oiseaux des tropiques, embarqués vers la sombre Germanie, fut saisie. Les plus intéressantes espèces, merles métalliques, toucans, loris, trouvèrent quelques acheteurs ; le Jardin zoologique s'enrichit de grues, de gangas, d'argus. Mais, de la multitude commune des petits fringilles africains personne ne voulut. Alors, on les lâcha dans les squares, où la municipalité leur fit distribuer des graines. Mais, au premier coup de mistral, bengalis, tisserins, perruches, ignicolores, toute la vision des forêts équatoriales s'évanouit.

Car l'adaptation climatérique s'exerce pour l'avifaune dans des limites restreintes. A Biskra même, des lâchers d'aras et de perruches n'ont pas réussi. C'est déjà beaucoup pour la Provence, que de posséder certains oiseaux d'Orient, le guêpier, le rollier, l'ibis, le flamant rose, introuvables ailleurs en France. D'intelligents chefs de vastes mas les protègent à grand'peine contre les braconniers de la Camargue. Hélas! découvrirait-on dans notre patrie un coin où quelque brute armée d'un fusil ne soit pas capable de tuer un rollier bleu ou un phénicoptère? Durant le rude hiver de 1913, les flamants du Vaccarès, paralysés par le froid, furent décimés. Les Provençaux n'ont donc pas compris que la colonie de ces splendides échassiers représente un trésor de beauté aussi respectable que les arènes arlésiennes et les sarcophages des Alyscamps!

On parle d'introduire enfin chez nous le système des parcs nationaux de repeuplement. A moins de frais, l'État organiserait dans la Camargue une incomparable réserve; il lui suffirait, au lieu d'imposer les gardes particuliers, de les faire assister quelquefois par ses gendarmes et ses douaniers. Le Vaccarès, les jungles de roseaux du Petit Rhône, avec leurs vols de sarcelles marbrées, de flamants, de hérons pourprés, d'ibis, c'était, cela pourrait continuer d'être en France un lac africain.

Les maraudeurs de chasse et les ingénieurs vont-ils détruire cette beauté dernière, après avoir saccagé nos estuaires de la Gironde, de la Seine, surtout de la Loire ?

Il est grand temps que l'Européen répudie sa mentalité massacreuse ; sans quoi c'en est fait aussi des faunes australes. Pour que les couples initiaux aient, malgré les causes naturelles de destruction, produit le million de flamants roses qui enthousiasmait Harry Johnston sur la rive du petit lac Hannington, il a fallu bien des millénaires ; lâchés sans surveillance, quelques trafiquants de Nantes ou de Marseille extermineraient tout en six mois.

Avec le duvet des cygnes à cou noir, qui enchantaient les rivières de la Basse Argentine, l'industrie fabrique les houppettes à poudre de riz. Les planteurs portugais du Madeira vendent au commerce des ballots d'aigrettes blanches.

Cependant l'Amérique vient d'esquisser une magnifique réaction contre ces tueries, par le bill prohibitif des États-Unis, voté à la requête d'une puissante Ligue protectrice : la *National Association of Audubon Societies*. Le patronage du grand ornithologiste nord-américain ne pouvait être mieux placé. Une très récente enquête entreprise par cette Ligue montre les heureux effets de la protection : dans les onze colonies surveillées, l'on a compté 5.000 aigrettes. Les mêmes rookeries présentèrent 7.000 hérons bleus, 26.000 ibis blancs, et un nombre analogue d'autres échassiers : gallinules, butors, spatules roses, courlans de la Floride. Durant la période de reproduction, en 1914, 550.000 oiseaux aquatiques furent préservés par l'Association.

En Australie, le ministère du Queensland vient d'ériger en réserves un groupe nombreux d'îlots. Quant à nos colonies, voici la dernière nouvelle que je lis dans la *Revue française d'Ornithologie :* « Le général Brulard a pris un arrêté interdisant la chasse du charmant et si utile garde-bœuf ibis , ou fausse aigrette, sur tout le territoire de Marrakech. Espérons que cette mesure prévoyante sera bientôt appliquée, non seulement dans tout le Maroc, mais encore dans toutes nos possessions nord-africaines. »

M. Pittet, dans *l'Ornithologiste* (revue suisse), a raison d'observer que « la protection des oiseaux est devenue une science moderne qui caractérise les tendances du vingtième siècle ».

Hélas ! pourquoi faut-il que M. Louis Ternier soit aussi autorisé à conclure une étude sur les effets de l'interdiction de la chasse par cette réflexion : « Il est regrettable de le constater, c'est seulement quand nous sommes en guerre avec nos semblables, que nous consentons à faire la paix avec les oiseaux ! »

Nos campagnes ne reverdissent-elles, délivrées des insectes par les fauvettes et les mésanges qu'on ne tue plus, les courlis, les pluviers ne redeviennent-ils l'ornement familier de nos plages, que quand notre démoniaque instinct de détruire se retourne contre nous-mêmes ?

Les matérialistes, rebelles au dogme si raisonnable d'une Humanité créée pour le bonheur, puis victime de sa libre mésoption, montrent du moins quelque logique en nous assignant pour ancêtre un féroce gorille. A qui viendrait l'idée de nous faire descendre d'une tourterelle ou d'une brebis ? Mais le vrai, c'est que nous devons reconquérir par d'âpres efforts, et dans la douleur, l'innocence héréditairement perdue.

Puisse, demain, après l'abominable effusion de sang, cette société navrante de vieillards, d'enfants et de mutilés conserver la nausée du meurtre, commis même envers les existences inférieures ! Qu'une pitié jaillisse des milliers de fosses, et que Caïn, au seul aspect d'une arme quelconque, rougisse soudain de lui-même ! Que l'Europe, naguère livrée à la Bête qui accomplit de faux prodiges et persécute les justes, s'épouvante de cette soif de carnage où l'entraînèrent l'oubli de Dieu et la méconnaissance des normes vitales ! La mort des héros, et tant d'impérieux deuils, loin de décourager les survivants, doivent leur inculquer la foi en l'avenir, et la résolution d'organiser vers la paix sociale, mais aussi vers le retour aux principes éternels du bien, une patrie matériellement sauvée dans le sang et dans les larmes.

Or, à l'heure où déjà des ministres et des comités s'agitent pour creuser d'inutiles ports, rebâtir Babel, détourner vers la forge maudite des Cyclopes les bras si rares dont l'agriculture implore le secours, il n'est pas puéril de ramener la pensée française vers la sauvegarde de nos richesses ou de nos beautés naturelles, vers le reboisement de provinces changées en steppes, ou vers la protection de nos oiseaux.

La guerre a momentanément dispersé leurs défenseurs, et il nous faut déplorer la perte du prince E. d'Arenberg, collaborateur de la *Revue française d'Ornithologie*, tué à l'ennemi. Mais la Ligue protectrice, fondée par la Société d'Acclimatation, reprendra son travail, à défaut de l'un de ces puissants Instituts ornithologiques que d'autres pays ont le bon sens de subventionner officiellement.

Je voudrais demander quelque symbolisme des temps futurs à l'anecdote que me contait un sergent, témoin oculaire. Elle remémore ces pronostications naturelles que, chez les historiens antiques, si légèrement nous estimons fabuleuses :

Dans la tranchée, les hommes s'apprêtaient à bondir, commandés pour une attaque désespérée, l'une de ces offensives qui raturent les listes d'appel. Soudain, sur l'épaule d'un jeune gâs une alouette huppée vint se poser, et là, confiante, gazouilla. Alors, de toutes ces poitrines d'hommes renouvelés, qui songeaient à la maison lointaine ou à l'immanente justice de Dieu, un cri, presque d'angoisse, jaillit : « Ne la tue pas ! » Et voici qu'une autre alouette, la femelle sans doute, vola auprès de la première, sans plus de frayeur. Au même moment retentit une sonnerie de téléphone : l'attaque était contre-mandée.

Si le péril incline beaucoup de cœurs à quelque pitié, même envers la vie animale, il restera cependant toujours d'incorrigibles brutes : celles-ci, l'autorité publique doit les réprimer, surtout les désarmer.

L'impunité sera-t-elle toujours accordée à ces catalogues de manufactures d'armes qui offrent au public les carabines et les cannes-fusils, causes déjà de tant d'accidents mortels, et qui ne servent qu'aux braconniers ou aux massacreurs d'oiseaux utiles ? Tolérera-t-on perpétuellement le scandale de leur fabrication et de leur vente ?

L'Industrie ne se décidera-t-elle pas à leur substituer une large fabrication d'engins perfectionnés pour la capture des bêtes de rapine, particulièrement des éperviers, qui se sont fort multipliés au cours de la guerre ?

Puis, les crimes de la chimie agricole, va-t-on enfin les interdire ? Et toute licence sera-t-elle perpétuellement tolérée aux inventions des Edison ?

Un agriculteur, converti par l'expérience à la protection des oiseaux, me signalait, comme causes importantes de leur destruction, les fils téléphoniques et l'intoxication des semences.

Les lignes télégraphiques, en fil de fer galvanisé, et à faible voltage, n'électrocutent point les passereaux qui s'y perchent. Il semble que les courants répartis sur plusieurs fils les épargnent aussi.

Quant aux semences trempées dans le vitriol et autres drogues, elles empoisonnent, non seulement les granivores, mais aussi, par ricochet, les insectivores qui mangent les cadavres des vermisseaux intoxiqués par les graines ainsi traitées. La disparition, presque complète, des passereaux qui protégeaient nos vignes, s'explique surtout par cet empoisonnement à deux degrés. Ainsi, en nous débarrassant de quelques vers, la chimie assassine un oiseau qui eût gratuitement détruit des millions d'insectes et de larves qu'aucune drogue ne saurait atteindre. On mesure là l'intelligence de nos progrès ! Notre vignoble anéanti, notre agriculture aux abois, voilà le résultat.

Pour étudier de telles questions, très complexes, et dont dépend l'avenir économique de la France, il serait urgent d'instituer au Ministère de l'Agriculture un sous-secrétariat, tout au moins une division, pour la Protection des oiseaux nécessaires. Ses attributions seraient à la fois théoriques, comme celles des Instituts ornithologiques d'autres États, et pratiquement répressives.

Finira-t-on par comprendre que *la sauvegarde des insectivores est une question vitale pour l'agriculture française ?*

LES JARDINS-VOLIÈRES

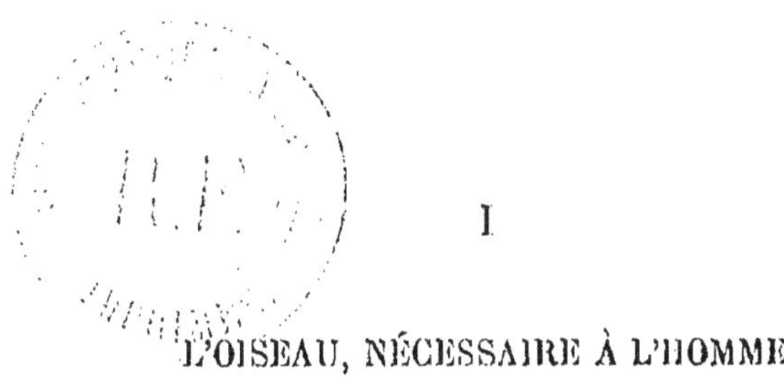

I

L'OISEAU, NÉCESSAIRE À L'HOMME

L'Antiquité sut reconnaître les services des oiseaux. Le *Deutéronome* protège leurs couvées. L'Egypte idolâtrait l'ibis, tueur de serpents. Solon réprima l'abus de la chasse. Aristophane, en son exquise féerie des *Oiseaux*, leur fait dire : « Nous préservons le fruit dans sa fleur, en détruisant ces mille sortes d'insectes voraces qui se nourrissent de leurs germes à peine formés dans le calice. Nous détruisons ceux qui dévastent les jardins embaumés. Tous les êtres rampants et rongeurs périssent par nous. »

L'Europe, au Moyen-Age, se préoccupa peu de l'utilité de l'avifaune, alors beaucoup moins menacée qu'aujourd'hui. Cependant l'Espagne punissait des travaux forcés le meurtre d'une cigogne. Ce proverbe y courait dans le peuple : « Qui tue une hirondelle tue sa mère. » Partout ailleurs, la sévère législation de la vénerie profitait par surcroît aux oiseaux.

Buffon signale déjà l'utilité des insectivores, par exemple celle de l'ortolan comme préservateur de la vigne.

Les massacres ne sévissaient guère alors qu'en Italie, terre de tout temps dure aux oiseaux, et où saint François d'Assise presque seul, après Ovide et Virgile, et dans le peuple quelques éleveurs de chouettes s'intéressent à eux.

L'Europe du Nord, où l'art n'a pas étouffé le sens de la nature, les aime et, au dix-neuvième siècle, entreprend de les protéger contre l'anarchie de la chasse. En Allemagne, de nombreux zoologistes, reprenant l'œuvre de notre Buffon, étudient l'avifaune, précisent son utilité. Brehm écrit : « La plupart des oiseaux sont nos défenseurs naturels contre nos ennemis les plus nombreux, les plus invisibles, les plus inaccessibles à nos coups. La Providence leur a donné une vue perçante qui leur permet de découvrir, même à grande distance, les plus petits insectes, des ailes rapides pour les poursuivre, un bec vigoureux pour les happer...

« Les chouettes, les hiboux purgent nos champs des mulots et autres petits rongeurs qui les dévastent, et détruisent des quantités incalculables de gros insectes nuisibles à nos récoltes. Le coucou débarrasse nos bois et nos vergers des chenilles velues qui les envahissent. Tous les insectivores à bec fin, tels que les grives, les merles, les traquets, les fauvettes, etc., pour quelques fruits qu'ils nous dérobent, nous rendent des services inappréciables en dévorant journellement des milliers d'insectes, de larves, de vermisseaux. Les hirondelles nous délivrent des mouches qui nous importunent, et chassent aussi les fourmis ailées et, ce qui est pour nous d'un intérêt plus grand, les charançons. Les pics, que l'on a quelquefois accusés injustement de nous nuire, sont au contraire les conservateurs de nos forêts, en ce qu'ils font une chasse continuelle aux cossus, aux scolytes et autres xylophages qui s'attaquent aux arbres. Les mésanges, dont le nombre est malheureusement trop restreint, sont nos plus puissants auxiliaires. Elles explorent minutieusement un arbre, un arbuste, du pied à la cime, pour y découvrir, non seulement les chenilles nues, les pucerons cachés dans le feuillage, mais encore les œufs que des insectes de divers genres ont déposés sur les branches ou les feuilles. Il en est de même des étourneaux et des martins : ils font dans nos prairies ce que les mésanges font dans nos bois et nos vergers. Chercheurs infatigables, ils fouillent chaque touffe d'herbe, pour y trouver des sauterelles et leurs larves, des mordelles, des vers, des limaces. Il n'est pas jusqu'aux moineaux, aux bruants, et à d'autres passereaux à bec conique, qui ne nous rendent des services, soit en détruisant des insectes, soit en dévorant les graines de plusieurs plantes nuisibles.

« Les oiseaux sont donc indispensables sur la terre : ils maintiennent l'équilibre dans la série des êtres ; ils empêchent surtout les insectes, ces ennemis si petits et si redoutables, de prendre la prépondérance. Une paire d'oiseaux peut nous rendre plus de services que tout un ordre de mammifères. Leur utilité ne peut s'estimer, tant elle est grande ; mais elle doit justifier ces mots, qui devraient être la devise de tout naturaliste, de toute personne instruite : *Protection aux oiseaux!* [1] »

1. *La Vie des animaux illustrée* (les Oiseaux), par A.-É. Brehm, traduite par Gerbé (Paris, Baillière éditeur).

Cependant, la question de l'utilité de l'avifaune est plus complexe qu'il n'apparaît à première vue. D'abord, parce que certains oiseaux deviennent nuisibles lorsque l'homme a rompu l'équilibre normal des espèces ; ensuite, parce qu'en vertu de la loi providentielle des succédanés, les services rendus par l'avifaune peuvent être, dans une mesure restreinte et provisoire, suppléés, soit par d'autres agents naturels, soit par l'industrie humaine. Il importe dès lors à un apologiste consciencieux de la faune ailée de classer ses espèces en nuisibles, douteuses, ou utiles ; puis de démontrer que les services rendus par elle ne peuvent être que très imparfaitement suppléés. Qu'il suffise ici de deux exemples : Les serpents peuvent remplacer les chouettes dans la destruction des mulots ; mais trouvera-t-on bien intéressant de propager les vipères ? Les traitements chimiques ont pu restreindre parfois les fléaux de la vigne ; mais que de travail et d'argent gaspillés dans cette lutte, si souvent infructueuse !

En attendant que je développe plus loin cette thèse, je propose, d'après certaines expériences personnelles, de rectifier comme il suit, sur deux ou trois points, la classification généralement admise de nos oiseaux indigènes.

I. — Espèces nuisibles.

A détruire par tous les moyens : dénichage, fusil, piégeage. (Cependant, en raison de leur attrait pittoresque, deux ou trois d'entre elles, le grand-duc en Brunswick, l'aigle en Suisse, sont sagement protégés par les lois.)

Hibou grand-duc, Aigle (toutes les espèces),

Autour, *Epervier*, *Faucons* (toutes les espèces), *Milan*.

II. — ESPÈCES DOUTEUSES.

L'on réduira leur nombre, seulement lorsqu'elles deviendront nuisibles.

1° Espèces alternativement utiles et nuisibles : *Crécerelle, Buses, Busards*[1], *Corneille noire, Pie, Geai, Alouette des champs, Moineau, Bouvreuil, Ramier, Hérons*.

2° Espèces très utiles pour certaines cultures, et nuisibles dans d'autres : *Etourneau, Ortolan, Corbeau freux, Grive musicienne, Grive mauvis, Chardonneret, Verdier, Linot, Merle noir*.

3° Espèces beaucoup plus utiles que nuisibles : *Chouette effraie, Chouette hulotte, Coucou, Pic-vert, Pic épeiche, Grive draine, Litorne, Loriot, Mésange charbonnière, Corbeau choucas, Pinson, Pies-grièches*.

III. — ESPÈCES ABSOLUMENT UTILES ET NULLEMENT NUISIBLES.

1° Espèces nécessaires à l'hygiène publique, par leurs destructions d'insectes ou autres animaux dangereux : *Hirondelles* (toutes les espèces), *Martinet, Gobe-mouches, Rouge-gorge, Accenteur mouchet, Cigogne, Ibis*.

---

1. En 1910, le *Times* déplorait qu'en Angleterre les gardes-chasse eussent exterminé les buses et les busards, dont la disparition amène un pullulement de rongeurs et de serpents. Toutefois, les services rendus par ces rapaces ne sauraient être comparés avec ceux des hiboux et des chouettes qui, eux, ne causent presque aucun mal au gibier ou aux petits oiseaux.

2° Espèces nécessaires à l'agriculture : *Hibou bra-chyote, Hibou moyen-duc, Hibou scops, Chouette chevêche, Traquet motteux, Fauvettes* (toutes les espèces), *Bergeronnettes* (idem), *Pipits* (idem), *Alouette huppée, Alouette cochevis, Alouette lulu, Huppe.*

3° Espèces nécessaires à la sylviculture : *Torcol, Pic épeichette, Rossignol, Roitelet, Troglodyte, Mésange bleue, Mésange à longue queue, Mésange huppée, Sittelle, Grimpereau, Tichodrome.*

4° Espèces nécessaires à la viticulture : *Engoule-vent, Traquet tarier, Bruant jaune, Œdicnème* (ou *courlis de terre*).

5° Espèces nécessaires à l'horticulture : *Rossignol de muraille, Pouillots* (toutes les espèces), *Mésange nonette, Bruant zizi.*

Je n'ai mentionné qu'une fois chaque oiseau, sous la rubrique où il est le plus spécialement nécessaire. Mais la plupart le sont dans plusieurs séries. L'engoulevent, par exemple, tout en détruisant les papillons de cochylis, n'épargne pas les mouches et les moustiques.

Maintenant il importe de motiver la classification ci-dessus, en procédant cette fois par *ordres* et par *genres* ornithologiques.

RAPACES DIURNES

Les *accipitrins* sont fort préjudiciables aux troupeaux, au gibier, et peuvent constituer un danger pour l'homme.

La plupart des autres prédateurs diurnes ne sont

nuisibles que par suite de la destruction des genres inférieurs, dont ils avaient pour mission de limiter le nombre. Le *milan*, l'*autour*, les *faucons*, l'*épervier* surtout détruisent des milliers de passereaux, et doivent être traqués sans relâche. Les *buses* et *busards* compensent d'identiques méfaits en dévorant beaucoup de petits rongeurs, d'écureuils et de vipères.

HIBOUX ET CHOUETTES

Hormis le *grand-duc*, d'ailleurs disparu de la France, les rapaces nocturnes sont extrêmement utiles, et protégés par toutes les législations.

La *hulotte* ou chat-huant et l'*effraie* croquent quelques oisillons, mais ce mal reste sans proportion avec leurs hécatombes de rats et de campagnols.

Quant au *moyen-duc*, au *brachyote*, au *scops*, à la *chevêche*, d'innombrables autopsies ou examens de leurs déjections établissent leur utilité dans la proportion de 95 p. 100.

Lorsque l'hiver enferme les campagnols au fond de leurs trous, « les chouettes, dit Buffon, viennent dans les granges pour y chercher des souris et des rats ». On leur reproche souvent de croquer des pigeons, qui sont, en réalité, victimes de ces rats. Ce n'est pas hélas ! la seule erreur judiciaire dont les oiseaux aient à se plaindre ! « Le hibou vulgaire, observe Brehm, se nourrit presque exclusivement de petits mammifères, surtout de mulots et de campagnols. » Le brachyote est migrateur, et poursuit en troupes les invasions de campagnols.

On a parfaitement constaté que partout où il y a des effraies et des hiboux brachyotes assez nombreux, la multiplication des campagnols est enrayée. Les preuves abondent de l'activité de ces oiseaux et de l'excellence de leur rôle pondérateur. Aussi M. F. de Tschudi a-t-il pu dire avec raison : « Sans les oiseaux, aucune végétation ne serait possible. Ils font un travail que des milliers de mains d'hommes ne feraient pas moitié aussi bien ni aussi complètement qu'eux. »

« Dans le Holstein, dit Brehm, le pignon de chaque grange présente une ouverture pouvant donner passage à une effraie. D'après le docteur W. Claudius, les paysans holsteinois se gardent bien de troubler leurs rapaces nocturnes ; aussi ceux-ci entrent et sortent librement ; ils chassent les souris dans la grange comme au dehors, et nichent dans les coins obscurs. »

De même en Italie pour la petite chouette : « Les chevêches apprivoisées sont devenues en Italie de véritables animaux domestiques : on les laisse, les ailes coupées, courir librement dans les maisons, les cours, où elles prennent les petits rongeurs ; on les met surtout dans les jardins, où elles détruisent les limaces et la vermine, sans causer le moindre dégât. Tous les tailleurs, cordonniers, potiers ou autres artisans qui travaillent là, dans la rue, ont près d'eux, attachées à un perchoir, deux ou quatre chouettes, avec lesquelles ils échangent les regards les plus tendres. »

GRIMPEURS

Michelet appelle le *pic-vert* un « conservateur naturel des forêts ». L'abbé Vincelot a écrit une excellente *Réhabilitation du pic-vert*. Cet oiseau préserve cent arbres, contre un qu'il perfore pour y ni-

cher. Il traque inlassablement les larves lignicoles
et tous les insectes qui minent le bois, soulèvent et
font pourrir les écorces. Sans lui pulluleraient désastreusement les capricornes, le charançon du bois,
les bostriches surtout, dont les galeries ravagent les
chênaies.

En outre, le trou que lui reproche si injustement
l'observateur superficiel sert ensuite d'abri aux petits
grimpeurs, indispensables à la salubrité des bois :
sittelles, épeiches, torcols. « L'on ne saurait trop
répéter, dit Brehm, que les pics nous sont extrêmement utiles. Les dégâts qu'ils peuvent occasionner
ne sont pas comparables aux services qu'ils rendent.»

On voit souvent dans les futaies un arbre moribond, criblé de petits trous de pics-verts. Il est facile
de constater que ces oiseaux n'ont pas travaillé là
pour nicher, mais pour détruire les insectes lignicoles qui rongeaient cet arbre. Les pics-verts ne le
sauvent pas, mais ils arrêtent ainsi la multiplication
des insectes, qui ravageraient le reste de la futaie.
Comme, en outre, les mousses et les maladies cryptogamiques ne se développent désastreusement que
sur des végétaux préalablement débilités par les
insectes, il est aisé de comprendre que la disparition
des pics livre nos forêts, non seulement aux ravages
des insectes, mais encore, par conséquence indirecte,
aux ravages des parasites végétaux. L'observateur
superficiel ne s'en obstinera pas moins à attribuer
tout le mal aux trous de pics-verts !

COUCOU

Le *coucou* détruit quelques couvées pour leur substituer ses œufs. On doit néanmoins le protéger en

raison de ses incalculables services. Pur insectivore, il détruit notamment les chenilles velues, et la redoutable bombyx processionnaire : « Les forestiers, observe l'agronome V. Rendu, placent à bon droit cet insecte à la tête de ceux qui sont le plus nuisibles aux bois de chênes [1]. »

ENGOULEVENT

L'engoulevent, ou crapaud-volant, pur insectivore, ne pond que deux œufs, n'a aucune défense, et devient la proie de chasseurs criminels. Il a presque entièrement disparu. *Nul oiseau n'était plus utile à l'hygiène*, en détruisant des myriades de mouches, et surtout *plus indispensable à la viticulture* par sa chasse semi-nocturne aux papillons de cochylis. « L'engoulevent, écrit M. Baudouy, est excessivement vorace. Il avale, sans même les tuer, les lourds papillons et les gros coléoptères. Les phalènes, les teignes et les cousins s'engouffrent dans son bec qu'il conserve largement ouvert durant la chasse, à la manière des hirondelles. »

HIRONDELLES ET MARTINETS

Personne n'a jamais osé nier les incalculables services rendus par les *latirostres*, sauf, il y a vingt ans, le Conseil général des Bouches-du-Rhône (sous prétexte que les hirondelles salissent les fenêtres !) Il plaît sans doute aux Marseillais d'être dévorés par les moustiques, qui rendent maintenant presque inhabitable en été la Basse-Provence.

1. *Les insectes nuisibles* par V. RENDU, inspecteur général honoraire de l'Agriculture. (Hachette 1876.)

Un naturaliste, M. Toulouse, a calculé qu'un *martinet* préserve chaque jour plus de 3.000 grains de blé et de 1.000 grains de raisin, que dévoreraient les insectes ailés.

M. Kehrig relate le fait suivant :

« En 1909, dans un enclos où se trouve un peu de vigne, nous observions chaque jour l'eudémis depuis un mois. Les papillons y étaient abondants. Tous les soirs, au coucher du soleil, ils prenaient leur vol vivace en zigzag.

« Dans cet enclos, nous ne voyions jamais entrer d'hirondelles ; mais pour la circonstance elles y sont venues. Nous les avons vues, chaque soir, rasant une vigne haute de 3 m. 50 qui s'étale sur une dizaine de mètres. Elles passaient et repassaient comme des flèches, happant les papillons d'eudémis. En admettant que leurs captures, durant cette période, ne s'élevassent chaque soir qu'à cinquante papillons, qui nous auraient donné vingt-cinq couples si l'on veut, c'est de plus de 700 œufs immédiatement, et de milliers en seconde génération, dont deux ou trois hirondelles nous débarrassaient en quelques instants [1]. »

GOBE-MOUCHES

Leur nom suffit à plaider pour eux. Les *gobe-mouches* purgent de mouches et de moustiques les bois et les jardins. Ce ne sont pas néanmoins de purs insectivores ; mais, en mangeant quelques baies de sureau ou même en becquetant une figue (d'où leur surnom méridional), ils ne commettent aucun dommage appréciable.

1. *L'Oiseau et les récoltes*, par Henri KEHRIG, président de la Société de Zoologie agricole. (Paris, Lhomme éditeur.)

PIES-GRIÈCHES

Elles détruisent des insectes, mais aussi beaucoup de petits oiseaux. Je crois l'*écorcheur* plutôt nuisible, et les autres espèces plutôt utiles.

MERLE NOIR

Ce charmant dentirostre n'est malheureusement pas sans défauts. Il compte parmi les oiseaux dont il faut limiter le nombre. Il mange des cerises, du raisin. En revanche, il détruit beaucoup de courtilières, ce fléau des jardins. Il arrive aussi qu'on le croit seulement occupé à grignoter les cerises, alors qu'il attrape leurs plus dangereux parasites, vers ou mouches.

GRIVES

Les merles et grives rendent surtout service aux potagers, en détruisant d'énormes quantités de limaces et de petits ou moyens limaçons. Ils percent même parfois la coque des gros.

La *grive musicienne* et le *mauvis* mangent du raisin à l'automne. Au printemps et en été ils sont insectivores. L'hiver, ils vivent surtout de baies. Je les crois en définitive beaucoup plus utiles que nuisibles.

Quant à la grive *draine*, on lui reproche de propager le gui par sa fiente. Je ne pense pas qu'il existe contre les oiseaux d'accusation plus inepte. D'abord il faudrait juger le procès du gui. Le mal qu'il occasionne aux arbres est fort exagéré ; le gui prospère sur les végétaux malades plutôt qu'il ne cause leur déclin. En outre, il rend de grands services médieaux à la campagne, et il est devenu avec l'Angleterre un objet de commerce pour les fêtes de Noël. L'hiver, il prête un grand charme aux arbres dépouillés.

La draine propageât-elle le gui, que ce méfait ne compterait pas, en face de son immense utilité. Mais je suis très convaincu qu'elle le propage fort peu. Par quelle acrobatie, elle qui ne grimpe jamais, parviendrait-elle à fienter sur les troncs verticaux et lisses, où le gui s'étale aussi bien que sur les branches? D'ailleurs, j'ai observé en volière la nourriture de ces grives : fruits, baies, elles abandonnent tout pour un insecte, et je n'ai pu les décider que difficilement à toucher au gui. Si je leur en dissimulais une baie entre deux vers de farine, elles saisissaient ceux-ci et rejetaient celle-là. N'ayant jamais pu décider le râle à manger la graine du genêt, je me demande si la draine et le râle, qui vivent toujours cachés, ne recherchent pas dans le gui et le genêt moins une nourriture qu'un abri vert, alors que toute végétation a disparu.

Il est certain toutefois que les draines mangent du gui, mais à défaut de vers et de limaces. Celles que j'ai nourries de cette baie, à l'exclusion d'insectes, ont vite succombé. Si elles propageaient seules le gui, comment expliquer que ce parasite pullule dans des contrées où la draine n'existe pas, et qu'il manque totalement dans des régions qu'elle visite? Tout en admettant la propagation du gui par la draine, le *Dictionnaire d'histoire naturelle* de Guérin ajoute : « La plante a d'autres moyens de se répandre, puisqu'on la trouve sur des arbres et dans des localités où cette grive ne s'arrête pas [1]. »

1. Comment le gui se propage-t-il dans ce cas? Ses graines

L'on ne saurait assez persuader aux chasseurs de respecter la draine. Sa disparition est la véritable cause du pullulement des chenilles du pommier, contre lesquelles elle s'acharne, de préférence à tout insecte, et surtout aux pommes pourries qu'elle ne grignote en hiver qu'à défaut d'autre nourriture.

TRAQUETS

Encore des passereaux en voie de disparaître, surtout le *traquet motteux*, chassé sous le nom de cul-blanc dans le Midi. Lui et le *tarier* contribuaient puissamment à la sauvegarde des vignes. Purs insectivores, tous les traquets détruisent par millions les insectes, ou leurs larves cachées sous les écorces.

FAUVETTES ET ROSSIGNOLS

La plupart de nos vingt espèces de fauvettes sont de purs insectivores. Deux ou trois ajoutent à leur nourriture animale quelques fruits ou baies, particulièrement celles du sureau. De celles-ci même les dégâts sont insignifiants en regard de leur immense utilité.

« Cette année (1911), écrit un viticulteur charentais, M. Nicolle, j'ai eu un pommier abîmé par le puceron lanigère. Au début de l'invasion j'ai, sans pouvoir y réussir, fait le possible pour l'arrêter. Il y a deux mois environ, une fauvette à tête noire est venue faire son nid dans un poirier voisin. Elle a complè-

sont-elles transportées par les petits rongeurs, de gros insectes, ou les chauves-souris (que l'on absout, celles-ci, bien à tort, de toucher aux fruits)? En somme le gui reste une plante de mystère; on comprend les druides.

tement débarrassé mon pommier de ses pucerons. Elle s'y tenait presque constamment. »

Personnellement, j'ai constaté en volière les grandes destructions que font de la cochylis les fauvettes à tête noire. En 5 minutes un de ces passereaux a dévoré une vingtaine de cochylis.

ROUGE-GORGE

Grand mangeur de petits insectes, d'araignées et de mouches. Il dévore même des proies énormes pour sa taille, comme le turc ou ver blanc. Très utile et nullement nuisible.

POUILLOTS

Nos cinq ou six espèces de *pouillots* sont toutes de purs insectivores. Aucun passereau n'est plus indispensable pour les jardins que le pouillot, par ses hécatombes de pucerons et de larves minuscules.

ACCENTEUR MOUCHET

Ce charmant passereau, qu'on nomme dans l'Ouest le traîne-buisson, mange quelques baies sauvages, mais surtout des mouches et autres insectes.

ROITELETS

Les *roitelets* et leur congénère, le *troglodyte*, sont de purs insectivores, à ranger parmi les passereaux les plus nécessaires.

BERGERONNETTES

Il est à peine croyable qu'il existe dans les Landes, et ailleurs, des sauvages capables d'immoler « par tombereaux » ces charmants oiseaux, purs insectivores.

PIPITS

Passereaux aussi charmants, aussi utiles que les bergeronnettes, et, comme elles, victimes de nos sauvages du Sud-Ouest.

ALOUETTES

Certains naturalistes condamnent, d'autres défendent en bloc les alouettes. Je pense qu'il faut distinguer entre les espèces.

L'alouette des champs nourrit d'insectes sa couvée, mais, en automne, elle devient granivore et peut nuire aux ensemencés. Le *cochevis* et la *lulu* restent surtout insectivores. On ne peut les conserver en volière sans une nourriture animale.

M. Magaud d'Aubusson déplore la diminution des alouettes : « Il y a bien des années, un ornithologiste des plus connus, M. Xavier Raspail, jetait le cri d'alarme; depuis cette époque, la destruction n'a fait que s'accroître, au grand préjudice de nos moissons que l'oiseau défendait contre la vermine envahissante; car, on ne saurait trop le redire, l'alouette se nourrit principalement de chenilles, de grillons, de sauterelles, d'œufs de fourmis, de cécidomyies et de taupins. »

MÉSANGES

La *mésange bleue* et la *nonette*, beaucoup plus insectivores que frugivores, doivent être très protégées.

La *mésange charbonnière* est plus contestée, parce qu'en cage elle tue ses compagnons pour leur manger la cervelle. Mais ceci prouve qu'elle est surtout carnivore, dès lors utile. Donnez-lui des vers de farine, ses actes de cruauté cessent aussitôt. Néanmoins, elle mange aussi des fruits, particulièrement des noix.

La *mésange à longue queue*, pure insectivore, débarrasse inlassablement de leurs parasites les feuilles des bois.

M. Battanchon, inspecteur de l'Agriculture, dit des mésanges en général : « Il faut n'avoir jamais assisté à quelles recherches minutieuses et acharnées se livrent parfois, au milieu des ceps dépouillés, les vols de mésanges, de becs-fins, ou encore tous les représentants de l'ordre des Grimpeurs, pour douter un seul instant de la quantité de parasites malfaisants dont, s'ils étaient plus nombreux, ils seraient capables de nous débarrasser. »

M. de la Blanchère a calculé qu'une couvée de mésanges consomme en un mois plus de 24.000 insectes.

BRUANTS

Toutes les espèces de bruants sont extrêmement utiles.

Buffon écrivait de *l'ortolan* : « Il ne touche point aux raisins, mais il mange les insectes qui courent sur les pampres et sur les tiges de la vigne. » L'ortolan commet quelques ravages dans les champs d'avoine ; mais son utilité l'emporte de beaucoup sur ses méfaits.

Le *bruant jaune* et le *zizi* sont presque exclusivement insectivores [1].

FRINGILLES

Voici les calomniateurs de la faune ailée. Comme ils sont surtout granivores, on les garde aisément en cage, et l'on préjuge sur eux de tous les autres oiseaux.

Le *chardonneret* ne paraît pas se soucier des insectes. Très nuisible dans les cultures de graines et les chènevières, il détruit en revanche les semences de mauvaises graines, notamment celles du chardon. Le *linot*, nuisible dans certains ensemencés, se rachète en mangeant les graines de la ramberge et d'autres parasites. L'autopsie d'une linotte, faite par M. Froidefond, a révélé que le jabot était bourré de vermisseaux, de débris de chenilles et de courtilières, mélangés à diverses graines. « Je ne crois pas que les linottes dédaignent les insectes, comme on l'a prétendu » observe Brehm. Ces oiseaux dévorent en effet certains insectes, particulièrement les parasites de la vigne. Aussi, dans l'été de 1915, où le vignoble du Centre fut si éprouvé par la cochylis, ai-je constaté sans surprise, dans certaines vignes du pays de Retz, d'énormes bandes de linots et des récoltes entièrement indemnes du fléau.

Le *verdier*, surtout granivore, mange indifféremment les semences utiles ou nuisibles.

---

1. « Au printemps et en été, le zizi détruit beaucoup de moustiques qu'il aime à garder longtemps au bec, immobile sur quelque perchoir. » (E. COURSIMAULT.)

Le *pinson* est beaucoup plus insectivore que granivore.

Le *gros-bec*, qu'on accuse de commettre des dégâts nombreux dans les champs et les jardins, mange aussi des coléoptères et leurs larves. « Souvent, écrit Naumann, il prend des hannetons au vol, et les dévore, perché sur un arbre, après en avoir rejeté les ailes et les pattes. »

MOINEAU

Ce fringille mérite une mention spéciale. Nul oiseau ne compte d'adversaires et de défenseurs plus acharnés. Il se révèle, après examen, parfois très nuisible, souvent extrêmement utile, et même indispensable là où d'autres passereaux ne le suppléent pas. J'ai observé plusieurs fois, au centre de pays vignobles dévastés par la cochylis, certains îlots d'une magnifique végétation dans le voisinage de villes et de villages où abondaient les moineaux. Ils ne quittaient pas les vignes, à une époque où, la grappe étant à peine formée, on ne pouvait les accuser de manger du raisin.

Le *moineau* dévore le blé, mais aussi le charançon ; la cerise, mais aussi la chenille. Certaines cultures sont endommagées par lui, et ensuite anéanties par les insectes quand on l'a détruit. La Prusse et les États-Unis, après l'avoir proscrit, l'ont rappelé.

Le baron de Berlepsch le condamne, comme pillant les nids d'autres oiseaux. En revanche, Quatrefages a calculé qu'un couple de moineaux apporte à ses petits 5.000 chenilles par semaine. M. de la Sécotière, dans un rapport au Sénat, relatait que, sur une terrasse de la rue Vivienne, on avait ramassé 1.400 élytres (ailes de hannetons) rejetés d'un nid de ces fringilles.

Mac-Giroflay affirme que, sans leur secours, les jardiniers de Londres ne pourraient fournir un seul chou.

BOUVREUIL

Le *bouvreuil* nuit aux bourgeons des arbres fruitiers. La floraison passée, il redevient baccivore et insectivore, c'est-à-dire indifférent ou utile.

ÉTOURNEAU

Les vignerons n'ont pas de chance ! Les oiseaux qui ont le plus disparu sont ceux qui protégeaient la vigne ; le seul qui se soit multiplié, ces années-ci, est celui qui leur porte préjudice : l'*étourneau*, ou sansonnet.

L'on comprend la colère du vigneron qui le voit s'abattre par bandes sur le reste de récolte si péniblement arraché aux insectes. Toutefois, ses ravages sont moins graves qu'il ne paraît. Aucun oiseau ne mange par jour plus que sa grosseur, soit pour l'étourneau une moyenne grappe. L'étourneau cause un préjudice analogue aux oliviers.

En revanche, il charrie à ses petits des milliers de scarabées, et est lui-même insectivore durant les trois quarts de l'année. Mais surtout il débarrasse les troupeaux de leur vermine et des moucherons qui propagent la fièvre aphteuse.

On doit le protéger, tout en autorisant les chasseurs à le tirer, s'il pullule trop et devient nuisible aux vendanges.

CORBEAUX

Ici encore, que de réquisitoires et de plaidoyers ! Je pense qu'il faut distinguer entre les espèces.

Le grand *corbeau noir* doit être condamné par contumace, car ce ravageur de chasses a disparu de France.

On doit, au contraire, protéger le *choucas*, non seulement à cause du pittoresque qu'il prête aux clochers, aux donjons, mais aussi en raison de son utilité, fort supérieure à ses méfaits.

A l'inverse de M. Raspail, et d'accord avec les cultivateurs, je crois le *freux* plus nuisible que la *corneille*. L'un et l'autre sont alternativement utiles et nuisibles. Destructeurs de vers blancs, ils sauvent de ce fléau des prairies entières. Mais la corneille croque oisillons et poussins, et les bandes de freux préjudicient au blé qui lève.

Brehm, Naumann et M. Raspail arguent en faveur du freux de ses hécatombes de mulots. A leur avis, il cherche moins le blé que les campagnols dans les ensemencés. Le freux et la corneille détruisent aussi les reptiles. Après le héron, la cigogne et le busard Saint-Martin, nul oiseau ne nous débarrasse plus efficacement que ceux-ci des vipères.

Quant à leurs destructions de vers blancs, M. Kehrig cite un champ de betteraves proche de la forêt de Saint-Germain, et que les corbeaux avaient délivré de ces larves du hanneton, sauf à une portée de fusil des habitations.

PIE ET GEAI

Ces deux oiseaux ne se ressemblent guère que par les pièces de leur procès. Je redirais volontiers à leur propos le mot célèbre : « J'en pense trop de mal pour en dire du bien, trop de bien pour en dire du mal. »

Comment sacrifier l'amusante *pie*, et le *geai* qui glisse une note de joie dans le deuil de nos hivers? Malheureusement ils ne sont pas sans reproches. Ils saccagent beaucoup de nids, tuent des poussins. Brehm prétend que le geai peut dépeupler tout un parc. Je crois qu'il exagère ses méfaits, attribuables souvent aux écureuils, les plus acharnés parmi les destructeurs de couvées. Néanmoins, ni le geai ni la pie ne sauraient être absous de semblables déprédations.

Ils les rachètent en détruisant de nombreux coléoptères et les reptiles. J'ai vu une pie attaquer, poursuivre, finalement tuer et manger une grosse vipère. En réalité, le geai et la pie sont presque omnivores, et se soucient fort peu de la moralité de leurs repas.

HUPPE

Ce joyau de notre avifaune, que l'on tue dans le Midi à ses migrations, et qui a presque entièrement disparu, est l'un des oiseaux les plus utiles. Pur insectivore, il débarrasse les terres légères d'une multitude de limaces et de vers.

LORIOT

Or et ébène, ce merveilleux oiseau, dont le chant et la couleur sont un des charmes de nos printemps, mange des cerises, du raisin, mais surtout les grosses mouches des fruits et les chenilles. Presque seul, il happe l'ignoble et dangereuse mouche à charbon. J'ai constaté le fait en volière.

GRIMPEREAU

Tout le jour, en toute saison, l'on voit dans nos campagnes le minuscule *grimpereau* gravir un tronc de la base à la cime, visiter chaque fente, happer un ver, une fourmi, puis voler avec un léger cri à un autre arbre où il recommence la même opération salutaire. Ce pur insectivore est l'un des plus indispensables protecteurs de nos futaies.

PIGEON

Le *ramier* cause du préjudice à diverses cultures. Je cite à sa décharge ces lignes de M. Henri Kehrig : « Dans les forêts du Jura, où la chenille tordeuse cause beaucoup de dégâts aux sapins, on a remarqué que le pigeon ramier est un grand destructeur de cet insecte. Dans le gésier de l'un d'eux on a pu reconnaître les débris de 700 nymphes de cette chenille. »

TOURTERELLE

Brehm écrit : « Les *tourterelles* se nourrissent de graines de toute sorte, de semences de pin, de petits colimaçons. Elles se rendent utiles en mangeant les semences de mauvaises herbes, et on ne peut mettre en regard des services qu'elles rendent ainsi les quelques graines de chanvre ou de lin qu'elles dérobent. » La tourterelle se nourrit surtout de ramberge.

ŒDICNÈME

L'*œdicnème*, ou courlis de terre, est carnivore. Il ne cause aucun dommage aux récoltes ; on lui reproche d'attraper quelques oisillons. Il paie ce tort au centuple en purgeant les guérets et les vignes des limaces et des gros insectes, sans compter les mulots et les reptiles. L'œdicnème pond deux œufs, et l'on se demande par quel prodige il n'a pas entièrement disparu.

CIGOGNE

Tous les peuples intelligents ont protégé la *cigogne*, comme notre principal auxiliaire contre les serpents. Dans tout l'Orient, et dans l'Europe centrale, elle niche sur les toits, et l'on fête son arrivée. En revanche, on la tire aux environs de Marseille, et l'on consigne cet exploit dans les journaux.

HÉRONS

Ces échassiers, considérés comme nuisibles, mangent en réalité autant de reptiles et de limaces que de poissons[1]. M. Lescuyer, qui a étudié spécialement les ardéidés, les juge plutôt utiles, et établit qu'aux environs des héronnières on ne rencontre pas de serpents. En outre, par leurs grandes destructions de grenouilles, ils sauvent plus d'œufs de carpes ou de tanches qu'ils ne consomment de poissons adultes. Les propriétaires d'étangs devraient donc respecter ces magnifiques échassiers, qu'une ancienne loi anglaise protégeait, et que l'Orient vénérait à l'égal des ibis.

---

1. Le héron garde-bœuf, que les Anglais ont repeuplé en Égypte, perce avec son bec aigu le cuir du bœuf pour en extraire un ver, funeste à cet animal. Dans nos pays, l'étourneau et la bergeronnette suffisent pour débarrasser le bétail de ses parasites.

PLUVIERS ET VANNEAUX

Il serait fort inutile d'essayer de disputer ces charmants échassiers aux impitoyables chasseurs. Je transcris néanmoins quelques lignes de M. Magaud d'Aubusson :

« Les *vanneaux* détruisent les tarets et les termites, et lorsque, dans leurs migrations d'automne, ils s'abattent dans les champs, des multitudes de vermisseaux. Ainsi font les pluviers, les chevaliers, les barges. Déjà, au milieu du siècle dernier, M. de Quatrefages réclamait l'interdiction absolue du commerce des œufs de vanneaux. En avalant une femelle de termites, un vanneau ou un pluvier anéantissent 80.000 œufs qu'elle aurait pondus. Et l'on sait les ravages que font dans nos ports occidentaux ces terribles névroptères disséminés par les navigateurs dans toutes les parties du monde[1]. »

PALMIPÈDES

Au point de vue utilitaire, la plupart des palmipèdes seraient plutôt condamnables, comme mangeurs de poissons. Cependant les États-Unis viennent d'élever un monument aux *mouettes* du Lac Salé qui jadis, avalant des nuées de sauterelles, sauvèrent la naissante colonie des Mormons. Les pêcheurs bretons déplorent la destruction des mouettes

---

1. Les Anglais se tiennent eux-mêmes pour un peuple illogique. Aussi, scrupuleux protecteurs des oiseaux de rivage, tolèrent-ils sur les marchés de Londres le scandaleux commerce des œufs de pluviers. La Hollande fait de même pour ceux du vanneau. Tout cela pour contenter la manie de quelques snobs de la cuisine, qui s'imaginent trouver exquis ces œufs, le plus souvent couvés quand on les déniche !

qui leur signalaient les bancs de poissons. Chateau-
briant a de jolies remarques sur la providentielle utilité de ces oiseaux qui dénonçaient l'écueil aux marins ; mais il serait naïf d'espérer que l'on remplacera un jour les balises par des mois de prison
infligés aux massacreurs d'oiseaux de mer !

Ce qui plaide surtout en faveur des *goélands,
mouettes, sternes, plongeons, grèbes,* c'est qu'ils
sont l'ornement, la vie même de nos étangs et de nos
côtes. Tout chasseur intelligent limitera ses destructions aux *canards.*

Le même respect de la beauté naturelle devrait
s'étendre, dans l'ordre des passereaux, au martin-
pêcheur, piscivore comme les palmipèdes, mais,
comme eux, l'enchantement de nos rivières. En
outre, le martin-pêcheur et les autres oiseaux piscivores étaient d'utiles régulateurs de la multiplication
du brochet. Les alevins de ce poisson engendrent
souvent par leur pullulement des épizooties fluviales qui dépeuplent une rivière pour plusieurs
années, particulièrement la maladie vulgairement
dénommée : le *blanc.*

GALLINACÉS

Par la saveur, la taille, et la fécondité, l'ordre des
gallinacés apparaît destiné, presque seul, à fournir
la liste des oiseaux-gibiers. Une loi intelligente sur
la chasse la limiterait, en fait d'oiseaux, à ceux-ci,
aux canards, à deux ou trois échassiers comme la
bécasse, et aux rapaces diurnes.

Au point de vue agricole, les services et les dégâts
des gallinacés semblent s'équilibrer. La *perdrix
rouge* est plutôt insectivore. La *perdrix grise* et la

caille sont plutôt granivores. Le *faisan* rachète ses repas de céréales en tuant les vipères.

IMPORTANCE DES SERVICES RENDUS PAR LES OISEAUX

Le cultivateur routinier, l'incorrigible petit chasseur ricanent de l'utilité que l'on attribue aux oiseaux. Selon leur jugement, la chimie fait mieux.

Il faut répondre d'abord que *les traitements insecticides coûtent fort cher*. La lutte annuelle contré la cochylis, l'eudémis et les autres parasites de la vigne représente plus de cent francs par hectare.

En outre, l'homme a dû abandonner toute lutte contre certains insectes, par exemple le phylloxéra. Or, M. Balbiani constate que sa reproduction souterraine n'entretient la vigueur de l'espèce que si elle s'accompagne d'une ponte établie dans les bourgeons et les feuilles, où une dizaine d'espèces de passereaux insectivores, presque exterminées aujourd'hui, l'eussent sûrement combattue.

Pour la plupart des autres cultures, les traitements chimiques restent *insuffisants*. M. Rendu écrit au sujet du tigre du poirier : « Les poudres insecticides engourdissent seulement l'insecte. A la vérité, il tombe à terre, mais pour se relever après un certain temps de léthargie. » Le même agronome dit du charançon sillonné : « En écorçant les vieilles souches on arrête ses pontes ; malheureusement ce moyen est dispendieux et laisse intactes des myriades de cet insecte nuisible. »

Il est vraisemblable d'ailleurs que les poiriers badigeonnés, la vigne saturée de poisons souffrent dans leur santé générale, et que leur durée, leur résistance aux intempéries, la qualité de leurs produits en sont diminuées.

Enfin, aucun traitement ne saurait suppléer les oiseaux pour la préservation des forêts. Et l'on n'en découvrira pas de réellement pratiques pour remplacer les hirondelles dans la destruction des mouches et des moustiques.

Les détracteurs de l'Oiseau objectent ensuite que certains insectes sont utiles, par exemple les ichneumons et les chalcidites. Mais l'état désastreux des cultures où il n'existe ni oiseaux, ni traitements chimiques prouve que *les bons insectes ne suffisent pas à combattre tous les mauvais*. Et eux-mêmes ont de *graves inconvénients :* l'alucite est bien attaqué par une petite mouche, mais qui devient elle-même un désagrément ou un danger pour l'homme. Ainsi du reste. Je développerai avec plus de détails ces questions dans un chapitre relatif à la Protection agricole.

Maintenant, pour apprécier quel service nous rendent les passereaux, mesurons les *ravages de certains insectes*, pris au hasard entre les milliers d'espèces qui, selon la remarque d'un naturaliste, rendraient le globe « totalement inhabitable pour l'homme, dix ans après la disparition des derniers oiseaux ».

Nous sommes entourés d'une armée d'invisibles ennemis qui s'attaquent à nos cultures, à nos jardins, à nos bois, à nos santés. « Depuis des siècles, observe M. Rendu, dans les campagnes *on met sur compte du vent, de la pluie, du soleil, du brouil-*

lard, les dégâts dont les insectes sont presque toujours les auteurs. Il ne faut pas mesurer l'importance de ceux-ci à leur volume ; les plus petits ne sont pas les moins dangereux... Les oiseaux sont nos meilleurs auxiliaires pour les détruire. »

Aucune culture n'est indemne. Les taupins ravagent les pépinières. Le porte-selle attaque le mûrier. La mouche des cerises dépose ses larves dans ce fruit, et rien ne la détruira, sauf le loriot.

Impossible d'énumérer tous les insectes qui ravagent les arbres fruitiers : lisette coupe-bourgeon, qui perfore le rameau pour y pondre ; anthonomes, qui saccagent les boutons ; psylles, que seuls les becs-fins peuvent atteindre ; puis l'effrayante armée des pucerons, dont une seule femelle donne en six mois la vie à huit générations et à *trente milliards d'individus*.

Ici quel remède autre que l'Oiseau ? Heureusement, nous dit M. Menegaux, professeur au Muséum, une nichée de *roitelets* détruit chaque année plus de trois millions d'insectes minuscules et de larves ; la *mésange bleue*, seulement pour élever sa couvée, détruit au moins vingt-quatre mille chenilles et un nombre incalculable de larves minuscules.

Qui combattra les teignes du pommier, sinon la grive *draine* ? Les innombrables sortes de chenilles, sinon la *mésange*, que l'on rencontre, dit M. Kehrig, « partout où il y a des souches et des branches à nettoyer ? »

M. Battanchon, inspecteur de l'Agriculture, nous montre une *fauvette* aux prises avec les kermès d'un noisetier : « L'arbre a été si bien épluché que tous les kermès ont disparu. » Sans le *coucou*, les bois périraient sous l'invasion de la bombyx processionnaire, dont chaque famille compte plus de 700 individus. Pyrales des arbres fruitiers, kermès de l'olivier, brachocères, mille autres insectes ne nous laisseraient ni fruit, ni fleur, sans la présence des becs-fins.

« Sales oiseaux ! Ils mangent de la vase ou du fumier », dit de la bergeronnette et de la huppe l'agriculteur routinier, qui ne veut pas remarquer que ces oiseaux chassent les vers dans cette vase ou dans ce fumier.

Voici contre la luzerne et le colza divers charançons ou négrils ; mais contre ces parasites le bec des *farlouses*. Un bombyx de 7 centimètres ravage le trèfle. Contre nos légumes la casside verte de l'artichaut, la casside nébuleuse de la betterave, la criocère de l'asperge : « Pour celle-ci, dit M. Rendu, on n'a d'autre moyen de s'en débarrasser que de la recueillir à la main. *Les oiseaux font mieux* et plus vite. » La courtilière, que combattent *merles* et *chouettes*, pond 300 œufs et ravage les potagers. Noctuelle du blé, noctuelle du chou, pyrale du maïs, tipule des jardins, autant d'ennemis contre lesquels nous n'avons de défenseur que l'Oiseau.

Et sans lui, sans les *pics*, les *sittelles*, les *mésanges*, que deviendraient nos forêts, menacées en chaque cellule ligneuse, en chaque feuille, par des légions de chenilles, de capricornes, de saperdes ?

Puis la vigne, hélas ! « *L'hirondelle* qui happe un couple du papillon de la cochylis préserve, dit M. Kehrig, en deux coups de bec 200 grappes de raisin. » Aussi, le docteur Marchal, dans son rapport au Ministre sur les travaux de la Commission de la cochylis et de l'eudémis, préconise-t-il avant tout la protection des petits oiseaux. L'altise de la vigne s'est développée depuis un siècle dans un rapport exact avec leur diminution.

De la famine le *moineau* nous préserve en dévorant le charançon du blé, l'aiguillonier, la cécydomie, l'alucite, fléau de la Beauce, l'oscine ravageuse.

L'hygiène même est intéressée à la protection de l'avifaune. *Le loriot détruit presque seul la mouche charbonneuse.* Florent-Prévost a trouvé dans un estomac d'*hirondelle* 309 mouches ou tipules ; dans d'autres des centaines de cousins, escarbots, aphodins, diptères. *L'engoulevent,* le *martinet,* le *gobe-mouches* nous sont aussi nécessaires que l'hirondelle.

Entomologistes, ornithologistes, agronomes s'accordent sur l'irremplaçable mission des oiseaux. L'utilité des passereaux *insectivores* n'est contestée désormais par aucun esprit sérieux. Mais je crois que l'on reconnaîtra aussi dans l'avenir l'utilité de certains *granivores,* comme les fringilles. Au cours de la guerre de 1915, les moissons, faute de bras pour sarcler, ont été absolument étouffées par les mauvaises herbes, dans diverses régions. Or, des bandes de *linots,* de *chardonnerets,* de *tarins,* de *pinsons,* aussi nombreuses qu'elles l'étaient jadis, eussent certainement limité le fléau des herbes parasites dont ces oiseaux dévorent les graines. Assurément ils mangent aussi des graines cultivées, mais en bien moins grand nombre, parce que ces graines sont cueillies *dès leur maturité,* tandis que *durant toute l'année* les oiseaux détruisent les semences des chardons et autres plantes nuisibles aux récoltes.

« En résumé, écrit M. Magaud d'Aubusson, presque tous les oiseaux nous sont utiles dans la lutte incessante que nous sommes obligés de soutenir contre les rongeurs et les insectes. Bien peu sont franchement nuisibles. Leur degré d'utilité varie parfois suivant les lieux et les saisons, mais ils compensent presque toujours les dégâts qu'ils commettent par les services bien plus grands qu'ils rendent. A l'exception de quelques rapaces de grande et moyenne taille, qui prélèvent une dîme souvent lourde sur notre gibier et nos animaux domestiques, nous devons protéger, à des titres divers, tous les oiseaux. Et encore ces formes magnifiques : aigle, gypaète, faucon, autour, grand-duc, dont les rapines nous émeuvent, serait-ce avec regret que nous en verrions disparaître complètement les types, car ils font partie du patrimoine intangible de la beauté de l'univers. Limitons-en le nombre quand cela sera nécessaire ; n'effaçons aucune espèce du livre de vie. »

Henri Fabre, le patient observateur des insectes, conclut : « *Sans les oiseaux, la famine nous décimerait.* »

Et M. Baudouy demande : « Quel est l'appareil qui serait capable de détruire en quelques instants des centaines de chenilles, larves, œufs, insectes, ou papillons, cachés sous les feuilles, glissant dans l'air, ou blottis sous l'écorce ? Par la vitesse de leurs mouvements et leur conformation suivant les diverses espèces, les oiseaux happent au vol les insectes, découvrent les œufs sous les feuilles, les larves sous l'écorce, ou les chenilles au fond de leurs nids. »

Michelet avait donc raison d'écrire : « Sans l'oiseau, la Terre serait la proie de l'insecte. »

On peut évaluer approximativement les dégâts puis les services annuels d'un oiseau réputé *douteux*. Le cas de *l'étourneau* est le moins favorable, parce qu'il mange, outre les hannetons, des bousiers et divers autres insectes inoffensifs ; néanmoins, son utilité l'emporterait de beaucoup sur sa nocuité, à moins d'un pullulement exagéré de l'espèce, qui, en supprimant tous les insectes, l'obligerait à se rabattre exclusivement sur les fruits.

Mais étudions la *petite grive*. Admettons que, durant deux mois, elle croque *journellement* 30 cerises ou une forte grappe de raisin. D'après toutes les observations faites en volières, elle avale, *de préférence*, dans la même journée, un minimum de 50 chenilles ou gros vers. Chacun de ces insectes eût, par sa génération, préparé pour le printemps suivant le ravage de plusieurs centaines de bourgeons à fruits. Le service rendu par la grive surpasse dès lors son méfait, dans la saison où elle *paraît* le plus nuisible. Mais, durant les dix autres mois, elle ne consomme que d'inutiles baies, en regard d'au moins 20.000 insectes, la plupart très nuisibles, qu'elle supprime, eux et leur postérité. Une observation et un calcul exacts amèneraient probablement à conclure que, pour la grive, le rapport de la nocuité à l'utilité est à peine de 1 à 100. Ce chiffre m'effare, et pourtant il m'est impossible de le réduire, d'après mes observations personnelles.

Dans les années où, par suite de circonstances atmosphériques, les fruits sont rares, les prélèvements des merles et étourneaux paraissent plus appréciables. Mais, il faut alors réfléchir que, les oiseaux supprimés, il n'y aurait plus aucune année de bonne récolte, les insectes ravageant tout. *Il s'agit*, encore une fois, *de choisir entre l'oiseau et l'insecte, entre un dommage partiel et un désastre total.*

Les chenilles avalées sont ordinairement sans poils, comme celles de noctuelles et de phalénides. Pourtant, Forbush a noté 13 espèces d'oiseaux qui donnent des chenilles poilues à leurs petits, et en particulier celles du bombyx cul-brun et de la spongieuse. C'est ainsi que ces terribles insectes sont détruits en nombre considérable. Pendant l'invasion des sauterelles en Nébraska (1874-1877), on vit un troglodyte porter 30 sauterelles en 1 heure à ses petits. Donc, en 7 heures par jour, une nichée consomme 210 locustes.

« Le jeune oiseau, dit M. Menegaux, depuis son éclosion jusqu'à la sortie du nid exige des efforts continus de la part des parents. Les repas sont fréquents, parfois toutes les deux minutes. D'abord il consomme plus que son poids de nourriture en un jour et arrive à gagner de 20 à 50 p. 100. A ce moment, où ils consistent presque uniquement en une bouche et en un estomac, les jeunes passent presque tout leur temps à manger, sauf pendant le sommeil. Le total est étonnant. Ainsi un rouge-gorge en captivité, d'après le professeur Treadwell, mangeait 60 vers de terre par jour, outre les larves de fourmis et les petits insectes. »

II

LA FÉERIE DES AILES

Mais cette utilité matérielle, la seule, hélas ! accessible à tant d'hommes, combien grossière apparaît-elle devant le charme ou le profit que l'Oiseau apporte à notre vie morale !

Le péril ici, c'est l'idolâtrie. Les nations exquises de l'Antiquité, l'Inde rêveuse, la bonne Egypte, dès que s'obnubile chez elles la vérité religieuse adorent l'être ailé, tandis que l'infâme race chananéenne place sur ses autels le serpent. Aristophane, qui bafoue les survivantes lueurs du Jovisme et les pressentiments chrétiens de Socrate, du moins invite l'Hellas au culte de l'Oiseau :

« Faibles mortels, attachés à la terre, créatures d'argile aussi frêles que le feuillage des bois, race infortunée dont la vie n'est que ténèbres, qu'une ombre sans réalité, que l'illusion d'un songe, écoutez : nous qui sommes des êtres immortels et aériens, toujours jeunes, toujours occupés d'éternelles pensées, nous vous instruirons de toutes les choses célestes ; vous saurez à fond quelle est l'essence des oiseaux et l'origine des dieux. »

A sa délirante cosmogonie que le chœur des *Oiseaux* ne substitue-t-il les réflexions qu'inspirent sur l'ordre providentiel la variété merveilleuse et l'équilibre numérique de la faune ailée ! Pourtant, vingt-deux siècles à l'avance, il prélude au *Génie du Christianisme* :

« Que d'importants services les oiseaux ne rendent-ils pas au mortel ! D'abord nous leur indiquons les saisons, le printemps, l'hiver, l'automne. La grue criarde émigre-t-elle vers la Libye, elle avertit le laboureur de semer, le pilote de se reposer auprès de son gouvernail suspendu dans sa demeure, et Oreste de se tisser une tunique, pour que la rigueur du froid ne le pousse plus à dépouiller les autres. Quand le milan reparaît, il indique le retour du printemps.

« Muse agreste aux accents si variés, tio, tio, tio, tio, tiotinx, je chante avec toi, dans les bocages et sur les sommets, tio, tio, tio, tio, tiotinx. Du haut d'un frêne à l'épais feuillage, tio, tio, tio, tio, tiotinx, je lance de mon gosier d'or des mélodies sacrées en l'honneur du dieu Pan, et ma voix s'unit sur la montagne aux chœurs augustes qui célèbrent Cybèle, totototo totototinx. C'est dans nos concerts que Phrynicus vient, semblable à l'abeille, butiner l'ambroisie de ses chants dont la douceur ravit l'oreille, tio, tio, tio, tio, tinx...

« Heureuse la race des oiseaux ailés, qui, l'hiver, n'ont pas besoin de tunique ! Je ne crains pas non plus les implacables rayons de la brûlante canicule ; j'habite sous le feuillage, dans les prés fleuris, pendant que la divine cigale, folle de soleil, lance ses mélodies aiguës, quand midi brûle la terre. J'hiverne dans les antres profonds, où je folâtre avec les nymphes des montagnes, et au printemps je butine dans les jardins des Grâces, je cueille sur les buissons de myrte la baie blanche et virginale. »

Rien de plus éthéré ne pouvait être modulé sur la féerie des ailes, avant que le moderne exotisme et le songe profond du Moyen-Age n'eussent révélé à Chateaubriand les hérons bleus du Meschacébé, ou la poésie crépusculaire du canard qui s'abat, l'aile sifflante, sur les douves du manoir féodal. Mais il fallait Michelet pour nous faire scintiller, parmi les splendeurs équatoriales, le saphir et l'émeraude des colibris.

Ces noms, et combien d'autres, moins illustres, vengent notre pays de cette réputation d'indifférence envers l'Oiseau, que l'on nous fait indistinctement outre-Rhin. Plus chrétien que Chateaubriand, plus imprégné de la nature que Michelet, Victor Pavie, au fil de ses trop rares strophes, associe la magie des ailes à l'extase changeante des saisons. La petite chouette, la chevêche, que les paysans nomment l'oiseau-jacques, est pour lui la voix annonciatrice du printemps :

> Dans la brume des soirs entends-tu l'oiseau-jacques
> De sa note discrète effleurer les sillons,
> Timide avant-coureur du carillon de Pâques
> Dont s'émeut la nature et dont nous tressaillons?

Sur l'aile du martinet rassemblant sa couvée aux créneaux de la tour, s'enfuit le rapide éclair des mois joyeux. Ainsi, comme Chateaubriand l'avait exprimé en des pages d'une moins intense poésie, chaque sorte d'oiseaux nous scande un aspect de l'année,

> Jusqu'à l'heure où du chêne attristé par la brume
> Le vent mêle une feuille au débris de leur plume
> Dans le creux du vieux nid.

Pour savourer jusqu'à l'oppression de semblables vers, il faut s'être fait une âme de loup au fond des futaies éclaircies de novembre, où une pluie débile, presque un brouillard, s'égoutte à petit bruit régulier sur la mousse. Ils resteront, ces vers, bien incompréhensibles à quiconque se confine au Louvre (magasin ou musée). Pavie a-t-il compté cent lecteurs ? Mais Stendhal n'en souhaitait pas davantage, et les passe-partout de la célébrité solliciteraient en vain ces cent lecteurs-là [1].

D'une plume moins ensorceleuse, et avec les fastidieuses minuties de la science germanique, Brehm, développant la pensée de Buffon, nous détaille les mœurs, les formes, les migrations, l'utilité de la faune ailée :

« Dans l'état actuel de nos connaissances, on décrit environ 8.000 espèces d'oiseaux, parmi lesquelles 350 appartenant à l'ordre des perroquets, 400 à celui des rapaces, 300 à celui des pigeons, à peu près le même nombre à celui des gallinacés, 10 à celui des brévipennes, 600 à celui des échassiers et à celui des palmipèdes ; le reste appartient aux autres ordres.

« L'Amérique est la plus riche en espèces ; puis viennent l'Asie, l'Afrique, l'Océanie, et enfin l'Europe qui compte environ 600 espèces. Relativement aux ordres, voici ce qu'on peut établir : les perroquets manquent en Europe ; les passereaux, les coracirostres, les rapaces, les oiseaux chanteurs, les hirundinés habitent toutes les parties de la terre ; les colibris sont propres à l'Amérique ; les lévirostres

1. *Œuvres choisies* de VICTOR PAVIE (Perrin éditeur), 2 volumes.

se trouvent surtout sous les tropiques ; les pigeons et les gallinacés sont répandus partout sur le globe ; les brévipennes vivent en Afrique, en Océanie et en Amérique ; les échassiers et les palmipèdes sont dispersés sur toute la surface de la terre et des mers.

« L'Europe ne possède aucun oiseau qu'on ne trouve dans d'autres parties du globe ; on ne peut donc pas lui assigner d'espèces caractéristiques, déterminant le type de sa faune. »

J'épargne au lecteur les kyrielles de noms baroques par lesquels Brehm, qui se complaît à multiplier les sous-genres, énumère l'avifaune des autres parties du monde. Remarquons seulement en Asie les uragues, les calliopes, les poules, les faisans, les paons ; en Afrique les perroquets, les tisserins, les veuves, l'aigle huppé, le circaète, les moqueurs, les pintades, l'autruche, la plupart des outardes, le balaniceps, la grue couronnée ; en Océanie les cacatoès, la perruche ondulée, les paradisiers, les brèves, l'oiseau-lyre, le martin-chasseur, l'émou, le casoar, l'aptérix ; en Amérique les aras, le cardinal, la pic bleue, les condors, l'urubu, les colibris, les couroucous, les toucans, le pigeon voyageur, les dindons, le hocco, le nandou, la spatule rose, le héron bleu.

Quant à l'Europe, ses joyaux ailés les plus éclatants sont le martin-pêcheur, le loriot, la huppe. Pour le chant, la fauvette à tête noire, le rouge-gorge, l'alouette lulu, la grive rivalisent presque avec le rossignol, qui inspirait à saint François de Sales cette savoureuse description :

« Les rossignols se complaisent tant en leur chant, que, pour cette complaisance, quinze jours et quinze nuits durant, ils ne cessent de gazouiller, s'efforçant toujours de mieux chanter en l'envi les uns des autres ; de sorte que, lorsqu'ils se dégoisent le mieux, ils ont plus de complaisance, et cet accroissement les porte à faire les plus grands efforts de gringotter, augmentant tellement leur complaisance par leur chant, et leur chant par leur complaisance, que maintes fois on les voit mourir, et leur gosier se dilater à force de chanter. Oiseaux dignes du beau nom de Philomèle, puisqu'ils meurent ainsi, en l'amour et pour l'amour de la mélodie. »

Comme l'on découvre ici l'impuissance des arts et des littératures à résumer les splendeurs de l'œuvre divine ! Quoi que l'on tente, c'est l'énumération qui n'évoque rien ; c'est la mort galvanisée, l'oiseau empaillé dans une vitrine, ou immobilisé par un peintre. La phrase de Chateaubriand s'annihile devant l'envolée majestueuse d'un héron ou le trille d'un rossignol. Qui ne jetterait son pinceau ou sa plume, désespérant de révéler aux profanes la poésie qu'enfanta une pensée de Dieu ?

A la brute sacrilège qui supprime d'un coup de feu tant de beauté allez donc faire comprendre l'harmonie de ce monde féerique des oiseaux avec la diversité des saisons et des paysages ! Ciels mortuaires de novembre où s'allonge le lent, le noir cortège des corneilles, au croassement espacé comme un glas. Émotif frisson des avrils, extase inquiète des amours qui recommencent aux roulades pâmées du rossignol nocturne, ou, dans la rosée des aurores, au trille moqueur du merle, au gazouillis cristallin de la fauvette, au coup de flûte bref et clair du loriot, au soupir attendri de la tourterelle, à l'immense symphonie où chaque gosier en fête, pinson, mésange, grive, alouette, sous le buisson, dans l'herbe, parmi le feuillage, en plein azur, jette sa note sonore ou perlée, triste ou délirante.

Voix splendides de pauvresses aux robes grises : troglodytes et fauvettes ; ou, par compensation, cris plus modestes, mais étranges, harmonieux encore, des coquettes parées de soie : huppe au diadème orangé, mésange bleue, sittelle lilas, pie-grièche à l'aile de taffetas rose.

Bienheureuse ignorance de nos aïeux ! Ils n'avaient point encore substitué à ces enchantements de la nature notre barbarie industrielle et les dépotoirs de la chimie. Ils pouvaient monter dans un fiacre, boire au restaurant, sans pâlir à la pensée des microbes. Ils n'enseignaient point aux petits villageois le système nerveux de la punaise, mais ils priaient Dieu en commun, le soir. Ils n'épuisaient pas les sciences de mort, ni ne disséquaient la vie et la beauté, avec le secret désir d'effacer le Créateur. Mais ils accompagnaient leur pain bis, autrement sain que le nôtre, du verre de vin que les petits chanteurs, traquets et bruants, avaient soustrait au ravage des insectes. La nature leur était une multiforme féerie. L'arrivée de la huppe, celle du vanneau leur tenaient lieu d'almanach ; le bois, l'étang voisins foisonnaient des 300 espèces de passereaux, grimpeurs, échassiers et palmipèdes, dont nous comptons de si rares survivants. Les soirs, le chevrotement de la hulotte les incitait aux mélancoliques retours sur soi-même et aux presciences d'un au-delà. Les générations plus lointaines, instruites par la légende grecque, ni ne dérobaient la foudre à Zeus, ni n'arrachaient aux entrailles de la terre leurs horribles richesses pour bâtir, au lieu de la cité des oiseaux rêvée par Aristophane, notre assourdissant enfer métallurgique.

Que ne vécus-je en ces jours ! J'eusse ignoré les hideux poteaux transportant la force motrice, et connu les futaies de la Gaule. J'eusse écouté, non le sinistre ronflement de l'usine, mais le tic tac de l'épeiche et de la sittelle sur le tronc millénaire des chênes. A la cime mystérieuse des grands arbres champêtres j'aurais discerné des nids étranges, l'œuf marbré de l'autour, ou les veines bleuâtres striant celui de la corneille. Dans la bourse soyeuse que le loriot suspend sous une branche, j'aurais admiré cinq billes d'ivoire éclatant et pointillées d'ébène ; ailleurs l'œuf de saphir pondu par la grive ; puis la boule de lichens tissée par la mésange à longue queue, et les exquises coupes de plume et de mousse où couvent les pinsons et les chardonnerets. Merveilles diversifiées pour chaque espèce, chez elle toujours pareilles depuis la création du premier couple.

Nos rivières, désormais inanimées, alors vibraient du trait azur et feu des martins-pêcheurs. Le grêle pluvier se reflétait sur l'eau calme, dans l'extatique mélancolie des paysages péninsulaires. Ces échassiers si élégants, si bizarres, l'avocette, le courlis, l'ibis, aux longs becs courbes, la robe soyeuse de la spatule blanche, le héron méditatif posé sur une patte dans l'échancrure des sables, la grue voyageuse des ciels d'automne, et les ébats coquets des petits palmipèdes, plongeons ou sarcelles, la collerette somptueuse du grèbe, toute cette féerie réelle et disparue faisait de nos marécages une vision édennique, du plus mince étang seigneurial une volière enchantée.

En ces décors intacts de la campagne, les hommes s'acheminaient doucement vers la grande lumière d'éternité, n'ayant pas besoin de s'étourdir contre les glas du matérialisme par nos fracas de ferraille et nos démences de vitesse.

Pour eux la poésie des réalités s'auréolait encore de légendes. Les stridentes clameurs des pluviers émigrant par les nuits d'automne, c'était la meute du Chasseur noir. Le rouge-gorge avait reçu au Calvaire une goutte du sang divin. Le chat-huant annonçait au moribond sa délivrance. Un nid d'hirondelles portait bonheur. La plus vulgaire volaille se transfigurait sous la baguette des fées : *Contes de ma mère l'Oie*, jeu de l'Oie aux gothiques figures de rêve, qu'un prosaïsme imbécile remplace aujourd'hui par l'image des monuments de Paris !

Et aujourd'hui, hélas ! le laboureur fusille les amis qu'il révérait alors : les bergeronnettes en quête des vermisseaux déterrés par la charrue ; l'humble traquet, fauve et noir, si confiant qu'on le toucherait presque, sur le buisson d'où il jette son petit cri et s'élance pour saisir un papillon ; l'alouette huppée qui court devant nous sur le chemin ; la farlouse des prairies dont le nid, quelques brins de chaume blottis dans l'herbe, abrite cinq œufs rougeâtres.

Passereaux familiers, de couleurs discrètes, aux voix délicieuses, et si harmonieusement associés à nos paysages d'Occident. Ils étaient quelque chose de l'ancienne France, joyeuse, vraiment civilisée, qui, lambeau par lambeau, s'en va.

———

Loin vers le soleil, jadis entrevus en songe sur

des récits de voyageurs, aujourd'hui débarqués par caisses à l'abri de nos môles, les oiseaux des îles, ainsi que les nomme le rêve obscur du peuple, n'ont point le charme délicat, ni les voix exquises de notre faune ailée d'Europe. Il nous arrive beaucoup de rastaquouères : perroquets et perruches. A peine soupçonnons-nous par eux la splendeur des forêts équatoriales.

Il faudrait partir soi-même, connaître, autrement que par la foi, ces paradis exubérants et tragiques, où le boa se confond avec le tronc du tulipier ; où de vénéneuses orchidées enguirlandent la forêt vierge ; mais où la céleste créature, l'Oiseau, atteste, par ses coloris et ses formes, la supérieure beauté de l'œuvre divine : hérons blancs, ibis écarlates, toucans d'émeraude, aras de feu et de saphir, tous les éblouissements de l'Amazone, avec ses bouquets de colibris.

En Asie, les premières civilisations domestiquèrent de somptueux gallinacés : paons et faisans.

La mystérieuse Afrique, où hivernent nos migrateurs, nourrit en outre une immense faune particulière, des légions de fringilles multicolores, d'échassiers peuplant les lacs inconnus où nagent les hippopotames et s'abreuvent les éléphants. L'Egypte restait, il y a cinquante ans, une volière de pélicans et d'ibis. Des êtres bizarres, qu'on hésite à nommer oiseaux, l'autruche, le gigantesque épiornis, débris de l'époque tertiaire, déclinaient quand naquit l'Humanité.

Plus reculée peut-être vers les anciennes périodes géologiques, la faune d'Océanie nous offre une maquette des créations primitives : à côté de l'invraisemblable ornithorynque, deux volatiles d'une splendeur inégalable : l'oiseau-lyre et le paradisier.

Pigafetta, lieutenant de Magellan, présenta le premier oiseau de paradis à Charles-Quint comme un transfuge du Ciel qui, tombé sur la terre, et faute d'ambroisie, était mort de faim et de regrets. Le P. Nieremberg, jésuite, qui visita les Moluques, causa grand scandale en prétendant qu'il avait vu des paradisiers nicher et manger. Les docteurs s'étonnèrent qu'un religieux propageât de pareils mensonges. Une commission scientifique déclara que ces oiseaux, privés de pattes, se suspendaient aux arbres avec leurs longues plumes, et que la femelle couvait sur le dos du mâle, l'air étant leur seul élément. Du moins devons-nous à ces fables les stances de Domingo Ribeira :

« Oiseau de paradis ! oiseau de paradis ! mon amour pour Dolorès te ressemble.

« Comme toi, il ne saurait toucher à la terre ; comme toi, il ne saurait se nourrir d'aliment grossier.

« Comme toi, il provient du paradis, car c'est un ange envolé du Ciel qui s'est introduit dans mon cœur.

« Comme toi, il resplendit d'émeraudes et d'or au soleil ; mais mon soleil est plus divin que le tien, car mon soleil est le regard de Dolorès. »

A l'Afrique, au Brésil, patries des incomparables plumages, n'envions rien, sinon leurs solitudes encore inviolées. D'éclatantes parures, n'en avons-nous pas quelques-unes ? Le loriot nous rapporte en avril un rayon de la Lybie. Le rose phénicoptère prolonge sur les vases calcinées du Vaccarès les rutilances du Tanganika. D'autres, aux nuances plus délicates, nous restent fidèles jusque sous la neige : la robe azurée du martin-pêcheur, la coquette mésange bleue, l'émeraude et le rubis du pic, la gorge écarlate du bouvreuil.

Mais surtout nous avons les voix.

Nommer le rossignol, c'est récrire toute l'histoire de l'amour et de la poésie. C'est évoquer les cours de marbre, les vasques du mystérieux Orient, où, sous les jasmins et les lauriers-roses, le bulbul chante éperdûment pour les sultanes. C'est s'angoisser le cœur aux mélancolies nocturnes d'un lied allemand. C'est gravir avec Roméo l'échelle de soie.

Lorsque l'on n'a désormais pour spectacle, comme dans le tableau de Gleyre, que la barque où s'éloignent les illusions perdues, mieux vaut écouter sous un ciel de neige, au fond des bois dépouillés, le gazouillis crépusculaire du rouge-gorge, plus suave, plus pénétrant que les roulades du rossignol. Élancé vers l'ivresse de vivre, il retombe sur la désespérance, voix de tous les fantômes évanouis.

Malheur pourtant à qui s'intoxiquerait de ces renoncements sans résignation, et se refuserait, avril fleuri, à réentendre, avec la voix continuée du rouge-gorge, l'innombrable chœur d'autres oiseaux, interprètes des résurrections de l'âme, de toutes les possibilités divines de l'amour et de la joie !

III

LA MYSTIQUE DES OISEAUX

C'est une injustice envers le singe, que de le donner pour ancêtre à l'homme. Aucun gorille n'eût imaginé les atrocités et les infamies qui composent nos annales.

Nous ne descendons point du singe, mais du démon, depuis qu'Adam préféra cette épouvantable paternité spirituelle à celle de Dieu.

Malgré la divine transfusion de sang opérée au Calvaire, le virus originel persiste, atténué, dans nos veines. Ses accidents reparaissent, tragiques ou bénins, tantôt selon les instincts naturels des peuples, tantôt selon le conflit de notre libre arbitre avec les tentations et les grâces. Ainsi la bonne Égypte ignorait les forfaits chananéens; ainsi l'Europe christianisée, éliminant la dureté de ses races primitives, remplace par les instruments de chirurgie les instruments de torture, et par les phares la lanterne des naufrageurs.

Mais la rage du démon vaincu ne désarme pas. Sevré d'holocaustes humains, il se rabat sur de moindres victimes. Immortel envieux du Créateur, son ironique revanche s'efforce d'anéantir, par la démence de peuples chrétiens, ce qui s'élançait vers le ciel, arbres ou oiseaux.

Les oiseaux surtout, que les religions dérivées elles-mêmes tenaient pour des êtres sacrés. Quant à la Bible, elle les proclame purs, et nous dit que l'Esprit-Saint se complaît à leur chant.

Michelet reproche au Christ, à leur propos, de n'avoir pas protégé les bêtes. Il oublie que l'Évangile régit notre destinée surnaturelle. Pour le reste, le Christ a déclaré que pas un iota n'est effacé des préceptes antérieurs.

Le *Livre de Jonas*, risée des incroyants et presque ignoré des croyants, contient en ses quelques pages la clef des plus hauts mystères : accord entre la Justice et la Miséricorde divines, et accord de la prescience divine avec notre libre arbitre. Mais un étrange verset y affirme aussi la valeur de la vie animale devant son Créateur. Le Seigneur répond à Jonas qui lui reproche d'épargner Ninive et de faire ainsi mentir ses prophéties (ô l'amour-propre d'auteur !) : « Quoi, je ne pardonnerais pas à la grande cité, où il y a plus de cent vingt mille enfants qui ne savent pas distinguer leur main droite d'avec leur main gauche, *et un nombre immense d'animaux !* »

Ce n'est point en raison directe de l'intégrale vérité religieuse, mais plutôt par une revanche du démon, une sorte de possession subsidiaire, que certains peuples catholiques, l'Espagne, l'Italie, la France elle-même, comptent au premier rang des exterminateurs de la faune ailée.

Est-ce dureté de la race ? Peut-être. Mais aussi le démon se venge sur l'Oiseau de ne plus voir les esclaves crucifiés ni les martyrs du Cirque. Et c'est encore l'Eglise qui combat ce reste de barbarie. Qui plaide en Italie pour l'Oiseau, sinon saint François d'Assise ? En Provence, sinon le clergé, lequel l'associait jadis aux fêtes de Noël ? Lorsque Mistral s'indigne de constater dès le Moyen-Age les massacres de fauvettes, il les impute du moins à une bande de drôlesses et de libertins[1]. Il ne faudrait pas toutefois conclure d'une remarque générale à tous les cas particuliers. Il ne manque en Provence, ni d'incroyants pour protéger l'Oiseau, ni hélas! de prêtres pour l'occire. Au surplus, ceux-ci ne sont jamais les meilleurs.

Quoi qu'il en soit de ceci, une cruauté climatérique n'explique point l'acharnement que les Latins déploient contre les passereaux, et dont ils devraient enfin rougir. Le musulman, plus méridional que l'Italien, respecte l'Oiseau, place pour lui des graines sur ses tombeaux. Loti cite un hôpital fondé en Turquie pour les cigognes âgées. Il est vrai qu'il n'en existe point pour les vieillards, sinon chez nos religieux, ce qui proclame en définitive la supériorité chrétienne. D'ailleurs, en protégeant les oiseaux, l'Oriental écoute sa naturelle sagesse, et il enfreint le Coran, qui proscrit le passereau et l'arbre où il s'abrite.

Le *Deutéronome*, au contraire, sentenciait : « Si tu trouves un nid, et la mère couvant ses œufs, tu ne prendras ni la mère ni ses rejetons. » Moïse permet de chasser les espèces réellement comestibles, et interdit la destruction des autres.

Malgré cette tolérance partielle, les chasseurs gardent, de la part de tous les écrivains sacrés, ce que

1. *Calendal* (chant III).

nous appellerions une mauvaise presse. Ezéchiel flétrit de leur nom les despotes qu'il voit précipités dans la géhenne. D'après le Livre de la Sagesse, Nemrod fut le premier idolâtre. Michelet a donc raison d'écrire : « Une malédiction pèse sur les peuples chasseurs. »

Soit tendresse naturelle, soit inspiration ou lueur traditionnelle persistant à travers les pénombres du paganisme, Solon pense ici comme Moïse. Même il le dépasse, et supprime toute vénerie aux Athéniens. Sa loi dut tomber en désuétude, si nous en jugeons par les doléances des oiseaux, dans Aristophane, contre les poseurs de gluaux et de collets.

A Rome, sous l'austère discipline des rois, puis de la république, la chasse fut abandonnée aux esclaves, comme indigne du guerrier. Les langues de rossignols servies aux patriciens dégénérés coïncideront avec l'ignominie impériale. En revanche, saluons la première esquisse de Jardins-Volières en Occident : flamants roses, perroquets d'Afrique, paons d'Asie domestiqués dans les villas latines. Malheureusement on y découvre aussi le goût ridicule des oiseaux éduqués. Pline cite un corbeau qui venait saluer l'Empereur par son nom, au forum. Un autre répétait des bribes de discours; un jour il invita Cicéron à se taire, et fit perdre le procès, ce qui inspire une médiocre idée de la justice à travers les âges.

Mais alors une question se pose : l'hostilité des Latins contre l'Oiseau ne serait donc pas ethnique? Elle serait donc bien le résultat d'une revanche démoniaque contre l'œuvre divine, par la main des peuples qui reçurent le dépôt spécial des vérités religieuses, et aux époques où ces peuples prévariquèrent, comme à la Renaissance néronienne et aujourd'hui?

En tout cas, la Rome antique proclama, jusqu'à la superstition, le caractère sacré de l'Oiseau. Un combat de corneilles présageait une guerre prochaine. La destinée de l'Empire dépendait de la sentence d'un augure, basée sur la digestion d'un volatile. Un corbeau ayant saisi un Romain à la nuque, les Gaulois sont victorieux ; quand les oies s'en mêlent, ils sont battus. Après l'éloquence, voilà l'héroïsme qui fait piètre figure devant l'Oiseau. L'orgueil des Césars humilié par un choucas, belle leçon providentielle sans doute !

De fait, aux intérêts de notre vie morale l'être ailé apparaît associé dès les premiers chapitres de la *Genèse*.

Ici s'ouvre un abîme philosophique. L'animal a-t-il été créé uniquement en vue de l'homme ? Non, insinue la raison ; il semble que la multiforme existence des bêtes ait aussi pour motifs une expansion de puissance, attribut de la Divinité, et le bien individuel des animaux eux-mêmes ; car, à l'état de nature, non englobés dans les suites de notre réprobation, non esclaves de notre méchanceté, la somme de leurs jouissances surpasse extrêmement celle de leurs maux.

Les révélations de Moïse et nos découvertes géologiques confirment que l'animal n'a pas été créé uniquement pour nous, puisqu'il l'a été longtemps avant nous. Mais à quelle période doit-on placer l'apparition des oiseaux ?

La Création ayant suivi un rythme ascendant, il paraît dur à leurs amis de les supposer antérieurs aux quadrupèdes. Heureusement le texte hébreu de la Bible diffère ici de la Vulgate. Le verset 21 du 1er chapitre de la *Genèse* semble désigner exclusivement la création maritime. Le terme : « volatiles d'aile » succédant aux cétacés et aux « animaux allongés » pourrait bien signifier, non les oiseaux, mais l'effarante série des grands reptiles ailés et marins que nous révèlent en effet les premières formations géologiques. Dès lors tous nos oiseaux, dont les terrains successifs ne montrent les empreintes que très tard, ressortiraient au verset 25, lequel englobe indistinctement les espèces continentales, apparues longtemps après la faune océanique.

En somme, d'un verset à l'autre, l'opposition n'existe pas entre les oiseaux ou poissons et les quadrupèdes, mais entre les animaux marins et les animaux terrestres. Géologiquement, le fait demeure indiscutable.

Dès lors, rien ne nous oblige à placer la création, ou les créations successives, de la faune ailée avant celles des quadrupèdes. La seule certitude, religieuse et scientifique, c'est qu'après l'apparition de l'homme, l'ère de la création est irrévocablement close sur notre planète. La vie ne s'y perpétue que selon les lois génératives [1].

Si le lecteur m'invite à passer au déluge, m'y voici.

Universel ou non, — je renvoie sur ce point aux exégètes — il n'a guère plus menacé d'anéantir la faune ailée que le font nos chasseurs ! Il faudra donc rebâtir l'arche, afin de sauver quelques couples reproducteurs; c'est l'idée des Jardins-Volières.

---

1. Voir sur ces graves problèmes la dissertation de la grande Bible Lethielleux (*Introduction au Pentateuque* par l'abbé CHELIER). — Inutile de rappeler que le terme hébreu si malencontreusement traduit par *jours* n'a jamais désigné dans l'Écriture que des périodes indéterminées, et ici des séries créatives qui peuvent embrasser plusieurs centaines de siècles.

La colombe, que ne mentionnent, dans leurs récits du cataclysme, ni Bérose, ni Ovide, mais que Moïse nous montre rapportant à Noé un rameau d'olivier, est sans doute la tourterelle grise à collier, si commune en Orient. Dans de nombreux passages de la Bible elle symbolise la paix, l'amour, la pureté. Seule, avec d'autres colombidés, elle pouvait être offerte en sacrifice. Elle figure dans la purification des Nazaréens et dans celle de l'accouchée. « Tes yeux, des yeux de colombe ! » soupire l'époux du *Cantique*.

Les religions dérivées conservèrent à la tourterelle ce symbolisme. La Grèce la donne pour emblème à la déesse de l'amour. Les Babyloniens la représentent sur leurs étendards; or, pour Homère, l'Asie est le domaine choisi d'Aphrodite. Mais l'on ne résume point en dix lignes les suprêmes arcanes de la théologie, ni les répercussions de la vérité religieuse au sein de l'idolâtrie [1].

La dogmatique chrétienne, en restaurant le concept adultéré de la Trinité, assigne, parmi les attributions plus spéciales à chaque Personne divine, le principe d'amour au Saint-Esprit. Lorsqu'au baptême du Christ, la Divinité entière se manifeste extérieurement, le Père par la voix, le Verbe par sa présence humaine, l'invisible Esprit se révèle sous l'aspect de cette colombe qui symbolise chez tous les peuples l'amour et la sanctification des âmes.

L'Oiseau ainsi exalté jusqu'à la théophanie, et le démon incarné dans le serpent, entre ces deux pôles extrêmes, qu'une seule fois l'Écriture nous montre,

1. Voir *le Positivisme chrétien*, édition nouvelle, pp. 189 et suiv., et *la Vérité religieuse*, pp. 85 et 304. (Blond, éditeur, Paris.)

s'échelonnent les innombrables rapports de l'animalité avec notre vie morale et spirituelle.

Symbolisme le plus souvent. Néanmoins, certains volatiles apparaissent ennoblis jusqu'à la mission. Dieu ne saurait-il diriger comme il lui plaît ses créatures ?

« Et les corbeaux apportaient à Élie du pain et de la viande le matin, pareillement le soir, et il buvait l'eau du torrent. » Paul l'Ermite, saint Benoît furent, dans leurs déserts, nourris par ce même oiseau. De là l'usage commémoratif d'élever des corbeaux dans les monastères bénédictins.

« O bienheureuse solitude ! ô seule béatitude ! » chante une hymne ancienne. Enclore en l'apaisante régularité d'un cloître sa vingtième année, loin d'un monde qu'on a jugé d'avance ! Ou bien replier au bord d'un ruisseau, à l'orée des bois, dans l'isolement d'un ermitage, les débris d'une destinée orageuse, un cœur meurtri par les hommes, désabusé de la joie ! Ne garder là pour compagnons que les passereaux, pour fêtes que leurs chants, pour spectacles que la construction de leurs nids ! Ne les inviter, comme le Poverello, à faire silence, que pour écouter au fond de son âme l'Esprit qui parle loin des foules ! Des milliers de solitaires ont réalisé ce rêve au Moyen-Age. Malheur au philosophe et au religieux qui retranchent à la spiritualité les racines qu'elle plongeait dans l'harmonieuse Création ! Alors le cartésianisme et le jansénisme ouvrent les voies à l'athéisme. Qui méprise la vie animale, et creuse un abîme entre la nature et son Auteur, est bien proche de ne discerner plus le surnaturel.

On chasse de la Crèche le bœuf et l'âne, on finit par y délaisser Jésus.

Si François d'Assise eût gagné à ses « frères les oiseaux » le cœur italien, ni l'art ni la débauche n'y eussent étouffé la nature et la foi; le monde eût ignoré les crimes de cette calomnie de l'Antiquité qu'on ose nommer une Renaissance. Car, de l'Hellas, si religieuse à travers ses fables, que nous a restitué la pioche des Médicis? Un bellâtre éphèbe, l'inexorable Apollon.

Redemandons plutôt la pensée de la Grèce à la légende des grues d'Ibycus. Par la plume de Schiller le mysticisme germanique, autrement proche de la tradition hellénique que le paganisme italien, remémora en cette légende la justice immanente de Zeus.

Frappé à mort par des brigands dans un défilé, Ibycus prend à témoin un vol de grues. Le lendemain, aux Jeux de Corinthe, la foule anxieuse attendait le poète. Soudain, l'un des meurtriers s'écrie : « Voilà les témoins d'Ibycus ! » On s'émeut ; les assassins avouent leur forfait. Ce poète, dont survivent quelques fragments lyriques, avait vécu à la cour de Polycrate. On sait la terrifiante histoire de ce tyran de Samos, la prospérité qui l'effraie, son anneau préféré qu'il jette à la mer et qu'un pêcheur lui rapporte, et bientôt lui-même pris à la guerre, écorché vif. Jamais page plus tragique ne fut écrite sur la doctrine des compensations.

« La Terre maudite en l'œuvre de l'homme. » Ce mot de la *Genèse* manqua aux Grecs pour s'expliquer nos destinées. De là leur stupeur devant le contraste de la beauté de l'univers avec le malheur exceptionnel de l'homme.

Ils ne purent mesurer à sa valeur le redoutable don du libre arbitre, ni suffisamment distinguer entre les rétributions terrestres, d'ordinaire collectives, et la rétribution posthume, toujours individuelle.

Avertis sur les autres vérités spiritualistes par leurs traditions ou leurs philosophes, les Anciens discernèrent mal le dogme du péché originel, et ne parvinrent jamais à comprendre les sévérités temporelles de la Providence à notre égard. Ils voyaient Oreste, involontaire parricide, relancé par l'inapaisable courroux des dieux. Ils apercevaient ensuite l'Oiseau protégé dans sa couvée, averti du temps propice à sa migration, et vengé de la cruauté de l'homme par Némésis en Grèce, par Osiris aux bords du Nil.

———

A première vue quel scandale, que la vocation du peuple hébreu ! Une race aux instincts matérialistes, sans philosophie, dénuée même de toute sympathie envers la vie animale, est, par une série de prodiges, soustraite à la domination du peuple égyptien, le plus doux, le plus intuitif de l'Antiquité. Ne voyons-nous pas de même aujourd'hui la dureté de certaines nations catholiques contraster avec les larges solidarités de nations hérétiques ? Il faut se rappeler le mot du Christ : « Je ne suis pas venu pour les justes, mais pour les pécheurs », considérer que le Ciel équilibre par des grâces de foi l'insuffisance des qualités naturelles, et que Dieu manifeste mieux sa puissance en arrachant à Israël les sublimités des prophètes, à l'Italie et à l'Espagne les oraisons des grands mystiques.

Il semble aussi que Dieu, pour faire apprécier par la cécité absolue le prix de la lumière, laisse parfois des nations ilotes sans phares naturels ni surnaturels. Alors surgissent les horreurs de la race chananéenne ; c'est Carthage. Ce sera peut-être, après l'abus de tant de grâces, l'Europe méridionale de demain. En revanche, lorsque la vérité religieuse pénètre un milieu naturellement bon, quels ravissements !

De tout ceci l'on découvrirait des exemples, en restreignant le champ d'observation à la manière dont les différents peuples ont conçu nos devoirs envers la vie animale, particulièrement nos rapports avec les oiseaux.

La naturelle tendresse de l'Inde et de l'Egypte pousse trop loin, et jusqu'à l'idolâtrie, le respect des bêtes. L'Egypte punit de mort le meurtrier d'un ibis ; l'Inde vénère toute créature, épargne le tigre et le serpent.

Au contraire, pour rappeler l'Hébreu à quelque intelligente pitié, Moïse doit invoquer son propre intérêt et l'autorité divine. Il promet à quiconque protège l'Oiseau fécondité des champs et vie prospère.

Pour éveiller chez nos ancêtres du Moyen-Age un peu de mansuétude, c'est encore au nom de la Justice suprême qu'il faut parler. De là ces histoires de rudes chasseurs épargnant un cerf au front duquel luit une croix. De là cette légende de saint Julien l'Hospitalier si magnifiquement contée par Flaubert, et où le fatalisme d'Eschyle confine aux vérités du christianisme. Jamais pages plus vengeresses n'ont fustigé les ennemis des ailes :

Au gentilhomme dont l'enfance se passe, près du sauvage manoir, à détruire les loriots et les huppes, un devin annonce qu'il tuera son père et sa mère.

Malgré l'effroi de l'oracle, malgré son volontaire exil, un soir, ainsi que dans la maison des Atrides, la destinée s'accomplit. Seulement, la rédemption est possible, et, après les plus héroïques expiations, Julien meurt dans la paix.

Mais quelle tâche désespérante que de prêcher, même au nom du Seigneur, le respect de l'Oiseau à l'Italien ! Saint François d'Assise y passa pour fou. Pire scandale, des prêtres immolent les plus exquises créatures de Dieu. En France même, il faut que, sous Charlemagne, le concile de Tours interdise la chasse aux ecclésiastiques.

Fuyons vers l'île des Saints ! Regardons l'Oiseau mêlé sans cesse aux légendes enchantées du Nord. Lorsque le premier missionnaire lui parla de l'espoir d'outre-tombe, un vieux roi saxon répondit : « Nous le savions ! L'hiver, parfois un rouge-gorge traverse la salle de nos festins ; il chante un instant, puis sort, disparaît seulement à nos yeux. Ainsi de l'âme. »

Délivrés par l'Evangile de leurs brutalités natives, quel idéal devaient réaliser des hommes empreints d'une telle profondeur de rêve, et d'une si poétique compréhension de la vie extérieure ! Ce furent les Saints aux oiseaux, les saints d'Irlande. Il fallait inscrire sur le granit de leurs tombes, cachées sous les genévriers, le verset : « Vous tous, oiseaux du ciel, bénissez le Seigneur ! »

La première sainte Brigitte, une solitaire d'Erin, voyait voler vers elle, à sa voix, tous les passereaux de la lande. Saint Colmon apprivoisa treize sarcelles qui, sur les lacs, accompagnaient sa barque. Saint Cuthbert garda pour amies, sur son îlot sauvage de Farne, les corneilles ; et il visitait saint Bartholomé, dont l'ermitage était une volière.

Dans ses rochers de Croyland, saint Guthlac élevait deux corbeaux ; et tous les volatiles, et jusqu'aux quadrupèdes du voisinage recevaient de sa main leur nourriture. Un soir, comme le moine Wilfried le visitait, deux hirondelles se posèrent sur l'épaule de Guthlac : « O mon frère, demanda Wilfried, comment pouvez-vous inspirer tant de confiance à des oiseaux si jaloux de leur liberté ? » Et le solitaire répondit : « Ne savez-vous point que celui qui s'unit à Dieu dans la pureté de son cœur voit ensuite tous les êtres de la Création s'unir à lui ? »

IV

CRIMES DE LÈSE-NATURE

Du ciel tombons en enfer.

« J'ai vu, écrit l'entomologiste provençal Henri Fabre, des barbares interrompre d'un coup de feu l'adorable romance du rossignol. Ils disent que six rossignols font une excellente brochette. À quel point donc l'homme est-il brute quand il ne prend conseil que de son ventre ! »

Dans les banlieues du Midi, ces chasseurs à faces patibulaires, suivis de meutes comme pour courre le cerf, mais qui fusillent des bergeronnettes, il faut les avoir rencontrés pour concevoir la dégradation possible de l'homme dans un pays prétendu civilisé.

Si le Midi est le plus coupable, il n'est pas le seul coupable. La tuerie des pinsons dans le Nord, des rouges-gorges dans l'Est enlève chaque année à l'agriculture des milliers d'insectivores.

Dans le Centre, les traînées de collets en temps de neige détruisent, sous couleur d'alouettes, une multitude d'autres passereaux. Les tendeurs de ces collets prétendent, qu'appâtant avec des graines, ils ne capturent que des oiseaux nuisibles. Spécieux paradoxe ! Si la plupart des insectivores émigrent, il nous reste néanmoins *beaucoup de passereaux qui ne se rabattent sur les végétaux qu'à défaut d'insectes*. Les bruants, l'alouette lulu, le pinson, les mésanges, qui détruisent, en été, des myriades d'altises, de charançons, de cochylis, sont capturés, en hiver, par bandes entières, lorsque l'on appâte avec certaines graines que plusieurs insectivores acceptent *comme pis aller*.

Les ravages de la cochylis en Anjou tiennent surtout à l'extermination, par les collets, de l'alouette lulu, du bruant zizi, du linot et de divers autres grani-insectivores, qui nichaient dans les vignes et nourrissaient d'insectes leurs couvées.

Aux collets s'ajoute le filet nocturne, promené sur les guérets dans toute la France centrale. Les plus utiles alouettes, cochevis et lulu, ont entièrement disparu dans plusieurs départements. Et ces oiseaux, jadis vénérés par l'Oriental, sont exterminés en Algérie où, depuis notre occupation, l'on tue aussi parfois les cigognes, que cependant la loi protège.

Partout où l'Européen pénètre, il décime la faune ailée. L'Anglais, sage protecteur chez lui, a dépeuplé la vallée du Nil, à l'indignation des fellahs. J'ai vu un lac algérien couvert de charmants échassiers dont, huit jours après, les cadavres flottaient sur le bord : une bande de Marseillais avait passé là.

Les colons italiens de l'Argentine y ont anéanti plusieurs sortes de passereaux. En Australie, à peine survit-il quelques oiseaux-lyres. Le paradisier s'éteint dans les îles de la Sonde. Les équipages d'exploration dans les mers arctiques s'amusent à massacrer à coups de rames des légions de pingouins. Les snobs des États-Unis ont trouvé mieux ; ils s'amusent à noyer les plongeons en les empêchant de remonter à la surface. Ici du moins l'Autorité est intervenue.

S'obstinera-t-on en France à tolérer les exploits des baigneurs qui fusillent sur toutes nos plages les hirondelles de mer, dont les petits corps pourrissent ensuite au seuil des chalets ? Dans les ports des îles anglaises nagent en sûreté cormorans et mouettes. J'ai vu l'une de celles-ci suivre le paquebot, s'éloigner seulement, mue par un instinct ou par l'expérience, lorsqu'il entra dans les eaux françaises.

Sur nos lacs et nos rivières plus rien ! A peine, çà et là, un râle, une poule d'eau, tout de suite menacés par vingt fusils. En Anjou, une trentaine d'espèces, palmipèdes ou échassiers, qui pullulaient vers 1828, au témoignage de M. Millet, sont anéanties. J'ai vu les derniers spécimens de la sterne noire. Le grèbe castagneux, que l'abbé Vincelot, en 1873, mentionnait comme très commun, n'est plus qu'un souvenir. Disparu aussi le joli héron blongios. Le vanneau a cessé de nicher dans l'Ouest, où les gamins s'amusaient à briser ses œufs. De ces innombrables mouettes, que novembre ramenait sur nos rivières, il survit des passages de quinze à vingt. La Loire a perdu tous les pluviers qui nichaient sur ses grèves.

Mais n'accusons pas exclusivement la stupide férocité de certains chasseurs.

Les prétendus progrès de l'agriculture et de l'industrie contribuent à l'extermination de nombreuses espèces. Le dessèchement des étangs, auquel nous devons à la fois l'épuisement des sources et les inondations fluviales, enlève tout refuge à nos échassiers sédentaires.

Les phares électriques à grande portée deviennent les naufrageurs des oiseaux de passage, particulièrement de quelques espèces-gibiers. Protecteurs de l'avifaune ou fervents de la chasse, nul n'ose protester. L'essaie-t-on, c'est en affirmant au préalable que l'on ne peut songer à une diminution d'intensité des feux, parce que la question humanitaire ici prime tout. Fort bien ! Seulement, qui nécessite ces phares modern-style, sinon les armateurs cupides et le public affolé de vitesse ? Chaque année, quelque paquebot engloutit un millier de victimes ; il s'agissait de gagner une heure dans la traversée, plutôt que de ralentir par le brouillard. Et l'on ne parle point des pauvres barques de Terre-Neuve coupées par les transatlantiques : l'officier de quart entend un choc, un cri peut-être ; le matin on trouve sur l'avant un lambeau de voile ; tout est fini. Pour les Compagnies maritimes la question humanitaire prime toutes les autres, hormis celle de l'argent !

La paisible navigation d'autrefois n'entraînait pas de tels désastres, et ses phares tuaient peu d'oiseaux. L'enquête menée par M. Magaud d'Aubusson démontre que tout le mal provient des puissants projecteurs électriques. Le grand phare de Belle-Ile, en deux nuits de novembre 1912, immole 3.200 bécasses, grives, et autres migrateurs. Mêmes hécatombes au Pilier, sur toute la côte bretonne. Aux Roches-Douvres, en Manche, un gardien ramasse 400 vanneaux. Le feu des Baleines détruit, un soir, un passage entier d'oies sauvages. En Gironde, les phares de Terre-Nègre, de Cordouan, de la Coudre attirent et exterminent chaque année 100.000 pluviers, courlis, bécasses, cailles, tourterelles, et d'innombrables bandes d'alouettes.

À l'étranger, même carnage. Divers pays s'en sont émus. Le docteur Hennicke, secrétaire de la Ligue allemande pour la protection de l'avifaune, proteste contre les tueries d'Héligoland, où les insulaires se ruent pour achever les migrateurs que le phare a seulement étourdis : « Ces massacres, ajoute-t-il, révoltent les Scandinaves, dont on détruit ainsi les oiseaux, et nous enlèvent le droit de crier contre les Italiens et les Français. »

La Hollande a tenté un remède. M. Thijsse, ayant observé que la plupart des victimes périssent, non en se frappant contre la lentille, mais par lassitude, à force de tourner autour d'elle, imagina des échelles de repos, que le Gouvernement de la reine vient d'établir dans tous ses phares. L'Angleterre a essayé ces échelles-perchoirs au phare de Wight. L'Allemagne les a mises à l'étude ; souhaitons qu'elle en établisse, car elle menace d'aggraver le mal en construisant des phares pour les aéroplanes[1].

En France, le Saint-Hubert Club et la Ligue pour la protection des oiseaux s'efforcent de stimuler sur la question des échelles l'inertie des pouvoirs publics, et de vaincre le mauvais vouloir des ingénieurs, convaincus sans doute, à l'instar de certain publiciste, « qu'il est bien inutile d'émouvoir l'opinion publique sur une question de moineaux ».

---

1. Ceci fut écrit avant la guerre. Depuis, nous avons vu les résultats de cette aviation, pour laquelle la Prusse bâtissait des phares meurtriers. On commence par détruire inconsciemment les oiseaux ; on finit par incendier les villes.

La presse française se fût honorée en protestant avec plus d'énergie contre l'irréparable extermination du primordial ornement de la nature.

Certes, plusieurs journalistes, MM. Faguet, Lavedan, de Parville, Lecoq, Cunisset-Carnot, d'autres encore se sont efforcés de rappeler le public à la compréhension de ses vrais intérêts et au respect de la beauté. Mais, alors que le vol d'un tableau a fait couler tant d'encre, aucune réclamation générale et permanente ne s'est élevée contre les massacreurs d'hirondelles et de fauvettes en Italie, en Espagne, ou en France ! Vrai, je ne puis m'expliquer pourquoi l'Oiseau seul semble soustrait aux bénéfices de l'apparent adoucissement de nos mœurs, et d'une sensibilité littéraire poussée jusqu'à l'hyperesthésie, puisque l'on nous invite à pleurer où riaient nos aïeux, à la lecture de *Don Quichotte*, à la comédie du *Misanthrope*, à la farce de *Pierrot*.

Il s'est trouvé à Bordeaux, à Toulouse, certains entrepreneurs de publicité pour soutenir dans leurs feuilles les réclamations des pires oiseleurs contre la plus anodine répression. A l'heure où toutes les Chambres agricoles proclament que la destruction des insectivores coûte aux viticulteurs des centaines de millions, ces publicistes ont osé invoquer l'intérêt des « pères de famille » en faveur du ramassis de désœuvrés qui fusillent ou égorgent au lacet nos plus nécessaires passereaux !

Et que dire des politiciens qui se sont fait de ces « tolérances » un tremplin électoral ! On a vu tels bohèmes, sans cœur ni cervelle, remplacer des députés respectables, en flagornant les pires instincts de carnage. On a vu des préfets contrevenir à la loi, autoriser le braconnage en toute saison.

Heureusement quelques tribunaux, à Bordeaux, à Agen par exemple, commencent à appliquer la loi, en dépit des arrêtés préfectoraux. Mais les arrivistes d'estaminet et de surenchère électorale se rattrapent en menaçant les gendarmes, s'ils dressent des procès-verbaux. Cette anarchie, et bien d'autres persisteront aussi longtemps que n'aura pas disparu, avec le scrutin d'arrondissement, la racaille politicienne.

Aux bandits du parlementarisme il convient d'opposer les députés ou sénateurs de tous les partis qui, depuis trente ans, luttent pour la défense de la faune ailée : MM. Méline, Leydet, de Larsan, Hugues, Mougeot, Millevoye, d'autres que j'oublie, comme il est juste de mentionner certains préfets, M. de Joly par exemple dans les Alpes-Maritimes, résolus à ne tolérer aucune infraction aux lois protectrices.

Telle est la puissance de l'autorité, quand un Gouvernement fait son devoir, que le passage au Ministère de MM. Méline et Mougeot avait suffi, il y a quinze ans, pour repeupler nos contrées de divers migrateurs qui, depuis lors, ont de nouveau disparu. Les chasseurs — les vrais — durent aux mêmes hommes d'État de revoir les cailles.

Mais, en dépit de la Convention internationale de 1902, et malgré le bon vouloir de quelques ministres de l'Agriculture, les intrigues des anarchistes parlementaires, vomis notamment par le Sud-Ouest, ont prévalu sur l'intérêt général. Les oiseleurs recommencent à faire de la France une terre de massacre et de désolation rurale.

Voici quelques faits. Tout commentaire en atténuerait la signification :

En Meurthe-et-Moselle, il a été tué, durant deux mois, environ 1.400 pinsons, 3.000 mésanges, 10.000 rossignols.

La Société d'Agriculture du Rhône déplore que les bergeronnettes soient anéanties « par tombereaux » dans les Landes.

Le Var a détruit en quelques années 100.000 rouges-gorges ; les Bouches-du-Rhône, 2 ou 3 millions d'hirondelles.

Un rédacteur du *Progrès de Lyon*, M. Sahuc, énumère les ravages de la chasse au poste : « Cet imbécile massacre se poursuit tout l'automne et une partie de l'hiver. Voilà pourquoi nos campagnes sont muettes, pourquoi aussi moissons, fruits, vendanges sont dévorés par les insectes. » Le même journaliste rappelle que dans l'Europe septentrionale « on ne se contente pas d'épargner les petits oiseaux ; on les aide à se loger, à se nourrir. Des édicules sont construits, où toute la gent ailée trouve refuge contre le danger, contre la faim, contre les intempéries. »

Même affligeant contraste entre la France et la Suisse. Dans le *Petit Journal*, M. Jean Lecoq, mentionnant un sauvetage d'hirondelles surprises par le froid, et que les autorités helvétiques transportèrent dans des caisses vers les pays de soleil, ajoute : « Si, au lieu d'échouer dans le canton de Vaud, elles étaient venues tomber sur certains points du territoire français, elles n'eussent pas eu à compter sur la compassion émue des autorités, et il est infiniment probable qu'on les eût ramassées, non pour les sauver, mais pour leur tordre le cou. Un de nos lecteurs me contait qu'aux environs de Béziers on prenait au lacet des millions d'hirondelles.

En pleine rue on voit des femmes occupées à plumer ces pauvres oiseaux, auxquels elles coupent le bec afin de les faire passer pour des becs-fins. »

Ces derniers mots sont les plus graves. Ils établissent que la destruction des becs-fins, fauvettes ou rossignols, s'opère quasi légalement dans l'Hérault !

Tandis que la Scandinavie et l'Europe centrale protègent efficacement l'avifaune, en Italie les massacres sont encore plus odieux que chez nous, et dans plusieurs provinces couverts par la loi. La douane de Brescia préleva, une année, des droits sur 423.800 fauvettes, gobe-mouches et autres insectivores. A Udine la gare en expédia 200.000. « Le temps des migrations est un temps de carnage » remarque Michelet. Depuis longtemps, les Méridionaux ont anéanti leurs espèces sédentaires ; ils exterminent désormais nos migrateurs.

La répression en France est rare, inefficace. Les inspecteurs de la brigade de chasse ont cependant saisi plusieurs colis de rouges-gorges expédiés de Corse. Mais, à Marseille, dans presque toutes les villes du Midi, on vend en cachette, parfois à la criée, huppes, rossignols, traquets et fauvettes.

Passe encore pour Marseille. Mais ce sacrilège à Aix, à Avignon, à Orange, villes saintes, embaumées dans leur passé de religion, d'art et d'amour ! De grossiers scélérats profanent la lumière d'Arles et les myrtes enlaçant les statues des dieux ! Eh ! quoi, nul ne proteste ? A ces Provençaux, respectueusement penchés sur la majestueuse vieillesse de leurs cités, ne peut-on faire comprendre que le cini d'or, le rollier bleu, le guêpier d'émeraude, l'ibis et le rouge phénicoptère rattachent aussi noblement leur patrie à l'Hellas et aux destinées orientales que les sarcophages des Alyscamps, les marmoréennes guirlandes des théâtres, et les idoles solaires des vieux colons phéniciens? La brute qui fusille sur les colonnes d'Arles la chouette de Pallas-Athéné perpètre un crime historique analogue à celui de l'ingénieur éventrant le mausolée rhodanien d'un patricien de Byzance. Mistral l'avait senti, qui dans le sanctuaire de son musée plaçait le merveilleux nid ouaté d'une mésange penduline, entre le trident du gardian et les baguettes du tambourinaire, auprès du foyer reconstitué de Mireille.

Mais l'inapaisable ennemi du Créateur et de son œuvre, le même toujours, qu'on le nomme Satan, Bacchus, Dyonisos ou Baal, semble avoir envoûté cette Provence prédestinée aux grands combats d'Au-delà, et où la grotte de la Magdaléenne, les antiques sanctuaires de Marthe et des Saintes, la métropole des papes et l'hellénisme chrétien d'Arlésie coudoient les tauroboles chananéens, le Mithra solaire qu'enlace un serpent, et les indéracinables rites des luci-fériens. Ah! puisse cette terre privilégiée se réveiller, secouer, comme les Thébaines d'Euripide, la possession d'Iacchos, dieu du bruit et de la bacchanale, et s'étonner des crimes qu'inconsciente elle avait commis! Alors, le bandeau tombant de leurs yeux, ses massacreurs, qui se tenaient pour des chasseurs, tirant du fond de leurs carniers pour tout gibier des rossignols, se découvriront subitement très odieux et très ridicules.

Oui, puisse la noble Provence mistralienne abandonner les honteuses tueries à ces mocos de la côte, placés au-dessous d'elle comme l'enfer l'est au-dessous du ciel !

Ah ! ceux-là ! Ce repaire d'aimables indisciplinés, dont je rappellerai seulement deux traits :

Dans cette région qui, pour le psychologue comme pour le géographe, mérite le nom de Basse-Provence, une neige inaccoutumée chassa, durant l'hiver de 1913, sur le littoral, par bandes innombrables, les oiseaux des montagnes. Aussitôt le pays entier se mobilisa. Tout ce que Fréjus, Antibes, Toulon comptaient de carabines ou d'escopettes se porta vaillamment à la rencontre des envahisseurs. Bientôt, il ne survécut ni un chardonneret ni un rouge-gorge. Un journal parisien flagella cet exploit par ce titre : « Le Midi s'est couvert de gloire ! »

Or, huit mois après, les blessés ramenés du front, les sénateurs Gervais et Clémenceau, et quelques journaux parisiens flétrissaient les contingents de Toulon, de Fréjus et d'Antibes, qui, lâchant pied au premier choc, avaient fait perdre à nos armées tout le fruit d'un habile plan stratégique, et causé la mort de troupes plus braves qui se sacrifièrent pour couvrir la retraite. Les vétérans des guerres contre les chardonnerets s'étaient sentis dépaysés sur les champs de bataille de la Meuse.

Il serait fort injuste — M. Charles Maurras l'a énergiquement rappelé — d'étendre à tout le Midi cette déplorable mentalité. La Haute-Provence, une partie du Languedoc, le Béarn surtout protesteraient avec raison, et ont fait preuve d'héroïsme [1].

---

1. A ce propos, j'épingle ici un *mortuage* (funèbre néologisme populaire de 1914). Le lieutenant de réserve Frédéric Charpin, tué en enlevant sa section, était un jeune leader du catholicisme social, un collaborateur apprécié des revues d'Économie

Moins nombreuses, hélas ! sont les régions où l'on respecte les oiseaux. Néanmoins, quelques cantons plus sages, des propriétés intelligemment gardées, des garrigues ou des lagunes inaccessibles assurent encore quelques refuges à notre si intéressante avifaune méridionale. Revenu vers mes halliers de la Neustrie pour voir moins de chasseurs et plus d'oiseaux, j'y garde, reliques des grands soleils et de la vie ardente, avec le souvenir du cini d'or gazouillant sur les cyprès arlésiens, quelques plumes de flamants roses recueillies, un jour d'effarant mirage, sur les vases calcinées du Vaccarès.

Peut-être même — car tout est extrême dans ce Midi — n'ai-je jamais vu tant de passereaux rassemblés, hirondelles, chardonnerets, fauvettes vertes, que sur les tamaris de Maguelonne, cette cité de rêve, sans vivants, où s'ancre la barque d'Ulysse, et où trois millénaires sommeillent, Phéniciens, Grecs, barons de Charlemagne et Croisés.

Me voici comme le prophète de Moab, accouru pour maudire et s'agenouillant ! D'autres voix, d'autres ailes encore me sollicitent, en ce Midi hiératique, en cette mort grandiose sous le soleil : la grise calandre assoupie de chaleur sur l'ocre des glèbes, la bartavelle entrevue parmi les thyms arides sous le maquis nain des mornes garrigues, la mouette qui seule réveille les dix lieues de sable, sans une hutte, sans un buisson, et où l'onduleuse, l'intermi-

politique, et un Provençal très épris du régionalisme mistralien. Il reconnaissait d'ailleurs les torts de ses compatriotes, notamment au sujet des massacres d'oiseaux. Sa mort glorieuse demeure cruelle à quiconque se remémore le charme ardent de ses causeries.

nable ligne blanche déferle sur le désert de Camargue, entre l'antique plateforme crénelée des Saintes, où meurt Mireille, et le Cimetière des navires.

Faut-il tomber de si haut, et du Midi drapé dans ses horizons solennels et ses civilisations éteintes, revenir à ces faunesses du bas Rhône qui, ainsi qu'une vulgaire volaille, plument, devant leur cabane de roseaux, des hérons pourprés! Faut-il, au double tintamarre des rhéteurs électoraux et des chasseurs de rossignols, revoir cette ignoble Côte d'azur, où l'anarchie matérialiste ramène les populations à l'état sauvage [1] !

On croirait qu'en Gascogne elles n'en sont jamais sorties. Si toute généralisation n'était injuste, si quelques hommes d'intelligence et de cœur, des héros presque, M. Marchand à Agen, M. Kehrig à Bordeaux, ne luttaient pied à pied contre le vandalisme des massacreurs, si enfin certains cantons du Sud-Ouest ne tranchaient sur le reste par leurs foyers nombreux, leur absence de jovialité grossière, je dirais qu'il n'existe pas au monde une plus basse mentalité que celle du Gascon.

Mauvais, il représente la brute accomplie. Bon, il devient le matamore hâbleur : Cyrano, ou l'écuyer de cirque travesti en patricien : Murat.

Bretteur au Moyen-Age, le Gascon rabat aujourd'hui sur les passereaux son besoin de tuer. Certes, il existe sur tous les points de la France quelques

---

(1) « La chasse développe à un haut degré l'imprévoyance. Lorsque cette formation est enracinée, la race finit par perdre toute aptitude au travail. » E. DEMOLINS (*Comment la route crée le type social*).

coutumes de braconnage ; mais nulle part on n'y voit, comme dans les Landes, la Gironde, le Lot-et-Garonne, des populations entières s'acharner sur tout ce qui vole, et par tous les moyens : fusil, pièges, collets, poison. Nul chanteur, nul insectivore n'est respecté.

Ainsi le Gascon affame-t-il et attriste-t-il la France, après l'avoir trahie avec Éléonore de Guyenne, égorgée avec les bandes d'Armagnacs, démoralisée avec Montaigne, livrée à la Terreur et à vingt ans de guerre étrangère ou civile avec les Girondins. D'oiseaux, il ne tolère que le coq vantard et bruyant, lequel surmonte, à Bordeaux, le monument de ces anarchistes loquaces.

La Providence, qui a fait convertissables les peuples, et qui des sauvages de la Garonne tire d'assez bons soldats, éveillera-t-elle enfin chez eux quelque remords de leur bassesse ?

On a trop travesti en ridicule l'odieux du Marseillais et du Gascon. Ils demeurent responsables de la France athée et vulgaire d'aujourd'hui.

Nuls plus sinistres massacreurs. Au Marseillais la chasse au poste, l'appelant torturé dans une cage étroite, des centaines de pinsons, de fauvettes, de mésanges, de rossignols fusillés à bout portant, au repos, sport ignoble que l'on ne permettrait nulle part ailleurs à des gamins de quinze ans, et qui provoque le haussement d'épaules du vrai chasseur. Chaque commune des Bouches-du-Rhône, du Var, délivre une centaine de permis pour ces imbéciles destructions, auxquelles il faut ajouter le braconnage de tout genre.

Au Gascon, outre le fusil, les lacets, les pièges, les filets capturant des bandes entières de migrateurs. Un propriétaire de Nérac vit l'un de ses voisins prendre en deux jours 4.000 alouettes, 600 bruants, linots, chardonnerets. Les Landais remplissent des barils de ces charmantes bergeronnettes auxquelles le plus dur paysan de Normandie n'oserait jeter un caillou, quand elles suivent sa charrue pour happer quelque vermisseau. Le regretté comte du Périer de Larsan, infatigable défenseur de l'Oiseau au Parlement, releva dans plusieurs gares du Médoc le chiffre de 28.000 kilos de passereaux expédiés en une saison.

Ces excès ne datent pas d'aujourd'hui. Déjà, Michelet écrivait dans *l'Oiseau* :

« De nombreuses espèces d'oiseaux ne font plus halte en France. On les voit à peine voler à d'inaccessibles hauteurs, déployant leurs ailes en hâte, accélérant leur passage, disant : Passons ! Passons vite ! Evitons la terre de la mort, la terre de destruction !

« La Provence et bien d'autres pays du Midi sont ras, déserts, inhabités de toutes tribus vivantes, et d'autant la terre végétale en est appauvrie. »

En 1880, M. de la Blanchère s'exprimait ainsi dans son livre, *les Oiseaux utiles* :

« Dès le début du printemps, les oiseaux arrivent en masse sur les bords de la Méditerranée. Comment les reçoit-on? En tendant des pièges et à coups de fusil ! Toutes les hauteurs de la côte, chaque mamelon, de Marseille à Toulon, à dix, vingt lieues à la ronde, sont garnis de postes de chasse. Tout ce qui passe tombe sous le plomb ou dans le lacet. »

Mais le mal a été porté au comble depuis trente ans par le matérialisme des mœurs, l'incessante augmentation des permis de chasse, et la disparition du vrai gibier. Le fusil devient le plus terrible des engins de destruction entre les mains de brutes qui tirent jusqu'au pouillot, au roitelet, ces insectivores utiles entre tous, et qui, plumés, donnent 4 grammes de mauvaise viande !

Jamais les chasseurs septentrionaux, sauf peut-être dans les Vosges, ne s'abaisseraient à ces tueries. Ils croient rêver quand quelque Gascon, égaré chez eux, s'écrie à la vue d'un grimpereau : « Tiens, vous avez du gibier par ici ! » Certain Marseillais, invité à un tirer de faisans, s'étonnait qu'on ne fusillât pas les corbeaux : « Pour nous, à Marseille, c'est du gros gibier ! »

Le Nord a bien aussi ses fléaux : carabines d'enfants, dénichage, filets nocturnes. Néanmoins, le carnage n'y offre aucune comparaison avec celui du Midi. En outre, le nombre des terres gardées assure un refuge à beaucoup d'oiseaux. Aussi la plupart des espèces sédentaires se conservent-elles au nord de la Loire, à l'exception des passereaux nichant à terre et décimés par la faucheuse mécanique.

Mais nos migrateurs, massacrés à leur double traversée du Midi, s'anéantissent. Ce sont, hélas ! les plus utiles insectivores, les plus délicieux chanteurs. Toutes les observations concluent à cet anéantissement. Un propriétaire du Lyonnais constatait récemment la diminution des gobe-mouches, de l'engoulevent et des hirondelles : « Aussi, ajoutait-il, les conducteurs sont-ils frappés de la quantité de mouches qui tourmentent les chevaux.

« Mais il y a bien autre chose : on sait que les mouches et les moustiques qui se posent sur toutes sortes de fumiers, de corps organiques en décomposition ou malades, deviennent les véhicules d'une quantité de germes malfaisants ou dangereux pour l'espèce humaine. Des études médicales ont démontré que la contagion de la malaria par exemple est due à la piqûre du moustique qui en transporte le germe.

« L'instinct de la conservation étant inné chez l'homme, la Ligue ornithophile pourrait, ce me semble, tirer parti — et un parti très efficace — des faits ci-dessus, auprès des populations du midi de la France, en les portant à leur connaissance, soit par la voie de la presse, soit par des conférences, soit par des illustrations, voire même au moyen des cinématographes. Cet appareil moderne ne répand que trop souvent des idées malsaines. On pourrait, pour une fois, le faire servir à un but d'utilité publique. »

J'ai moi-même constaté en Anjou, par des observations précises, depuis 1889, cette disparition des insectivores. Tandis que sur la propriété où je limitais cette enquête, la plupart des espèces sédentaires se maintenaient, ou même augmentaient en nombre grâce à la protection, chaque printemps ramenait moins de migrateurs. Les fauvettes et les hirondelles ont diminué dans la proportion de dix à une vers 1895. Ensuite ce petit nombre s'est conservé, relevé même ; il semble que, pour ces oiseaux, il existe un certain arrêt dans la destruction. Mais j'ai constaté l'anéantissement du traquet motteux dès 1890, puis successivement de l'ortolan, de la bergeronnette grise, du rossignol de muraille, de l'engoulevent, de la farlouse, et, cette année, du plus beau de nos insectivores : la huppe.

Tous ont péri victimes du Midi, tandis qu'il faut imputer aux chasseurs et aux braconniers de nos propres contrées la disparition ou la rareté croissante

du hibou commun (ce nom semble à présent une ironie), des alouettes, de plusieurs pics, de la grive
draine, du bruant jaune, oiseaux qui, sans changer
de climats, vivent erratiques et cessent dès lors d'être
efficacement protégés par les terres gardées.

V

L'EXPIATION

Restreindre l'Industrie, quel scandale! Notre barbarie tient à ses hochets. Surveiller les petits chasseurs! Eh! que deviendrait la Liberté?

Cependant, cette Industrie prête, selon le mot de Victor Hugo,

En outre, chacun de ses progrès anéantit quelque espèce animale, c'est-à-dire une pensée du Créateur.

Quant au petit chasseur, il introduit un désordre où Dieu avait mis un bienfait. Dieu crée l'insectivore; il le tue.

Tout cela s'expie. Sans parler des châtiments exceptionnels et indirects par lesquels Zeus continue de foudroyer l'orgueil des Titans, le simple jeu des lois initialement établies suffirait à venger la nature, violée par les folles destructions de l'homme.

Les Grecs, qui personnifiaient dans leur mythologie les attributs de la Providence, avaient divinisé en Némésis cette vengeance des attentats contre la nature. Fille de Zeus et de la Nécessité, Némésis symbolise fort exactement la série des expiations où n'intervient aucun décret particulier du Ciel.

Mais, pas plus que les prodiges particuliers ne convainquirent d'abord le Pharaon, nos contemporains ne veulent admettre l'évidence des fléaux logiquement déchaînés par le déboisement, l'abus de la culture intensive, les sophistications de la chimie, et l'extermination de la faune ailée.

Ici pourtant le mal est devenu tel, qu'il arrache à tous les esprits sérieux un cri d'alarme. Mais allez convertir ce Marseillais qui écrivait : « Si vraiment les oiseaux sont nécessaires aux récoltes, il faudrait tâcher de les remplacer par des traitements chimiques, car on ne peut renoncer à une chasse si amusante. »

Au moins cela est net : périsse l'agriculture, pourvu que je m'amuse !

On les a vus à l'œuvre, les traitements chimiques. Chaque année, avec la complicité achetée de revues et de bulletins agricoles, un marchand de drogues lance quelque produit infaillible et définitif qui lui procure la forte somme et laisse l'agriculteur aussi éprouvé qu'auparavant. Depuis vingt ans, combien de trafiquants enrichis par la vente de ces sulfates et de ces laits de chaux, ou des instruments pour les employer ! Et le crédule vigneron, après avoir accompli respectueusement leurs prescriptions insanes, voit se flétrir ses grappes ou, à supposer quelque amélioration, suppute que le total des frais ne lui laisse aucun bénéfice. Les journaux à la solde des droguistes ont grand soin de taire les services des oiseaux, ou de les représenter comme nuisibles. Certains vont jusqu'à recommander d'autres ingrédients pour les détruire !

Ces conseils intéressés reçoivent une apparence

de fondement, lorsque le vigneron voit les étourneaux lui disputer quelques grappes, et réduire ainsi le peu de bénéfice qu'il avait pu soustraire aux insectes et aux droguistes eux-mêmes. Alors il se croise les bras désespéré, arrache sa vigne, ou s'illusionne sur une nouvelle réclame de son Bulletin.

Il devrait réfléchir, surtout on devrait lui enseigner, que deux ou trois espèces d'oiseaux, très utiles dans une culture, peuvent momentanément causer un petit préjudice à une autre, mais que *les services globaux de la faune ailée restent immensément supérieurs à ses méfaits*, et que rien ne saurait les remplacer.

Par une déplorable coïncidence, les espèces d'insectivores les plus décimées sont celles qui, habitant les vignes, détruisaient leurs parasites. Ce mal peut tenir en partie aux traitements chimiques qui empoisonnent les passereaux nourris du peu d'insectes que ces traitements tuent ou engourdissent. Mais il résulte davantage de l'extermination des migrateurs dans le Midi, et de la capture nocturne, ou du dénichage des sédentaires qui s'abritent dans les haies avoisinant les vignes.

Oui ou non, finira-t-on par comprendre que *les fléaux de la cochylis et de l'eudémis*, pour ne citer que ces parasites, *proviennent exclusivement de la disparition des insectivores ?* Un seul engoulevent (ou crapaud-volant) détruisait chaque soir, en ses randonnées semi-nocturnes, une centaine au moins de papillons. Les hirondelles, quoique chassant de préférence pendant le jour, exterminaient aussi beaucoup de ces cochylis ailées. Et on laisse impunément massacrer, à leur double migration, ces oiseaux que l'État devrait consacrer des millions à protéger !

Les passereaux qui détruisaient la cochylis sous sa forme d'insecte parfait disparaissent, eux aussi. L'ortolan, que Buffon signalait déjà comme le plus efficace défenseur des raisins, et qui pullulait en Anjou, il y a cinquante ans, ne s'y montre plus. Il en va de même pour le traquet motteux et cinq ou six autres sortes d'insectivores viticoles.

C'est au point que je n'ai pu m'en procurer un seul individu pour expérimenter le chiffre exact des cochylis qu'il peut quotidiennement avaler. J'ai dû me rabattre sur des sylvicoles : une fauvette à tête noire happait, en volière, une vingtaine de ces cochylis en moins d'un quart d'heure. Malheureusement, les sylvicoles quittent rarement leur sphère d'action ; ils protègent nos bois, nos jardins, et non les vignes. *Chaque espèce garde sa tâche déterminée*, le Créateur ayant devancé les théories des économistes sur la division du travail.

Cependant, quelques propriétaires du Médoc, en disposant des nichoirs pour les mésanges sur les arbres voisins de leur crus, réussissent à protéger la partie de leur récolte la plus rapprochée.

Dans d'autres régions méridionales, entièrement dépeuplées d'oiseaux, les viticulteurs ont recours aux poules. Mais, outre qu'elles mangent le raisin dès qu'il mûrit, ces volailles n'atteignent que les gros insectes, et ne sauraient, comme les bruants ou les traquets, découvrir sous l'écorce les minuscules larves.

On peut, dès lors, se demander si le mal n'est pas irréparable pour le vignoble français, quoiqu'un retour assez nombreux d'hirondelles en 1914 ait réduit, cette année-là, les ravages de la cochylis. Quant aux insectivores sédentaires, peut-être le Gouvernement ou les particuliers devraient-ils tenter le système des volières de repeuplement. Mais, je le répète, les espèces viticoles ont été si follement exterminées, que je ne sais si l'on pourrait encore se procurer les couples initiaux, à moins de recourir à l'importation étrangère. La Société d'Acclimatation ferait mieux de vaquer à cette entreprise, que de multiplier les races de chiens et de dindons!

En résumé, les viticulteurs doivent prendre leur parti de ce dilemme : *rappeler l'Oiseau ou arracher leurs ceps.* Tout au plus, les propriétaires de grands crus rémunérateurs pourraient-ils continuer une lutte douteuse avec certains traitements artificiels.

M. Battanchon, inspecteur de l'Agriculture, concluait ainsi une enquête officielle :

« Les plus merveilleuses drogues des chimistes n'ont jamais valu et ne vaudront jamais quelques couples de mésanges, de fauvettes, contre la marée envahissante des insectes destructeurs, du moins de ceux dont la taille est suffisante pour permettre aux oiseaux de les voir et de les saisir facilement. *Voilà ce que l'on ne sait pas en France, et cette ignorance est navrante.*

« Et alors aujourd'hui nos cultivateurs, qui ont détruit ou laissé détruire les auxiliaires que la nature leur avait donnés, réclament à cor et à cri qu'on les défende contre les insectes qui se multiplient et qui dévastent leur bien. Ils supplient qu'on leur en donne au moins les moyens ! Et pour remplacer maladroitement et coûteusement les oiseaux qui ne sont plus, ils achètent des appareils de toutes sortes, et du savon, et du pétrole, et de l'alcool, et du goudron, et de la nicotine et du lysol... Que sais-je ? Ils sont tout prêts à arseniquer les fruits et les légumes, et ils pulvérisent, ils flambent, ils badigeonnent... et, malgré toutes leurs peines et tous leurs frais, la gent malfaisante et prolifique de leurs ennemis continue à grouiller, à pulluler ! »

Un grand propriétaire, le prince E. d'Arenberg, écrit dans le même sens :

« La protection des oiseaux est un problème plus grave que l'on n'est généralement porté à le croire en France.

« Sans parler du charme que les hôtes ailés apportent à nos bois et à nos plaines, tout le monde devrait savoir que le sylviculteur comme l'agriculteur ne peuvent rien sans l'aide des oiseaux...

« Leur protection se résume en deux mots : instruction des ignorants et surveillance effective des conscients.

« Le jour où les ornithologistes auront obtenu du Gouvernement que celui-ci s'intéresse suffisamment à la question pour que ce programme soit mis en application, ils auront fait œuvre utile dans toute la force du terme et auront bien mérité de leur pays. »

Vainement les agriculteurs s'obstinent-ils à attendre le grand hiver qui gèlera les insectes, l'été torride qui brûlera « les mauvais germes ». Les fléaux continuent après comme avant. Quant aux drogues, la moins inefficace est le sulfate de cuivre. Je demandai à un vigneron, bleu des sabots à la casquette, et haletant de fatigue : « Tuez-vous au moins tous les insectes ? — Non, monsieur, ça ne les tue pas, mais ça les chasse chez les voisins. — Alors, ils en sont quittes pour déménager, et revenir quand les voisins traiteront à leur tour ! » Les insectes n'eurent même pas cette peine. Le soir, une pluie d'orage anéantit tout le travail. Tandis que j'examinais les ceps rachitiques, les grappes rongées par la cochylis, les feuilles roulées et desséchées par le cigarier, une bergeronnette voletait, happant les insectes, et une paire d'hirondelles saisissait les petits papillons. Que pouvaient trois oiseaux, seuls dans le muet désert de ces vignes où jadis quelques centaines de traquets, d'ortolans, de bruants nichaient et exterminaient par myriades les parasites!

Les épreuves de l'agriculture ne tiennent évidemment pas toutes à la disparition des insectivores. Des légions de passereaux n'empêcheront pas la grêle ou la sécheresse. Il exista de tout temps des années plus ou moins favorables. Mais *l'Oiseau est notre unique auxiliaire contre tous les fléaux provenant de l'Insecte*, et peut-être même contre plusieurs maladies cryptogamiques développées sous les vieilles écorces qu'arrachent les mésanges et les grimpeurs en traquant les larves lignicoles. On ne peut nier l'extension de ces maladies dans les forêts, à mesure que s'y raréfie l'Oiseau. Dès que cesse son travail purificateur, les mousses, la pourriture, les champignons font leur œuvre; l'Insecte pullule, mine l'aubier, creuse au cœur ses galeries, ne laisse de l'arbre qu'une forme extérieure qui bientôt tombe en poussière. Dans l'Europe centrale, observe le prince E. d'Arenberg « les gendarmes, les gardes forestiers connaissent les oiseaux, veillent à ce qu'ils jouissent en paix de la vie ». M. Menegaux, professeur au Muséum, ajoute : « Pour cette étude la France est en retard sur les pays voisins, car elle n'a créé aucun laboratoire à cet effet, comme la Hongrie, l'Allemagne, la Belgique. » On ne doit pas tolérer dans

les futaies la destruction d'un seul pic-vert, épeiche,
ou sittelle, sous peine de voir les arbres minés, cre-
vassés de la tête aux racines par les longicornes et
les bostriches de tout genre. Et les hannetons, les
psylles, les gâte-bois rongent feuilles et rameaux
dès que disparaissent la corneille et le coucou. En
1869, M. Lomon, inspecteur des forêts, écrivait :
« Le coucou a une spécialité : la destruction des chenilles velues. Son jabot sécrète une substance mu-
cilagineuse qui colle les poils des chenilles et en
forme une sorte de pâte. Cette pâte est expulsée par
le bec de l'oiseau. Aussi la chrysorée, la disparate, la
livrée ne tardent pas à disparaître des cantons forestiers où le coucou s'est établi. »

Quant au pic-vert, lui reprocher les trous qu'il
creuse, c'est reprocher au sapeur-pompier de gâter
une chambre pour éteindre un incendie. L'abbé Vincelot conte une curieuse observation sur l'utilité de
ce grimpeur :

Un propriétaire se lamentait contre les pics-verts
qui criblaient de coups de bec ses mansardes : « J'expo-
sai, ajoute le narrateur, ma conviction que les pics
travaillaient simplement à capturer les insectes, les
fourmis qui se réfugiaient dans les fentes des murs.
Mon plaidoyer fut favorablement accueilli, mais sans
porter dans l'esprit de mes auditeurs une conviction
profonde. On m'installe avec une bienveillance pa-
triarcale dans une chambre qui se trouvait au-dessus
du théâtre des démolitions exercées par les pics.
Bientôt je m'aperçois que quelques fourmis avaient
pénétré dans mon appartement à travers le mur, le
papier et même les lambris. N'ayant pas de benzine,
je combats, avec le phosphore d'allumettes chimiques,
avec l'eau de Cologne, etc., les insectes envahisseurs.

Puis je me livre au repos. Le lendemain je renouvelle mes moyens de défense, et je me croyais maître de la position. Malheureusement, le troisième jour, au moment du dîner, l'alarme est donnée, chacun quitte sa place et se dirige vers ma chambre. Là se livrait un véritable combat dont je conserverai, toute ma vie, le souvenir. Tout le ban et l'arrière-ban du personnel de la maison était armé de balais et d'instruments de mainte espèce, et luttait avec une énergie extrême contre des myriades de fourmis; le carreau avait disparu sous la couche épaisse de leurs légions innombrables. Des milliers de fourmis, s'attaquant avec une rage incroyable aux jambes des combattants et des combattantes, forcèrent tout le monde à battre en retraite. Les chambres voisines, l'escalier étaient inondés par le fléau qui se développait sans cesse. On ferma alors rapidement portes et fenêtres, et on mit le feu à de longues traînées de poudre de soufre. Puis, après une heure de repos, on se rendit sur le lieu du combat, et on balaya des milliers de cadavres de fourmis asphyxiées [1]. »

Au dix-huitième siècle, la Prusse, après de sauvages destructions d'oiseaux, dut recourir la première au nichage artificiel des grimpeurs et des mésanges, pour combattre les insectes lignicoles dont les ravages devenaient tels, qu'un décret ordonna de brûler la forêt de Tannesbuch. Au dix-neuvième siècle, Brehm cite le cas suivant :

« Un garde de forêt communale a exposé au concours régional de Colmar des nichoirs pour mésanges, de son invention, et qui ne sont autres que de vieux

---

1. *Les Noms des oiseaux expliqués par leurs mœurs*, par l'abbé VINCELOT (Angers, chez Lachèse, 1872).

sabots percés d'un trou. Les insectes faisaient de tels ravages dans une propriété dépendante de la surveillance du garde en question, que tous les fruits étaient dévorés. Depuis que les nids artificiels, qui ont été placés en grand nombre, sont habités par des mésanges, les choses ont grandement changé et les récoltes sont abondantes. »

Depuis lors, le nichage en sabots s'est perfectionné et est même devenu en Autriche une institution d'État.

⸻

Chez nous, les oiseaux sylvicoles ont été jusqu'à présent les mieux préservés de la destruction. Aussi nos forêts ont-elles subi, en général, moins de désastres que l'agriculture. C'est ici que le mal, déjà terrifiant, s'accentue chaque année.

Les céréales elles-mêmes sont atteintes. Les fermiers déplorent que de magnifiques récoltes en perspective aboutissent à des moissons d'épis vidés par le charançon ; mais bien peu consentent à reconnaître que le pullulement de cet insecte coïncide avec la diminution du moineau et de l'alouette, comme la dévastation des cultures maraîchères suit la disparition des pouillots et des farlouses.

Il s'agit tout simplement d'une menace de disette. Les administrations militaires refusent sans cesse des farines avariées par le charançon. Le public s'en contente, jusqu'au jour où il ne restera que des charançons, et plus de farine. Outre le moineau et l'alouette, qui se faisaient payer par quelques grains leurs incalculables hécatombes de charançons, ceux-ci avaient pour adversaires de purs insectivores, telle la bergeronnette. Voici comment on récompense ses services :

« Pour combattre les ravages exercés par les charançons, écrivait M. Lelion-Damiens, un des moyens les plus simples et les plus sûrs, comme tous ceux que nous devons à la bonté de Dieu et que nous dédaignons très souvent, était de se servir des bergeronnettes. On n'y a pas manqué. Dans le midi de la France, on enferme avec les grains ces douces amies des troupeaux et des bergers. Vingt d'entre elles suffisent souvent pour débarrasser des charançons un grenier bien garni. Mais l'homme est féroce; il maltraite chaque jour ses auxiliaires les plus dévoués, ses gagne-pain. La reconnaissance même n'arrête pas ses appétits cruels. N'espérez pas qu'il agisse autrement en cette occasion. Non ; quand l'oiseau s'est engraissé, on le mange sans pitié. »

De tels attentats contre l'ordre providentiel ne sauraient rester impunis. Les désastres agricoles ont débuté dans les régions les plus acharnées contre l'Oiseau : le Midi et l'Est. Dès 1861, M. Bonjean exposait au Sénat les premiers résultats de la diminution des insectivores :

« Les racines de toutes les légumineuses sont mangées par les courtilières et autres insectes fouilleurs, tandis que la larve de la bruche vit cachée dans les pois et les lentilles, dont elle ne nous laisse que l'enveloppe. Quant aux céréales, on n'évalue pas à moins de quatre millions de francs, au plus bas, la valeur de blé que fait avorter, en une seule année, dans l'un de nos départements de l'Est, la seule larve cécidomyque.

« Pour le colza, une monographie très bien faite par un des professeurs de l'ancien Institut agronomique de Versailles a constaté, d'après des expériences faites avec le plus grand soin sur une récolte dépendant de cet établissement, que, sur 20 siliques, prises au hasard et fournissant 504 graines, 296 graines seulement étaient saines ; le surplus avait été mangé par les insectes, ou s'était flétri par l'effet de leurs piqûres....

« Et, qui donc, excepté le petit oiseau, pourrait guetter et saisir le charançon, long de cinq millimètres, quand au milieu d'un champ de blé il s'apprête à déposer ses œufs dans les grains en voie de formation ? Qui pourrait saisir le papillon de la pyrale alors que, dans le même but, il voltige autour des ceps, ou la chenille du même insecte, quand elle sort au printemps, longue de quatre à cinq millimètres ? Qui pourrait surtout atteindre ces œufs et ces larves microscopiques, dont une seule mésange consomme plus de 200.000 en une année ?

« L'homme, par un étrange aveuglement, se montre le plus terrible ennemi de ces douces et utiles créatures. »

Cent fois, depuis M. Bonjean, des sénateurs ou députés ont réclamé, comme une mesure de salut public, la protection efficace des oiseaux. Aussi souvent l'intérêt général fut sacrifié aux lâchetés parlementaires, à la crainte du braconnier, électeur influent. Ou bien, quelque loustic coupait l'éloquent discours de M. Hugues en faveur des oiseaux par cette saillie : « Ils mangent toutes les graines. »

Ce fut le cri des routines, des observations superficielles, de tous les prétextes à tuer. Le cri aussi du sauvage qui abat l'arbre pour cueillir le fruit, du glouton qui voit un merle croquer sa première cerise mûre et qui, s'il patientait trois jours, reconnaîtrait que les prétendus ravages se réduisent à peu de chose, à rien en comparaison de la récolte entièrement détruite par les insectes, des fruits remplacés par les bourses des chenilles et les grappes de mouches, là où l'on extermine l'Oiseau.

J'ai refait souvent une expérience en volière avec des passereaux aussi discutés que les grives. Je leur jetais cerises et vers de farine. Mes grives s'élançaient sur les insectes, les avalaient tous, et, s'il y en avait trop peu, picoraient ensuite une cerise, deux parfois, jamais davantage. Je n'ai vu aucun de ces oiseaux regarder même un fruit tant qu'il leur restait un insecte à happer. J'ai pu aussi me convaincre de l'immense utilité de la draine en faisant élever quelques jeunes par les parents. Ceux-ci apportaient une incroyable quantité de gros insectes, particulièrement des hannetons. Ils les recueillaient parfois sous les écorces pourries, à en juger par les brins de lichens blancs trouvés dans la cage. Ainsi les grives débarrassent les arbres de leurs parasites, animaux et même végétaux. Dans la propriété où se précisent mes observations, les hannetons ont cessé d'être un fléau depuis qu'y reparaissent sansonnets, grives, corneilles. Les petites chenilles se raréfient, la verdure renaît dans la proportion exacte où se multiplient mésanges, fauvettes et grimpeurs. Mais, à cent pas des taillis, les vignes muettes, veuves de leurs traquets, ortolans, etc… restent la proie de la cochylis et du cigarier.

Malheureusement *il est plus facile, à l'état libre, de remarquer un merle gobant une cerise que d'observer son travail quand il dévore cent courtilières.* Mais, lorsqu'il porte la becquée à ses petits, l'on peut constater aisément qu'il charrie des dizaines d'insectes en regard d'un ou deux fruits, le plus souvent d'inutiles baies de lierre.

Même expérience sur le célèbre mangeur de cerises, e loriot. En volière, mes loriots les dédaignaient vite, pour happer les quelques mouches à viande qui s'aventuraient à travers le grillage. Ceux que je nourris exclusivement de cerises ou de raisins périrent de phtisie, et je conservai tous les autres, alimentés de cœur de bœuf et de vers de farine. Je reste convaincu qu'à l'état libre le loriot grignote beaucoup moins de fruits qu'il ne happe de mouches et de vers, en train de ronger ces fruits. C'est l'histoire du chat-huant accusé de dévaster les pigeonniers, jusqu'au jour où l'on trouve un rat dépecé dans le nid du chat-huant, et des débris de pigeon dans l'estomac du rat !

Pauvres chouettes, pauvres hiboux, dont le cri mélancolique était la poésie des soirs, les invasions de campagnols vous ont-elles assez vengés ! En vous exterminant, la démence humaine atteint son paroxysme.

Vers 1830, le naturaliste Millet écrivait : « Par leur genre de nourriture, les rapaces nocturnes sont les ennemis déclarés des mulots et des campagnols. Sans cette sage prévoyance de la nature, qui restreint dans une proportion convenable le nombre des individus nécessaires seulement à la maintenir dans un juste équilibre, on verrait bientôt ces petits rongeurs devenir, par leur multiplication, le fléau de l'agriculture. »

A cette époque, les cultivateurs intelligents disposaient de petits arceaux sur leurs guérets, pour permettre aux chouettes d'y épier les mulots. Les imbéciles en revanche clouaient à leur porte ces oiseaux, convaincus que leurs cris portaient malheur. Ils eussent mieux fait d'y clouer leurs chats, que les anciens Provençaux tenaient, avec plus de raison, pour des bêtes sataniques, types d'égoïsme et de férocité. Les chouettes détruisent beaucoup plus de rongeurs que les chats. Aussi les Américains ont-ils sagement proscrit ceux-ci, et élèvent-ils celles-là dans leurs greniers.

Presque partout, en France, on tue les rapaces nocturnes. J'ai vu une troupe de hiboux brachyotes, venue à la suite d'une invasion de mulots, détruite jusqu'au dernier par des abrutis, très fiers de leur exploit.

Après de pareils actes de sauvagerie, exercés aussi contre les chouettes sédentaires, étonnez-vous que les campagnols ravagent les moissons !

Ici apparaît le beau résultat des traitements chimiques — chimériques est au bout de ma plume — et des mesures administratives. Pour combattre les campagnols le Parlement vote 700.000 francs. Va-t-on établir des centres de repeuplement pour les rapaces nocturnes, ou du moins réprimer leur destruction ? Non ; l'on enrichit encore, aux dépens du public, quelques usines des plus malfaisantes drogues. Les champs se couvrent de grains empoisonnés auxquels la plupart des mulots résistent mais qui, en revanche, achèvent la destruction du gibier ou même de certains passereaux semi-insectivores et dès lors utiles. L'invasion des campagnols poursuit son cours. Elle s'est seulement ralentie dans l'Ouest, là où subsistent, pour la réprimer, quelques hiboux et chouettes, ainsi que des corbeaux, des courlis de terre ou des pies.

Ces invasions récentes de petits rongeurs ajoutent leurs ravages aux dégâts dus aux insectes, et que M. de la Sicotière estimait, en 1876, devant le Sénat, à une *perte annuelle d'un milliard*. Depuis lors ce chiffre s'est accru.

« Il est d'observation constante, dit M. Magaud d'Aubusson, que le nombre des insectes augmente dans une région à mesure que décroît le nombre des oiseaux insectivores. Or, ceux-ci n'ont cessé de diminuer avec une rapidité désolante. Jadis les bois et les champs étaient peuplés d'oiseaux de toutes sortes, et surtout d'incomparables virtuoses ; on peut maintenant parcourir les vallées et les plaines sur une vaste étendue sans entendre un seul chant d'oiseau. Ce silence présage la ruine des espérances du cultivateur; et en effet l'armée innombrable des insectes nuisibles accomplit son œuvre sournoise de destruction, sans que nulle force au monde puisse arrêter sa marche, car l'Oiseau, l'éliminateur puissant, a vu ses rangs s'éclaircir, tandis que la prodigieuse fécondité des insectes renouvelle sans cesse et sans obstacle leurs légions dévastatrices.

« Aucune des richesses agricoles de l'homme n'échappe à leurs atteintes : sa moisson, sa vendange, les fruits de ses vergers, l'herbe de ses prairies, les arbres de ses forêts. »

L'alucite, ou teigne des grains, a parfois anéanti les trois quarts de la récolte du blé. Dans l'Indre elle a détruit 500.000 hectolitres. Le charançon, la cécydomie, la noctuelle causent d'identiques dégâts. Pour ne citer les méfaits que de deux ou trois sortes d'insectes entre mille, l'anthonome du pommier nous coûtait, en 1889, 60 millions. La casside verte a fait interrompre dans la Charente la culture de l'artichaut.

Vers 1904 les forêts de la Haute-Marne furent envahies par la cheimatobie hiémale; celles de la Bourgogne par les processionnaires. M. A. Barbey, dans son *Traité d'entomologie forestière*, écrit : « Le bupreste du chêne, attaquant surtout les branches exposées au soleil, donc celles qui sont placées en évidence, on a remarqué que certains oiseaux, les pics en particulier, perforaient les rameaux en voie de dépérissement pour tâcher de dénicher les larves. La protection des oiseaux insectivores est donc une mesure utile dans le cas présent. Malheureusement le bupreste du chêne étant surtout un parasite des chênaies du Midi, il ne faut pas trop compter sur la protection des oiseaux dans une région où l'on fait une guerre acharnée à tout ce qui vole. »

Les hêtres de Fontainebleau ont éprouvé des ravages particulièrement intenses de la part d'un charançon de petite dimension, l'orcheste danseur, qui dessécha complètement un grand nombre d'arbres. En 1902 et durant les années suivantes les hêtraies de plusieurs régions eurent à souffrir de l'invasion de ce dangereux coléoptère. La forêt d'Orléans, en 1902, fut dépouillée de sa frondaison sur une superficie d'environ 1.100 hectares par les chenilles du bombyx disparate.

Concluons avec M. Magaud d'Aubusson :

« Qu'opposerons-nous à cette armée formidable d'envahisseurs, qui s'emparent de nos richesses et menacent de régner en maîtres exigeants sur nos champs et nos forêts ? L'agriculteur dans sa ferme, le viticulteur dans son vignoble, l'horticulteur dans son jardin, le sylviculteur dans ses peuplements sont incapables de lutter efficacement, par des moyens artificiels, préventifs ou répressifs, contre ce péril sans cesse renaissant. *La nature seule peut venir à notre aide par l'intermédiaire de l'Oiseau.* Nous ne devons compter que sur lui. C'est lui, l'auxiliaire naturel, qui seul restituera l'équilibre numérique initialement établi entre les êtres, et que l'homme a rompu par l'extermination inconsidérée des espèces de la faune ailée, les plus indispensables à la végétation. Le massacre des petits passereaux a amené le pullulement des larves, et tant que nous n'aurons pas réparé la folie destructive des générations précédentes et de la nôtre, nos moissons seront dévorées et nos forêts dévastées. »

———

Après les agronomes, les Ministres de l'Agriculture les plus indifférents aux oiseaux finissent par admettre l'évidence, et édictent des mesures protectrices, bientôt paralysées par les députés et les préfets. Tant que persistera cette anarchie, la ruine de l'agriculture s'accentuera.

À d'autres époques, dans d'autres pays, l'Oiseau fut proscrit, mais rappelé presque aussitôt par des mesures énergiques.

Le cas le plus connu est celui du roi de Prusse, Frédéric II. Ayant aperçu, à Potsdam, quelques moineaux qui pillaient ses cerises, il alloua une prime de six pfennigs à quiconque lui livrerait deux têtes de ces fringilles. On les chassa dans tout le royaume. La première année, le gouvernement paya 10.000 thalers, la deuxième cent, la troisième dix. Il ne restait plus un pierrot. Mais, dès cette troisième année, le roi vit des légions de chenilles couvrir ses chers cerisiers, dévorer feuilles et bourgeons. Les plaintes surgirent de tous ses États : moissons, arbres, tout dépérissait. Frédéric ne s'obstina point. Il paya six pfennigs pour chaque paire de moineaux que l'on importerait en Prusse.

Les États-Unis et l'Australie ont renouvelé cette expérience.

En France, la loi protège officiellement les insectivores, mais cette loi n'est presque nulle part appliquée. Tandis que l'on n'ose inquiéter les vauriens qui détruisent les insectivores, l'on dresse procès-verbal à de pauvres veuves qui ne trouvaient personne pour écheniller leur haie ; comme si la suppression de la chenille de haie pouvait enrayer le pullulement des centaines d'autres chenilles et insectes variés qui, par milliards d'individus, dévastent vignes, forêts et moissons, où aucun préfet ni gendarme ne saurait exiger qu'on aille les saisir un à un !

Voici les pépinières atteintes à leur tour. Les préfets, en conséquence, insistent sur l'échenillage des haies. Autant vaut jouer du trombone pour éteindre un incendie ! La chenille des haies reste sur les haies, et celles des arbres sur les arbres. Une partie des importantes pépinières de Maine-et-Loire est attaquée. L'accroissement local du braconnage nocturne, la destruction des migrateurs en Languedoc et en Algérie vont ruiner un département que l'abondance des chasses gardées avait jusqu'ici un peu préservé. Les fermiers constatent que le charançon vide leurs grains, et la cochylis poursuit ses ravages dans les cantons vinicoles.

Certains agronomes affirment que le phylloxéra lui-même eût été victorieusement combattu par des légions d'insectivores, parce que sa ponte aérienne, la plus importante, pouvait succomber sous le bec des pinsons, des traquets et des mésanges. M. Menegaux partage cette opinion :

« Chaque année, on détruit plusieurs millions d'oiseaux insectivores, destruction dont la répercussion se fera sentir sur les récoltes immédiates, en sorte que les pertes du chef des insectes vont grossissant. Il n'y a guère que trente ans, on se serait moqué de celui qui aurait émis une pareille idée ; mais depuis qu'on a vu à l'œuvre le petit puceron du phylloxéra, à peine visible à l'œil nu, les plaisanteries ont cessé. »

Quant à la cochylis, à l'eudémis, aux autres parasites de la vigne, la question ne fait doute pour aucun esprit informé : ici *les désastres sont exclusivement imputables à l'extermination des oiseaux*. M. Henri Kehrig, directeur de la *Feuille vinicole de la Gironde*, écrivait :

« On ne va pas impunément à l'encontre des lois naturelles ; tôt ou tard, quand l'équilibre des choses est rompu, elles se vengent, car tout se tient, tout s'enchaîne.

« C'est en vain que l'on cherche à endiguer le torrent déchaîné, il passe. On s'ingénie à trouver des remèdes coûteux, et difficiles à appliquer, pour détruire les insectes parasites, et l'on néglige ce facteur : la protection de l'Oiseau.

« Cette protection s'impose d'autant plus que les transformations du monde agricole, par les cultures industrielles, ont restreint dans de grandes proportions l'étendue des forêts, diminué le nombre des bosquets et des haies, abris où l'oiseau se réfugie et niche.

« Il n'y a plus d'oiseaux dans nos campagnes ! répètent sans cesse les agriculteurs. Par contre, coléoptères, lépidoptères et autres dévastateurs y deviennent chaque jour plus envahissants. Les fruits de nos vignes et de nos arbres fruitiers sont dévorés par la cochylis, l'eudémis, les cochenilles, l'hyponomeute, les pyrales, etc. Nos efforts pour combattre ces voraces restent le plus souvent infructueux.

« On évalue au chiffre de vingt millions de francs les pertes causées, en 1906, dans le seul département de la Gironde, par l'eudémis. C'est, en 1910, plus de quarante millions qui ont disparu sous les étreintes de la cochylis et de l'eudémis.

« Dans le vignoble français, en 1911, l'altise, la cochylis, l'eudémis et la pyrale ont causé pour cent millions de francs de pertes. Le seul département de la Gironde chiffre ses pertes entre quinze et vingt millions. »

Que n'a-t-on écouté, en 1876, l'avertissement donné par M. Rendu ! « Grâce aux becs-fins, toujours à la recherche des petites chenilles, les protecteurs nés de nos vignobles sont tout trouvés ; nous avons donc le plus grand intérêt à les voir se multiplier pour sauver nos vendanges. Tout chasseur intelligent, n'eût-il pas la chance d'être lui-même propriétaire de vignobles, devrait les respecter dans l'intérêt général. »

Le même agronome, déplorant la destruction des insectivores dans le Midi, ajoutait :

« Les Alpes-Maritimes, le Var, les Bouches-du-Rhône et les Pyrénées-Orientales sont les départements qui souffrent le plus des ravages de l'hylésine et du phlœotribe ; les propriétaires de ces contrées s'étonnent souvent de voir leurs récoltes d'olives manquer, alors qu'elles devraient donner régulièrement tous les deux ans ; à part les hivers très rudes où les oliviers sont exposés à geler, la cause de cette infertilité gît le plus souvent dans la destruction des jeunes pousses destinées à devenir, l'année suivante, les branches fructifères de l'arbre. »

Si l'on ajoute à tous les fléaux agricoles le pullulement des mouches et des moustiques qui menace la santé publique, on peut mesurer la *criminelle folie* des gens qui détruisent les oiseaux ou tolèrent cette destruction.

On tue la bergeronnette, le traquet, l'ortolan, la lulu, l'œdicnème; et la vigne ne produit plus que des larves ou des papillons de cochylis.

On tue l'engoulevent, l'hirondelle, le gobe-mouche; et les insectes volants infestent bois ou cités.

On tue les hiboux, les chouettes; et le campagnol ravage les moissons.

On tue les choucas, les corneilles; et le ver blanc ronge les prairies.

On tue les pinsons, les verdiers, les chardonnerets, les tourterelles; et les graines nuisibles pullulent dans les ensemencés.

On tue les grives, les merles, les loriots; et les chenilles dévastent les arbres fruitiers.

On tue les hérons, les cigognes, les busards; et la vipère se multiplie.

On tue les pouillots, les mésanges, les rouges-gorges; et cent espèces de pucerons dévorent les pêchers, les cultures maraîchères, les fleurs.

On tue les fauvettes, les rossignols, les coucous; et l'insecte mange jusqu'aux buissons.

On tue les pics-verts, les épeiches, les sittelles, les grimpereaux; et les larves lignicoles dessèchent ou pourrissent les forêts.

On tue le moineau, le cochevis; et la famine est à nos portes.

VI

PERSUASION ET AUTORITÉ

Sous prétexte de liberté, laisserait-on des malfaiteurs s'amuser à incendier les récoltes ? Non. Alors pourquoi tolérer ces destructions d'insectivores, mille fois plus préjudiciables qu'un incendie partiel ?

A quelle anarchie sommes-nous tombés, pour que les criailleries de quelques brutes assoiffées de meurtre prévalent sur les protestations de l'élite du pays ?

Depuis vingt ans, la Gironde offre le scandale d'une Société d'Agriculture réclamant en vain la protection des oiseaux, et de préfets donnant raison contre elle aux pires vauriens. Ailleurs, les vœux de Conseils généraux ne sont pas mieux écoutés.

Même impuissance de la presse sérieuse. En vain *le Temps*, *le Figaro*, dix autres journaux politiques et plusieurs revues sportives protestent-ils contre les massacres. *Les Annales* ayant ouvert une enquête à ce sujet, les réponses de ses correspondants démontrent que la question n'intéresse pas les seuls agriculteurs. Des femmes, des magistrats, des officiers s'indignent de la tolérance accordée aux tueurs. Le commandant Girolami écrit, par exemple :

« Je tiens à vous dire que, moi aussi, je suis un ennemi juré des postes et de tous autres moyens employés pour détruire ces jolis petits êtres que sont les oiseaux. Bravo ! Monsieur, pour votre mouvement auquel je m'associe de tout mon cœur.

« L'homme est si cruel qu'il détruit pour détruire, jusqu'à complète disparition des espèces, sans même se rendre compte qu'il va à l'encontre de ses intérêts et même de son plaisir.

« Il y a longtemps que j'ai adopté un système qui, s'il était généralisé, mettrait fin à ces tueries. Je ne mange jamais de petits oiseaux et je le proclame bien haut : le jour où il n'y aura plus de consommateurs, il n'y aura plus de tueurs. »

Un capitaine de frégate écrit de Cherbourg :

« Votre campagne est tout particulièrement intéressante, et je lui souhaite tout le succès qu'elle mérite.

« Si l'on poursuivait tous les malheureux inconscients qui dans le Midi vendent en brochettes ou font jouer au tourniquet des centaines de milliers de petits oiseaux, le mal disparaîtrait bien vite. »

Les pêcheurs de Camaret ont demandé au préfet du Finistère l'interdiction de la chasse aux mouettes, qui les aident à découvrir les bancs de sardines. De la baie de la Somme à l'embouchure de la Loire, partout les protestations s'élèvent contre *l'ignoble massacre des oiseaux de mer* par des désœuvrés qui emploient maintenant le canot-automobile et le canon.

M. Edmond Perrier démontre que de telles hécatombes constituent un crime envers l'avenir :

« Chaque génération humaine n'est qu'usufruitière des productions naturelles ; le droit d'en user à sa guise selon ses besoins réels, ne saurait lui être contesté ; mais ce droit implique pour elle un devoir : celui de ne pas tarir leur source et de transmettre aux générations qui la suivent un monde aussi riche que celui qu'elle a reçu de ses devancières. »

———

En janvier 1914, au Grand-Palais des Champs-Elysées, la Société des Aviculteurs de France a tenu un *Congrès pour la protection des oiseaux insectivores*.

On remarquait au bureau : MM. Méline, sénateur, Mme Raynaud, Mme la vicomtesse du Bern de Boislandry, MM. de Pontbriand, Decker-David, sénateurs, Magaud d'Aubusson, président de la Ligue française pour la protection des Oiseaux, Madelin, délégué de M. le directeur général des Eaux et Forêts, E. Roy, Chappelier, comte Gandelet, vicomte H. de Larnage.

M. Méline, qui présidait, ouvrit la conférence en rappelant la prophétie d'un naturaliste qui a dit : « Si les oiseaux étaient exterminés et venaient à disparaître, la Terre, au bout de 10 ans, serait complètement inhabitable pour l'homme. »

« Notre conférencier, continua M. Méline, vous fera voir tout à l'heure les dommages incalculables que la disparition des petits oiseaux fait supporter à notre agriculture ; c'est par centaines de millions qu'il faut les chiffrer ; et notre production viticole, de plus en plus ravagée par *les insectes et les parasites dont la chimie ne la sauvera pas*, est menacée de ruine si on ne se décide pas à la remettre sous la protection de son *seul défenseur tout-puissant : l'Oiseau.* »

M. Méline termina en plaçant la cause des pauvres petits oiseaux sous la protection du chef de l'État lui-même, de M. le président Poincaré, qui, il y a bien longtemps déjà, il l'a peut-être oublié, a pris énergiquement la défense des opprimés. C'était au Conseil général de la Meuse, où il avait été chargé du rapport d'une proposition des conseillers chasseurs, qui ne demandaient rien moins que le classement parmi les oiseaux nuisibles de l'infortuné pierrot et même de la tendre tourterelle, sous prétexte qu'ils étaient des mangeurs de grains en automne, comme si au printemps, à l'époque des couvées, ils n'étaient pas des mangeurs gloutons de larves, de vers et d'insectes.

Ensuite, M. A. Chappellier montra par des chiffres les ravages que causent les insectes nuisibles dans nos récoltes, nos forêts et nos cultures : « A côté de dégâts que l'on pourrait appeler « normaux », et auxquels on n'accorde pas une attention suffisante, les insectes développent parfois de véritables épidémies dont les effets sont terribles ; pour ne citer qu'un fait, disons que l'an dernier, deux petits papillons, l'eudémis et la cochylis, ont fait perdre à nos vignerons plus de 100 millions !

« En présence de tels ravages, on peut se demander si l'Oiseau est vraiment capable d'apporter un concours efficace dans la lutte contre les insectes nuisibles. Or, les expériences de Rorig nous apprennent qu'une mésange détruit en un jour plus de 100 chrysalides de papillon, plus de 8.000 à 9.000 œufs de ces mêmes insectes. Un oiseau de la taille du roitelet doit, pour vivre, consommer, chaque jour, un poids d'insectes et de larves égal au tiers de son poids ; une mésange, au quart de son poids. »

Après un éloquent rapport du vicomte de Larnage sur les désastres agricoles entraînés par la disparition des oiseaux, M. Méline fit adopter par l'Assemblée les vœux suivants :

1° Que le ministre de l'Intérieur et le ministre de l'Agriculture prennent les mesures nécessaires pour assurer l'application intégrale de la loi sur la chasse du 3 mai 1844 et de la Convention internationale pour la protection des oiseaux du 19 mars 1902 ;

2° Que le ministre de l'Instruction publique introduise, dans l'enseignement primaire, la question des oiseaux, de leur rôle dans la nature, des services qu'ils rendent à l'agriculture et de la protection qui leur est due.

Donc, l'on retrouve ici les deux facteurs de la vie morale : *la persuasion, l'autorité*.

Ni un âcre pessimisme, ni un optimisme béat ne doivent éliminer l'un ou l'autre. Leur accord seul préserve une société du despotisme ou de l'anarchie.

« La protection ne sera tout à fait efficace, remarque M. Frédéric Hugnes, que quand l'éducation aura fait pénétrer partout le respect de la vie, la répulsion pour toute destruction inutile. »

L'homme est convertissable, et plus d'un, sur sa propre expérience, a condamné ses crimes d'enfant. Remords de Brizeux après le meurtre d'un bouvreuil :

Quand le plomb l'atteignit, tout sautillant et vif,
De son gosier saignant un petit cri plaintif
Sortit ; quelque duvet vola de sa poitrine,
Puis, fermant ses yeux clairs, quittant la branche fine,
Dans les joncs et les buis de son meurtre souillés,
Lui, si content de vivre, il mourut à mes pieds !

Ah ! d'un bon mouvement qui passe sur notre âme
Pourquoi rougir ? la honte est au railleur qui blâme.
Oui, sur ce chanteur mort, pour mon plaisir d'enfant,
Mon cœur à moi, chanteur, s'attendrit bien souvent.
Frère ailé, sur ton corps je versai quelques larmes ;

Pensif, et m'accusant, je déposai les armes.
Ton sang n'est point perdu ! Nul ne m'a vu depuis
Rougir l'herbe des blés et profaner les buis.
J'eus pitié des oiseaux, et j'ai pitié des hommes.
Pauvret, tu m'as fait doux au dur siècle où nous sommes.

Remords de Pierre Loti après le meurtre d'une chouette, lorsqu'il regarde cette vie s'éteindre, et se fermer « ces pauvres yeux jaunes qu'on ne reverra jamais ».

Quel pénitent du quatrième siècle, confessant au seuil d'une basilique un crime capital, hésita autant que j'hésite à consigner ici les remords d'années où, armé d'une carabine, je fusillais loriots et mésanges ? Plaiderai-je les circonstances atténuantes, la passion même de l'ornithologie, le désir d'accroître une collection ? Puisse plutôt l'aveu de mon repentir faire tomber de la main d'autres enfants l'arme stupide !

Taine attribue certains massacres de la Révolution aux piques dont on pourvoyait les sectionnaires. Il est certain que l'arme incite au meurtre. *La vulgarisation des fusils de chasse a développé un instinct de carnage* que M. F. Hugues ne juge pas naturel aux Français :

« Il ne faut pas croire que cet esprit de destruction soit inné chez le campagnard ; j'ai souvent constaté qu'il aimait naturellement les bêtes ; j'en ai encore eu une preuve cet été en demandant à un faucheur s'il avait vu du gibier dans la pièce qu'il venait de finir ; « Ah ! oui, monsieur, me dit-il,

« j'ai même eu bien peur ; au dernier andain il s'est
« levé toute une nichée de cailles, et c'est à peine si
« j'ai eu le temps d'arrêter ma faulx pour ne pas les
« blesser. » L'homme des champs, resté plus près de
la nature, ne donnait-il pas ainsi une véritable leçon
au chasseur ? »

Toutefois, au souvenir d'un pâtre qui s'amusait à
jeter d'inoffensifs cailloux aux bergeronnettes, l'ora-
teur ajoutait :

« Elles s'écartaient sans grande frayeur hors de
la portée des coups, en balançant ironiquement leur
queue. Mais, moyennant un permis, notre homme
n'aurait pas hésité à mettre fin à ce jeu et assurer
son triomphe par le massacre de ses aimables com-
pagnes...

« Telle est la situation actuelle ; elle constitue un
véritable danger pour la sécurité des récoltes et
pour la beauté de la campagne. Le principal but de
mon intervention est d'assurer M. le ministre de
l'Agriculture qu'il y a dans le pays une immense
majorité d'habitants sensibles aux charmes de la vie
libre et qui veulent la conserver ; malheureusement,
les gens pacifiques qui ne demandent que le respect
des lois sont naturellement si timides et si réservés qu'ils paraissent n'avoir presque jamais de députés. »

Ces paroles de M. Hugues, que la Chambre ap-
plaudit, et dont elle eût bien dû voter l'affichage,
furent suivies de cette juste remarque de l'abbé Le-
mire : « Dans nos pays du Nord, on aime les oiseaux, on les protège. Que n'en est-il de même partout ! Ce discours devrait être envoyé dans toutes
nos écoles. »

Faut-il en effet croire que toute persuasion échouera

dans le Midi, et que le salut des oiseaux exige une nouvelle croisade contre les Albigeois?

Assurément les massacreurs sont plus nombreux, plus incorrigibles au sud de la Loire. M. Millet observait, dès 1828, que ce fleuve, qui coupe en deux l'Anjou, semble y limiter à la partie du sud le braconnage des passereaux. On a donné bien des raisons de cet acharnement des Méridionaux. Peut-être faut-il l'attribuer au pullulement excessif de certains granivores, à diverses époques, dans des pays sans neige, puis à l'indiscipline atavique des provinces où le braconnage ne se heurta point aux répressions féodales.

Il serait d'ailleurs injuste d'étendre à tous les Méridionaux le même reproche. En Provence, en Languedoc, il s'est élevé contre les massacreurs des protestations indignées. Certains maires, propriétaires, ou instituteurs sont parvenus à obtenir le respect de l'avifaune. Néanmoins ces interventions restent isolées, et c'est surtout dans le Midi que la persuasion se révèle insuffisante, et l'autorité nécessaire.

Il y a une vingtaine d'années, la municipalité de Marseille lâcha sur ses boulevards 2.000 fauvettes afin de sauver les arbres, que les insectes dévoraient. Croira-t-on qu'il fallut poster des agents pour empêcher le massacre immédiat de ces oiseaux par les fameux « petits chasseurs »! Qu'eût obtenu la persuasion vis-à-vis de pareilles brutes?

Aux bords du Nil, conte le vieux naturaliste Belon, « quiconque tuait ibis, encore qu'il ne le pensât faire, la loy le condamnait à mourir. Et, pour entendre la raison, faut savoir qu'il mange les serpents d'Égypte ». Voilà certes un exemple exagéré de protection !

En 1809, nos soldats s'indignèrent d'apprendre que l'Espagne punissait des travaux forcés le meurtre d'une cigogne. Aucun ne s'avisa que ce meurtre ne profitait à personne et nuisait à tout le monde. On pouvait atténuer la pénalité sans tomber dans l'anarchie actuelle. J'ai lu dans un journal de la Drôme l'éloge d'un paysan qui avait tué une cigogne. Nous en sommes là ; et nous tenons pour sauvages les anciens Tartares qui vénéraient le martin-roselin et divers autres destructeurs de sauterelles !

L'honneur d'avoir commencé une réaction appartient à l'Europe centrale. En 1868, à la suite de désastres agricoles occasionnés par les insectes, fermiers et forestiers sollicitent le Gouvernement autrichien de protéger les oiseaux. Plus tard, le prince Rodolphe de Habsbourg, le baron de Berlepsch et le zoologiste Otto Herman obtiennent des autres puissances la réunion à Paris d'un premier congrès international, en 1895. Dès 1884, un congrès autrichien avait décidé l'établissement de stations d'études ornithologiques. Le comte Csaky, ministre des Cultes et de l'Instruction publique, y ajouta un Institut central doté par l'État. Une loi protectrice fut promulguée, puis l'on procéda à la colonisation artificielle des oiseaux utiles. Deux millions d'hectares boisés furent repeuplés. La Hongrie seule compte aujourd'hui 13.000 nids artificiels dans les forêts domaniales, et un plus grand nombre chez les particuliers. Depuis plusieurs années, les résultats de ces intelligentes initiatives se manifestent : les fruits sont plus sains, les bois reverdissent, la vigne résiste aux fléaux, ailleurs irrémédiables.

Ce mouvement protecteur s'est transmis en Suisse,
en Allemagne. Voici quelques extraits d'un intéressant rapport dû à M. Franz Buhl, sénateur bavarois et président de la Société de viticulture allemande[1] :

« C'est grâce à la généreuse initiative du baron
Hans von Berlepsch que la protection des oiseaux
est à l'ordre du jour en Allemagne. Possesseur d'un
vaste domaine, composé de forêts et de champs arables, à Seebach, près Langensalza, il a étudié les
mesures de lutte contre les insectes envahissant les
bois et les vergers, et il a trouvé que l'arboriculture
moderne, en éliminant tous les arbres creux et les
arbustes et haies sans valeur matérielle, a privé les
oiseaux de leurs retraites habituelles, et qu'avec la
diminution des oiseaux les ravages des insectes augmentent.

« Après une série de vains efforts, il a fait de
grands voyages, en Europe d'abord, surtout dans la
vallée du Danube, puis plus loin, dans les forêts
vierges de l'Afrique et de l'Amérique du Sud, pour
étudier la vie des oiseaux dans des pays où l'équilibre de la nature n'était pas encore rompu par la
culture humaine.

« Son père avait déjà tenté de repeupler ses bois

---

1. La guerre survenue, j'hésitais à insérer ce texte ; mais on
me fait observer que le patriotisme éclairé sait rendre justice
à des ennemis, et surtout profiter de leur expérience. Le dénigrement systématique représente une vilenie et une maladresse.
D'ailleurs, ce document, en nous révélant l'Allemagne agraire
et provinciale, précise mieux le crime de la Prusse soldatesque
et industrielle qui l'asservit. Ce n'est certes pas des Ligues
germaniques pour la protection de l'Oiseau, mais de la tombe
de Bismarck, que sont sortis les tortionnaires de la Belgique
et de la Pologne, et les complices moraux de la barbarie
turque dans le martyre de l'Arménie !

par des mésanges, et avait essayé des nichoirs de bois comme on les trouve partout en Allemagne pour attirer les étourneaux. Mais les mésanges ne voulaient pas peupler ces nichoirs. Le fils a donc étudié les mésanges dans les forêts où elles se trouvaient encore en grand nombre, et il a constaté qu'elles se servent des trous que les pics creusent dans les arbres malades. Il a constaté que là seulement ces oiseaux utiles disposent d'un abri suffisant pour élever leur progéniture.

« Il fallait donc imiter exactement les trous des pics pour faire nicher les mésanges. Aujourd'hui ces nichoirs sont fabriqués et usités presque partout en Allemagne. Ils servent de domicile aux mésanges (charbonnière, bleue, nonnette, huppée), à la sittelle, au grimpereau, torcol, gobe-mouches noir, rouge-queue de murailles, etc.

« Les résultats sont partout très satisfaisants. Nous avons réussi à repeupler de mésanges nos vignobles où se trouvent quelques arbres. Il est d'une grande importance que le vignoble soit en communication avec la lisière des bois par une allée d'arbres fruitiers, les mésanges étant très timides et craignant les oiseaux de proie. Nous constatons avec une vive satisfaction que *les bandes de mésanges bleues et charbonnières voltigent dans nos vignes, se cramponnant aux souches pour y chercher les chrysalides de la cochylis et de l'eudémis,* ainsi que les chenilles hivernant sous l'écorce, et qu'elles sont très friandes des cochenilles. Vu leur appétit formidable, le professeur Rœhrig, à Berlin, a constaté qu'une mésange consomme tous les jours une fois et demie son propre poids. La masse des insectes dévorés par nos alliés ailés doit être d'une grande importance. Il est évident que la protection de ces oiseaux qui passent l'hiver chez nous est beaucoup plus facile que celle des oiseaux de passage qui s'exposent aux massacres dans le midi de l'Europe...

« En Bavière, le Gouvernement a convoqué une commission autorisée pour la protection des oiseaux, qui crée dans tout le royaume des bosquets-protecteurs, fait suspendre des nichoirs et fait donner la pâture pendant l'hiver. Les bosquets sont placés sous la surveillance de garde-oiseaux spéciaux, qui doivent suivre un cours de trois mois chez M. de Berlepsch, à Seebach, et qui sont subordonnés aux autorités forestières.

« En terminant, je dirai que la législation allemande interdit la capture des oiseaux utiles ou de leur couvée, ainsi que leur mise en vente. Les infractions à ces prescriptions légales peuvent constituer une contravention ou un délit, et peuvent être punies d'amende, de réclusion ou de prison. »

En France, les initiatives privées restent en retard sur celles de l'Europe centrale. Mais, à l'honneur des pouvoirs publics, et particulièrement de MM. Mougeot et Delcassé, c'est à Paris que fut signée, le 19 mars 1902, la *Convention internationale pour la protection des oiseaux utiles*. Les chefs de onze États européens figurent dans l'intitulé :

« Le Président de la République française ; Sa Majesté l'empereur d'Allemagne, roi de Prusse, au nom de l'Empire allemand ; Sa Majesté l'empereur d'Autriche, roi de Bohême, et Roi Apostolique de Hongrie, agissant également au nom de Son Altesse le prince de Lichtenstein ; Sa Majesté le roi d'Espagne et, en son nom, Sa Majesté la reine régente du royaume ; Sa Majesté le roi des Hellènes ; Son Altesse Royale le grand-duc de Luxembourg ; Son Altesse Sérénissime le prince de Monaco ; Sa Majesté le roi du Portugal et des Algarves ; Sa Majesté le roi de Suède et de Norvège, au nom de la Suède ; et le Conseil fédéral suisse, reconnaissant l'opportunité d'une action commune dans les pays pour la conservation des oiseaux utiles à l'agriculture, ont résolu de conclure une convention à cet effet. »

Voici les principales dispositions de cet acte diplomatique :

« ARTICLE PREMIER. — Les oiseaux utiles à l'agriculture, spécialement les insectivores, et notamment les oiseaux énumérés dans la liste n° 1 annexée à la présente Convention, laquelle sera susceptible d'additions par la législation de chaque pays, jouiront d'une protection absolue, de façon qu'il soit interdit de les tuer en tout temps et de quelque manière que ce soit, d'en détruire les nids, œufs et couvées.

« En attendant que ce résultat soit atteint partout dans son ensemble, les Hautes Parties contractantes s'engagent à prendre ou à proposer à leurs législatures respectives les dispositions nécessaires pour assurer l'exécution des mesures comprises dans les articles ci-après.

« ART. 2. — Il sera défendu d'enlever les nids, de prendre les œufs, de capturer et de détruire les couvées en tout temps et par des moyens quelconques.

« L'importation et le transit, le transport, le colportage, la mise en vente, la vente et l'achat de ces nids, œufs et couvées sont interdits.

« ART. 3. — Seront prohibés la pose et l'emploi

des pièges, cages, filets, lacets, gluaux, et de tous
autres moyens quelconques ayant pour objet de faciliter la capture ou la destruction en masse des
oiseaux. »

Parmi les plus intéressantes espèces protégées
par la liste n° 1 figurent les chouettes et hiboux, le
rollier, tous les pics, la huppe, les hirondelles, l'engoulevent, la cigogne, le tarin, le chardonneret, la
sittelle, et toutes les espèces de fauvettes, rossignols,
traquets, pouillots, bergeronnettes, roitelets et accenteurs. Je regrette de ne pas rencontrer dans cette
liste la grive draine, les bruants, l'œdicnème et divers
autres oiseaux dont l'utilité surpasse de beaucoup la
nocuité. Mais l'on aura voulu concéder aux petits
chasseurs. Si du moins, en retour, ceux-ci daignaient
tenir compte des espèces protégées !

Où en sont-elles, à l'heure où je trace ces lignes,
les « Hautes Parties contractantes » !

La Belgique, un sol piétiné par Attila, un amas
de cendres, un charnier. La France et l'Allemagne
se sautant à la gorge dans les tranchées. Au lieu
des légions d'oiseaux promises, une brume de novembre sillonnée de shrapnells. Dérision des espoirs
humains, et comme l'enfer doit ricaner !

Cette Convention de 1902, qui pouvait aiguiller le
vingtième siècle vers un avenir idyllique, la voilà
qui s'effondre sous notre incurable anarchie et sous
la ruée de l'invasion.

A peine leur signature apposée au bas du traité
de paix pour l'Oiseau, la Prusse retournait à ses
casernes, la France se remettait à jouer avec la
colère de Dieu. Allait-on édicter contre les bracon-

niers des peines sérieuses, renforcer les gendarmeries ? Non, mais ici expulser les Sœurs de Charité, là multiplier encore les bataillons. Oublieux de leurs engagements, le Kaiser se souciait peu des migrateurs brisant leurs ailes aux phares qu'il bâtissait pour ses aéroplanes, et la République continuait de tolérer les massacres de fauvettes, pourvu que le pays votât contre les vérités éternelles.

Maintenant, ce n'est plus sur l'Oiseau qu'il faut pleurer. Puisse l'âme chrétienne de la France, survivant sous le masque hideux de sa politique, faire pencher en sa faveur la balance des destinées !

Quand cette démence sénile sera calmée, et que l'Europe se retrouvera, vide d'hommes et de ressources, en face de l'Amérique jeune et opulente, de la Chine rajeunie et inépuisable, songera-t-on du moins à tirer quelque parti de la catastrophe, et à constituer avec les mutilés, auxquels l'État doit assurer des moyens d'existence, une police rurale enfin sérieuse ?

Pour que la Convention de 1902 eût reçu chez nous quelque application, il eût fallu d'abord qu'une police existât dans nos campagnes. Or, il n'en existe guère d'autre, même pour la sécurité, que le bon vouloir des particuliers et une certaine douceur des mœurs françaises. Encore, combien de crimes ignorés ! Combien aussi de malheureux morts dans leur tombe par l'incurie de l'état civil et des médecins ! Car presque jamais chez les paysans un décès n'est réellement constaté.

De cette sinistre digression, je rencontre, pour revenir à mon sujet, la mémoire du cardinal Donnet, qui, couché trois fois dans son cercueil, fit voter la loi sur la constatation des décès, et qui, d'autre part, se montra un assidu protecteur de la faune ailée.

Archevêque de Bordeaux, il écrivit un mandement pour rappeler ses diocésains au respect des plus exquises créatures de Dieu. Il y perdit hélas ! son effort de persuasion, comme les législateurs de 1902 ont perdu jusqu'ici leur effort d'autorité.

Car, au fond, l'État ne réprime âprement qu'un seul délit : les fraudes contre le fisc. Le vaurien qui, en tuant des mésanges, compromet toute une récolte, sera condamné, si par hasard on le poursuit, à quelques francs d'amende, tandis qu'on saisira les derniers meubles d'une pauvre vieille, coupable de n'avoir pas déclaré un litre d'eau-de-vie.

Hormis ces vexations de la régie, je répète qu'il n'existe aucune police dans nos campagnes, ni pour le roulage, ni pour la sécurité des personnes ou des biens. Quant à la police de la chasse, elle se réduisait à celle des propriétaires, jusqu'à ce qu'une loi imbécile de 1913 fût venue restreindre encore cette unique garantie, en taxant les gardes assermentés, que l'État devrait plutôt subventionner. Dernier triomphe du fisc, et aussi de la démagogie, sur la moralité publique !

A quoi sert un garde champêtre, sinon à inspirer les vaudevillistes ou à tracasser les ennemis du maire ? Et que peuvent surveiller quatre gendarmes occupés, au centre de dix communes, à contrôler des livrets militaires ?

En outre, l'esprit public est de nature à décourager les agents de l'autorité. Une perverse littérature s'apitoie depuis un siècle sur le sort du braconnier. Peu de tribunaux le condamnent sévèrement. Ailleurs, le garde ou le gendarme qui dépose contre lui est houspillé par la foule, soupçonné par les juges, contredit par les faux témoins, invectivé par les avocats. S'il succombe, humble héros, sous le plomb d'un maraudeur nocturne, il risque fort d'être mal vengé par le jury. Mais qu'il veille bien à ne point égratigner ce maraudeur ! On ne découvrirait pas contre lui de peine assez dure.

Dans l'Europe centrale, un garde est en droit de légitime défense si le braconnier surpris ne jette pas immédiatement son arme. Et qu'on ne se récrie pas au despotisme oligarchique ! Les Etats germaniques comptent beaucoup de chasseurs modestes ; ils trouvent du gibier, parce que la loi est sévère et appliquée [1].

Chez nous, sous l'Ancien Régime, ce furent les rois les plus populaires, Louis XI surtout, qui réprimèrent le plus rudement *le braconnage, cette école de paresse et de démoralisation publique*. Et la législation de la chasse fut adoucie par Louis XIV, lequel n'est guère considéré comme un démocrate.

Que la politique n'intervienne donc plus dans la police de la chasse ! Que le braconnier cesse d'être pour les libéraux un martyr de l'oubliette féodale, et pour les conservateurs un héros des guerres ven-

1. La féodalité germanique fut bienfaisante quand elle se tourna vers les intérêts agricoles. Elle ne se révèle brutale et telle que nous la voyons aujourd'hui, que lorsqu'elle s'enrégimente à la prussienne. Alors elle devient l'outil sauvage, aveugle, des appétits industriels et de la morale matérialiste de la force. Elle apparaît cette hache aux mains de la philosophie matérialiste, dont parlait déjà Henri Heine. C'est l'horrible, et vraiment démoniaque triade d'un Bismarck, d'un Nietzsche, et du docker hambourgeois qui allume l'enfer des usines Krupp où une armée de damnés halètent entre les cuves bouillantes d'acier, demi-cuits, prolongés chaque jour par des injections hypodermiques. Vision dantesque, pôle du mal où l'orgueil de la conquête a précipité le peuple qui rêvait naguères aux lacs enchantés des Niebelungen !

déennes ! Il n'est qu'un malfaiteur de droit commun, un insurgé contre des lois sages ; souvent il risque de devenir un assassin.

———

Quant aux propriétaires et aux gardes, ils ne doivent pas uniquement sauvegarder un plaisir égoïste, mais aussi remplir une fonction sociale, en protégeant, non seulement le gibier, mais aussi les oiseaux utiles. A ce prix ils auront le droit d'exiger que l'État les subventionne, au lieu de les imposer. Un premier progrès a été réalisé par une loi récente qui autorise les gardes particuliers à aider la gendarmerie pour la constatation des délits de chasse sur les terres banales.

Mais il reste à instituer, comme en Autriche, une École où gardes et gendarmes apprendront l'utilité des oiseaux, et aussi les moyens efficaces de les protéger contre tous leurs ennemis. On cessera alors de voir le scandale de gardes tuant, parfois sur l'ordre de leur maître, des oiseaux aussi utiles que les pics-verts et les chouettes, tandis qu'ils laissent vivre l'écureuil !

La fonction sociale que devraient remplir sur ce point les grands propriétaires dépasse même l'utilité agricole. En sauvegardant l'idéal pittoresque, en protégeant toute l'avifaune, et aussi les forêts, les étangs, contre l'abus de la culture intensive, ils mettront un frein au matérialisme pratique, source des révolutions. Victor Pavie a fait cette juste remarque : « Quand la religion a fui, que la nature en pièces a disparu sous la triple fumée des paquebots, des wagons et des usines, le peuple n'a plus d'imagination que pour l'émeute.

« Un jour que nous regardions, collé sur les vitres d'une boutique, un tableau de la première manière de Cabat, le *Bouquet de chênes*, l'exclamation suivante, partie de derrière notre épaule, nous fit involontairement tourner la tête : — N'est-ce pas que c'est beau, monsieur, mais voyez donc comme c'est beau ! — Et elle joignait les mains, la pauvre bonne femme, et elle avait des larmes dans les yeux. Évidemment ces arbres, aux flancs moussus, à la tête écimée, dont un rayon de mai faisait tressaillir la vieillesse, ce nid de pigeon posé à l'intersection des rameaux évoquaient son printemps et lui remettaient en souvenir les impressions de la terre natale. »

Je ne redoute point pour cette bonne vieille le péril des arts. Elle les maintient dans leur rôle, qui consiste à nous préciser un souvenir, à fixer une émotion morale. Elle n'absorbera point l'idéal pittoresque dans l'idéal plastique, et n'aura garde de substituer au culte de la nature celui de sa représentation.

Mais combien de gens, et dans toutes les classes, n'hésiteraient point à détruire ce nid de ramiers, tandis qu'ils se croiraient coupables s'ils crevaient la toile où il est figuré !

Je ne prétends pas qu'il faille abolir toute chasse. Seulement, que l'on s'en tienne aux indications de la nature sur le choix des espèces-gibiers. Et que toutes les autres, particulièrement celles que réclame l'intérêt agricole, soient protégées contre le vandalisme ! Voilà une fonction sociale qui incombe, non seulement à l'État, mais aussi aux propriétaires ruraux.

Si la destruction illégale du gibier, lièvres ou perdreaux, mérite d'être réprimée comme un délit sérieux, combien la sévérité doit-elle s'accroître à l'égard de misérables qui, pour quelques grammes de mauvaise viande, causent un incalculable préjudice à l'agriculture en tuant une fauvette ou une mésange. Il s'agit ici d'un crime contre la richesse nationale[1].

Après l'Europe centrale, l'Amérique constate les déplorables résultats de l'impunité : « Longtemps, écrit Arthur Howell, on n'a vu dans les oiseaux qu'une ressource alimentaire; ils sont encore utiles à l'humanité en détruisant les insectes nuisibles à ses cultures, les mammifères qui les rongent, et les semences des mauvaises herbes qui les envahissent. Il n'y a pas de fermier qui ne sache le tort que lui font ces fléaux; mais les importants services que rendent les oiseaux en les combattant sont beaucoup moins connus. »

Aussi les États-Unis, joignant à la persuasion l'autorité, ont-ils institué un Bureau d'études ornithologiques, et décrété d'énergiques mesures contre les oiseleurs.

Néanmoins l'Europe centrale garde l'avance, aussi bien pour la répression que pour la persuasion. La Suisse se montre fort rigoureuse contre les massacreurs d'insectivores et même d'espèces recommandables seulement par leur intérêt pittoresque. La législation germanique inflige 150 marks d'amende et parfois la prison :

« J'ai vu, relate un voyageur, trois adolescents et deux petites filles conduits par un caporal et trois

---

1. « Je considère la conservation des petits oiseaux comme indispensable à l'agriculture. Nous demandons formellement le respect de la loi. » (M. JULES MÉLINE, Sénat, séance du 18 janvier 1907.)

soldats dans une maison d'arrêt, pour avoir abattu des nids d'hirondelles et s'être trouvés encore en possession de nichées de mésanges, de fauvettes et de chardonnerets. »

En Hongrie, l'amende peut atteindre 100 couronnes. « L'opinion dans ces pays, observe M. Baudouy, est qu'en France on se montre trop doux vis-à-vis des oiseleurs. »

Le baron de Berlepsch écrivait : « La protection des oiseaux est, non seulement un plaisir d'amateur, une passion résultant de l'habitude, du goût et de l'admiration que nous avons pour le chant des oiseaux, pour l'embellissement et l'animation de la nature, mais tout d'abord et surtout une question d'économie nationale, donc une question d'importance capitale. »

La protection s'est implantée aussi en Belgique, malgré de regrettables tolérances pour la capture des pinsons. Du moins les met-on en volière, et non à la broche. A Mons des nichoirs sont placés dans les jardins publics.

Il n'est pas jusqu'à l'Italie, où une Ligue protectrice ne se soit fondée, et où le Gouvernement ne s'efforce enfin de limiter le carnage. Certains détenteurs de vignes établissent des nichoirs artificiels. Le commandeur Rebora, propriétaire du cru Montebello, constate que « les oiseaux opèrent une grande destruction de toute sorte de vermine ». Le même viticulteur ajoute dans un rapport : « Les poudres ou liquides insecticides, tous les produits chimiques sont généralement coûteux, d'une efficacité douteuse, et ne servent qu'à empoisonner davantage l'humanité. Rien ne vaut les oiseaux pour détruire les insectes qui menacent de ruiner le malheureux agriculteur. On a d'ailleurs souvent observé que *dans les chasses gardées la végétation est plus robuste.* »

Le commandeur Rebora fait chaque année aux militaires de sa garnison une conférence sur la nécessité de protéger les insectivores. Exemple qui devrait bien être imité dans nos casernes !

L'Espagne est fort en retard pour la répression. Plus un moineau, plus un nid d'hirondelles à Madrid. Néanmoins beaucoup de particuliers aiment les oiseaux. A Carthagène, on suspend dans les églises des cages de rossignols. Çà et là, dans les campagnes, une inscription recommande le respect de l'avifaune. Mais le massacre n'en continue guère moins.

En Suède, en Norvège au contraire, les oiseaux sont si universellement respectés que la loi reste superflue. Presque partout on leur jette des graines en hiver.

Les agriculteurs anglais, et particulièrement les jardiniers de Londres, ont pris l'initiative des mesures de sauvegarde. Une Société protectrice a institué un corps de gardiens pour la surveillance des nids menacés : « Cette institution, observe M. Baudouy, a donné de si bons résultats, que l'envoi de ces gardiens est aujourd'hui réclamé de toutes parts. »

En France, le *Bulletin de la Société centrale des chasseurs,* qui mène une excellente campagne de protection pour les oiseaux non gibiers, m'apporte deux petits faits très significatifs :

Le 5 juin 1914, le ramassis d'énergumènes qui constitue la majorité au Conseil général des Bouches-du-Rhône, demandait l'abrogation de la Convention de 1902.

Presque en même temps, le consul d'Angleterre à

Bordeaux adressait à son Gouvernement un rapport sur les désastres viticoles entraînés par la destruction des oiseaux dans le Médoc. Voilà donc notre pays tombé au rôle d'ilote vis-à-vis des autres ! Il suffit à ceux-ci de nous considérer pour être dégoûtés de l'anarchie ! Le consul britannique terminait ainsi son rapport : « L'eudémis et la cochylis se multiplient en raison de la destruction méthodique, implacable, des petits oiseaux utiles. Les lois qui les protègent et répriment le braconnage ne sont pas respectées en France. »

Pour utilitaires que nous tenions les Anglais, ils semblent d'ailleurs plus que nous sensibles aux charmes de la nature. Ils protègent, non seulement les insectivores, mais les oiseaux que revendique l'idéal pittoresque. Les autorités de Jersey invitèrent un jour à déguerpir des eaux anglaises, sous peine de prison, quelques yachtmen parisiens qui canardaient les mouettes. Aussi mouettes et cormorans nagent-ils à vingt pas des promeneurs, au pied des falaises.

Cependant, sur quelques côtes de la mer du Nord sévit le massacre des mouettes pour les chapeaux. De grandes dames ont tenu à honneur de protester : en Angleterre la reine elle-même; en Allemagne les princesses royales et une élite mondaine qui fondait la « Ligue féminine pour la protection des oiseaux ».

L'intervention de cette Ligue a obtenu des autorités la sauvegarde des derniers oiseaux de paradis.

« Après une courte enquête, le gouvernement impérial de la Nouvelle-Guinée allemande a donné l'ordre de ne pas délivrer de permis de chasse à l'oiseau de paradis. La chasse de cet oiseau sera complètement interrompue pendant toute la durée d'une année. En même temps, le Gouverneur a avisé les postes de la terre Empereur-Guillaume d'établir, sous le contrôle de personnes expérimentées, des observations prolongées sur la vie, les mœurs, les coutumes de l'oiseau de paradis ; en particulier sur la pariade, le temps de la couvaison, la croissance et la mue, la nourriture et la distribution géographique des différentes races.

« Ce seront là les bases des mesures ultérieures que prendra l'autorité. »

Mais cet exemple n'approche pas du magnifique effort d'énergie fait par le Sénat des États-Unis. Un bill a interdit pour la parure tout plumage autre que celui des autruches et des volatiles domestiques. Mainte dame débarquant d'Europe dut enlever de son chapeau aigrette ou paradisier. On n'imagine pas la réciproque sur les quais du Havre ! C'est que les États-Unis représentent une démocratie autoritaire, et que la France est actuellement une démagogie.

———

Le sera-t-elle toujours ?

Il semble que l'on commence à se fatiguer de voir les agronomes, les corps savants, l'élite de notre pays tenus en échec par quelques sauvages du Bas-Languedoc et quelques voyous de la Cannebière.

Tandis que les Gouvernements étrangers protestent contre l'inexécution de la Convention de 1902, des plaintes s'élèvent aussi de divers points de la France vers les pouvoirs publics.

Le 24 décembre 1910, M. Raynaud, ministre de l'Agriculture, déclarait à la Chambre :

« Le Gouvernement est obligé, par ses engagements et par la loi, à tenir la main à ce que cette convention internationale soit respectée.

« Le département de l'Agriculture fait tous ses efforts pour obtenir que la loi soit partout respectée. »

Lamentable aveu d'anarchie, mais enfin reconnaissance d'un devoir qu'il importerait d'accomplir !

Depuis lors, d'autres ministres, notamment M. Clémentel, ont tenté de substituer les actes aux promesses ; mais une crise ministérielle survient, tout est à recommencer.

Peut-être, si honteuse que soit pour le Gouvernement cette constatation, M. Cluzeau eut-il raison de s'écrier au Congrès de la chasse tenu en juin 1914 à Toulon : « L'État ne fera rien ! Notre grand défaut est de croire qu'il existe une loi sur la chasse que les pouvoirs publics doivent faire appliquer. Cela est inexact. Il existe une loi que les intéressés doivent seuls faire appliquer, d'où nécessité des associations.

« Aussi, il pourrait y avoir toutes les tolérances accordées, verbalement ou même par écrit ; si mon garde verbalise, on ne fera pas disparaître son procès-verbal et ses suites.

« Voilà ce que beaucoup de sociétés, beaucoup de gens même ne comprennent pas. On crie à l'État : Protégez-nous ! et l'État, sollicité en sens inverse, se désintéresse et s'en moque.

« Quelles que soient les tolérances accordées, je puis vous assurer que, si l'on se soutient tant soit peu, elles auront vécu.

« Voilà, Messieurs, ce que nous devons savoir, dire et proclamer ; n'oublions pas que, pour tourner

la difficulté, nos adversaires voudraient faire décider
par la Cour de cassation que les associations ne
sont pas recevables à se porter partie civile, et con-
séquemment à mettre l'action publique en mouvement, et, ce qui est mieux et plus fort : que la tolérance est *suspensive de l'application* de la loi, que
le Préfet en l'accordant n'est pas sorti de ses attributions.

« Je livre ce passage à vos méditations ; une pareille
interprétation serait la fin d'une société. »

Il semble bien en effet qu'il faille entamer la lutte
sur cette base de l'association, en conservant au fond
du cœur l'espoir, ou l'illusion, de voir renaître en
France un État intelligent et autoritaire.

Ce Congrès de Toulon, succédant à ceux de Paris,
de Narbonne, de Bordeaux, de Marseille, de Li-
moges, réussira-t-il mieux que ses aînés à obtenir
la réorganisation de la chasse et la protection des
oiseaux utiles? Sur ce dernier point je lis dans le
compte-rendu du Congrès : « Une telle question, qui
paraîtrait oiseuse dans le Centre et le Nord, a une
importance capitale dans des pays où la tolérance
des pouvoirs publics, annihilant tout l'effet des lois,
laisse celles-ci sans application aucune, et où il n'est
pas rare, paraît-il, de voir tuer le rossignol qui
chante d'un premier coup d'espingole, et du second
la femelle qui couve sur la branche voisine.

« Un des congressistes, inspecteur des Forêts en
retraite, ne racontait-il pas que deux catalpas accrus
devant sa porte avaient été mis à mal par des
chasseurs tirant des grimpereaux, et que l'angle de
son toit avait été démoli par un coup de feu tiré sur
un moineau qui s'y était perché... »

Tuer un grimpereau ! Les brutes de ces contrées

en arriveront-elles à tirer sur les papillons, puis, faute de papillons, sur les passants ? Jamais la rage imbécile de détruire, la provocation satanique à l'Auteur de la création ne furent poussées jusqu'à cet excès.

Toutefois, un vœu présenté au Congrès par le Comice agricole de Narbonne en faveur des petits oiseaux nous confirme que le mal n'est pas imputable au Midi entier. Le Gouvernement apparaît dès lors plus coupable de ne pas sévir énergiquement.

Le comte de Ségur-Lamoignon, rapporteur général du Congrès de Toulon, a retracé les efforts tentés par les grandes Sociétés de chasse pour combattre le braconnage des insectivores :

«... Nous avons de notre mieux, et dans la limite de nos moyens d'action, secondé activement ceux de nos confrères en Saint-Hubert qui, depuis environ dix ans, soutiennent dans le Midi et le Sud-Ouest un rude combat contre les destructeurs aveugles des petits oiseaux utiles.

« Cette question, hélas ! ne semble pas à la veille d'être résolue en faveur de ces pauvres et charmantes petites bêtes. Du moins c'est à craindre.

« Sans doute il y a bien une Convention internationale qui a reçu en France force de loi. Les préfets sont chargés de la faire respecter. A cet effet, des arrêtés sont régulièrement publiés et affichés dans les villes et villages. Et cependant tout cela n'existe guère que sur le papier.

« L'autorité préfectorale, en effet, laisse entendre en marge de ses arrêtés qu'on n'en devra tenir compte que très approximativement. Voilà décrite la situation : comment la qualifier ?...

« Au sujet de la campagne menée dans le Sud-Ouest,

en vue d'assurer la protection des oiseaux, nous nous
faisons un plaisir de signaler, comme un exemple à
suivre, le zèle infatigable de l'honorable M. Th. Marchand, notre nouveau président pour Agen et délégué de la Ligue française pour la protection des
oiseaux. Le 26 mars, au cours de l'assemblée générale de cette Ligue, dont la solennité fut rehaussée
par la présence de M. le Président de la République
et de Mme Poincaré, une médaille d'argent grand
module fut décernée à l'honorable M. Th. Marchand.

« La Ligue attribuait en outre une médaille de
bronze à M. Joseph Martin, sous-brigadier de la brigade de chasse de la Société centrale des chasseurs :
« pour constats et saisies qui, dans le Lot-et-Ga-
« ronne et la Gironde, ont amené la condamnation de
« plusieurs oiseleurs et recéleurs de petits oiseaux. »

« Nous remercions sincèrement la Ligue française
et félicitons très cordialement les destinataires de
ces récompenses honorifiques bien méritées.

« Nous avions promis notre concours à nos amis du
Midi et nous avons tenu notre promesse. Nous avons
envoyé deux de nos agents dans le Sud-Ouest. Leur
présence fort imprévue troubla la fête... la fête des
tolérances et des toléranciers. Que venaient donc
faire ces... importuns ? Des constats suivis de procès-verbaux : dix condamnations sanctionnaient cette
visite.

« Nous sommes heureux de déclarer que partout le
ministère public s'est prononcé loyalement et résolument contre les tolérances qui sont, a-t-il déclaré,
sans valeur légale. »

Faut-il saluer l'aurore d'une renaissance de l'autorité ?

Voici, après M. de Joly, un autre préfet, M. Truc,

qui invite la gendarmerie de la Haute-Vienne à réprimer le braconnage et le dénichage. L'inspecteur d'Académie prescrit aux instituteurs de consacrer une classe par semaine à enseigner l'utilité des oiseaux. La Société scientifique du Limousin organise un concours relatif à leur protection. Pourquoi l'exemple offert par la Haute-Vienne ne serait-il pas suivi ailleurs ?

———

Aucune répression générale, et dès lors efficace, ne peut s'établir sans *l'action simultanée des particuliers, des associations et de l'État.*

Les particuliers doivent signaler les abus locaux ; les associations, organiser les poursuites ; l'État, encourager à la sévérité ses gendarmes et ses magistrats.

Chez un peuple où un faux point d'honneur n'a pas remplacé la morale, chaque citoyen fait partie intégrante du ministère public. Mais nous vivons sous le régime des avocats ! En outre, le préjugé hostile à la délation désintéressée, inventé par ses seuls bénéficiaires les malfaiteurs, sert de prétexte à la paresse ou à la lâcheté des particuliers. Témoins d'un délit, ils craignent de se déranger ou de se compromettre en le dénonçant.

Quant à l'État, trop de Ponce-Pilate s'y déchargent de leur responsabilité sur le voisin, et finalement laissent l'agneau se débrouiller avec le loup, l'oiseau avec l'oiseleur.

Ce sont les grandes Associations répressives qui actuellement remplissent le mieux leur devoir social.

Le *Saint-Hubert-Club*, qui a contribué si puissamment à la syndicalisation des chasses banales, et soutenu ainsi la cause des chasseurs modestes contre les braconniers, prit en mains, à diverses occasions, la cause des oiseaux non-gibiers. Son président, M. Clary, écrivait : « Un pays sans oiseaux, c'est un foyer sans enfants. Depuis plus de dix ans, j'ai soutenu par la plume et par la parole que le recel était la clef du braconnage. S'ils n'avaient pas les receleurs pour écouler leurs prises délictueuses, les braconniers changeraient de métier, le leur ne nourrissant plus son homme.

« Pour cela, il faudrait une loi édictant des peines assez sévères contre les receleurs, marchands ou restaurateurs. Il faudrait arriver à la fermeture de l'établissement pris en délit, avec affiche indiquant la condamnation. Suivant la gravité du cas, l'établissement condamné serait fermé, de 24 heures à huit jours, et surtout en cas de récidive.

« Si ces mesures étaient prises, les restaurateurs renonceraient bien vite à acheter et à servir des petits oiseaux, et *les braconniers retourneraient à la charrue ou à l'atelier.* »

La *Société centrale des chasseurs*, qui groupe plutôt les grands propriétaires, lutte, elle aussi, contre l'odieuse et grotesque parodie de la chasse qui consiste à fusiller au repos des roitelets.

Sa brigade d'inspecteurs dresse de nombreux procès-verbaux aux massacreurs de petits oiseaux. Souvent elle décerne ses gratifications et ses médailles aux gendarmes ou aux gardes qui verbalisent contre eux.

L'une de ses Sociétés affiliées, celle de la Gironde, s'est portée partie civile devant la cour de Bordeaux contre des vendeurs à la criée qui avaient exposé diverses sortes d'insectivores ; ils furent, par arrêt du 24 mars 1914, condamnés à 50 francs d'amende et à 100 francs de dommages-intérêts.

C'est de ce côté qu'il faut présentement envisager la sauvegarde de la faune ailée.

Souhaitons que les pouvoirs des grandes associations répressives soient élargis, et qu'elles puissent nettement intenter les poursuites judiciaires, tant au nom de leurs membres que sur leur propre initiative !

VII

LIGUE FRANÇAISE POUR LA PROTECTION DES OISEAUX

Le zèle des grandes Sociétés de chasse pour la protection des insectivores apparaît d'autant plus louable que cette tâche est pour elles accessoire. Leur but principal restant la sauvegarde du gibier, il importait dès lors qu'une Ligue se constituât dans le but exclusif de protéger l'avifaune, et non seulement les espèces nécessaires à l'agriculture, mais toutes celles menacées de disparition. La beauté de la nature, la science y sont intéressées.

Comme le remarque M. Edmond Perrier, « la grâce, la vivacité, la beauté du plumage, le charme habituel de la voix devraient, pour quiconque est doué de quelque sensibilité artistique, être des raisons suffisantes pour protéger les oiseaux. Les moralistes pourraient ajouter que l'homme n'a aucun droit particulier de destruction des êtres vivants; quand il a assuré sa subsistance et sa sécurité, tout ce qu'il détruit uniquement pour son plaisir, de quelque titre qu'il décore alors ses actes, est criminel à l'égard de la Nature ».

Vers 1897, le regretté M. Levat fondait, à Aix, au

foyer même des abus, une Ligue ornithophile qui groupa quelques bonnes volontés, prémut certaines initiatives, puis disparut avec son auteur.

D'autres essais furent tentés, tous infructueux, jusqu'au jour où la Société nationale d'Acclimatation établit sur des bases plus sérieuses, et comme l'une de ses sous-sections, la *Ligue française pour la protection des Oiseaux*.

Fondée par MM. Magaud d'Aubusson, Perrier, le vicomte d'Orfeuille, elle a pour secrétaire un homme d'un intelligent dévouement, M. Albert Chappellier, chef de travaux zoologiques à l'École pratique des Hautes-Études.

La Ligue se propose pour but d'établir ou d'obtenir enfin des mesures efficaces de persuasion et d'autorité, et « de travailler à réduire les causes de disparition des oiseaux en faisant connaître leur rôle, leur utilité, en favorisant leurs moyens d'existence et de reproduction, et en attirant sur eux l'attention des pouvoirs publics ».

De hauts patronages, tels ceux du prince d'Arenberg et du prince de Monaco, furent, dès le début, acquis à la Ligue. Elle groupe aujourd'hui des noms éminents de la science, de l'agronomie et de la politique. Mais il est scandaleux pour notre pays que le grand public, toujours alléché par les entreprises inutiles ou funestes, demeure indifférent à cette fondation si nécessaire, et qu'après deux années d'existence active elle compte à peine 500 adhérents !

Chiffre dérisoire, si l'on songe qu'en Hollande une Ligue similaire a pu acquérir pour 300.000 francs un lac afin de sauver les derniers couples de spatules, et que la Ligue anglaise a pu acheter toute une presqu'île, y installer des gardes et préserver ainsi certaines espèces d'oiseaux de mer en voie de disparition.

S'il existait en France, dans les masses, le moindre respect de la beauté naturelle, ou seulement quelque intelligence des vrais intérêts agricoles, la Ligue serait largement subventionnée par l'État, par les Conseils généraux et par les particuliers riches[1].

Débuts modestes et contrariés, zèle ardent de quelques-uns, hostilité ou indifférence du grand nombre, c'est l'histoire de toute œuvre utile. Puisse un jour l'humble Ligue se transformer en cet Institut ornithologique national dont M. Menegaux indiquait ainsi la nécessité : « Il serait urgent de créer dans tous les pays des Instituts d'ornithologie pour l'étude de toutes les questions concernant les oiseaux, afin de déterminer leur degré d'utilité par l'examen des estomacs, et les conditions dans lesquelles la chasse d'une espèce donnée peut être autorisée. Ces Instituts, chargés aussi d'étudier les parasites et les maladies des oiseaux et du gibier, s'occuperaient de l'installation des stations modèles et de la garde des réserves...

« Chaque pays ne pourra arriver à de bons résultats que par la fondation de vastes établissements, jardins ornithologiques, dans lesquels toutes ces questions seront traitées avec la précision scientifique qu'elles comportent.

---

1. Je ne saurais trop conseiller aux lecteurs de cet ouvrage d'envoyer leur adhésion à l'adresse suivante : « Ligue française pour la protection des oiseaux, 33, rue de Buffon, à Paris » L'abonnement, fixé à 5 francs par an (rachetable à vie moyennant 50 francs), donne droit à la réception du *Bulletin* mensuel. Durant la guerre, les secrétaires étant mobilisés, le *Bulletin* a cessé de paraître, et l'intérim est confié à la Société nationale d'acclimatation (même adresse).

« Les ornithologistes n'ont qu'à s'instruire de ce qui a été fait en agriculture, et surtout en pisciculture, pour le repeuplement et l'acclimatation. »

Jusqu'ici l'on ne s'est guère préoccupé que de la multiplication du gibier. Quand une aristocratie et un Gouvernement soucieux de leurs devoirs s'aviseront-ils enfin de favoriser la propagation des oiseaux en raison de leur utilité agricole et de l'idéal pittoresque ? Les Instituts ornithologiques existent déjà chez nos voisins et en Amérique. Ils fournissent de nécessaires indications aux Écoles forestières et aux Écoles d'agriculture qui, chez nous, n'instruisent pas même leurs élèves à discerner un merle d'une pie !

Je serais curieux aussi de savoir combien de nos gendarmes peuvent distinguer un gobe-mouches ou une farlouse d'un passereau non protégé par la loi !

En outre, la réglementation policière peut donner lieu à des distinctions fort délicates, et où l'avis d'un Institut ornithologique interviendrait heureusement. Si l'on doit interdire la vente d'oiseaux vivants dans les contrées où ils servent d'appeaux, il faudrait la tolérer dans les villes qui aiment les oiseaux autrement qu'à la broche, et en peuplent des volières, ce qui entretient le goût de la nature et ne compromet guère la conservation des espèces. J'ai vu aussi poursuivre un marchand de chardonnerets vivants destinés aux volières, tandis qu'en face, dans un magasin de modes, la police laissait exposer sur des chapeaux par douzaines les cadavres de ce même oiseau.

M. Magaud d'Aubusson a nettement exposé le but que doit se proposer la Ligue actuelle, en attendant la fondation d'un Institut : « Il s'agit de vulgariser chez nous, en quelque sorte, un art nouveau, celui de protéger rationnellement les oiseaux et d'en repeupler nos campagnes, de plus en plus désertes et silencieuses ; art charmant entre tous, mais qui ne peut acquérir son plein développement et son entière efficacité qu'en prenant pour bases les données scientifiques les plus certaines. Nous avons lu souvent de dithyrambiques éloges des petits oiseaux, des lamentations attendries sur le sort misérable d'une fauvette prisonnière ; mais ce sentimentalisme exagéré n'a jamais apporté la moindre assistance sérieuse à notre faune ailée, et ne peut que fausser le véritable esprit de protection. »

La Ligue s'est assuré la collaboration de certains spécialistes qui ajoutent leur compétence à celle des ornithologistes.

M. Bois, l'éminent botaniste du Muséum, fournit de précieuses indications sur le nourrissage hivernal de ceux des semi-insectivores qui ne savent pas, comme les pics, découvrir les larves sous les écorces, ou n'osent, comme les mésanges et le troglodyte, s'aventurer dans nos granges pour y chasser les mouches, quand la neige couvre le sol. On sauve beaucoup d'oiseaux en *multipliant les arbustes à fruits hivernaux* : aubépine, prunellier, genévrier, buisson-ardent, et surtout une liane rustique, à baies noires, qui s'enlace aux haies[1].

1. Néanmoins je conseille aux éleveurs de ne pas laisser longtemps les semi-insectivores sans nourriture animale. En volière, ils périraient de faim et de froid au bout de peu de jours. En liberté ils doivent certainement ajouter quelques insectes trouvés sous les feuilles aux baies dont l'hiver les oblige à se nourrir. Sauf deux ou trois fringilles comme le chardonneret, aucun passereau ne peut longtemps vivre sans insectes. La nourriture azotée leur est indispensable. Les palmipèdes presque seuls et quelques gallinacés peuvent être longtemps conservés avec une alimentation végétale.

C'est dans sa tâche de protecteur de nos récoltes que M. Burdet a saisi l'Oiseau. Voici toute une série de photographies, publiées par la Ligue : un hibou brachyote partage des souris à ses petits ; un troglodyte apporte aux siens une chenille ; un rossignol dégorge un abdomen de hanneton ; un torcol rentre au nid, le bec chargé de gros vers ; une épeiche purge de ses parasites un peuplier.

———

Jamais pionnier abordant la forêt vierge, jamais missionnaire débarquant parmi les fétiches d'une horde d'anthropophages ne rencontrèrent tâche plus ardue que la Ligue ornithophile française.

Tout était à faire, et avec quelles dérisoires ressources !

Après la période d'organisation : annonces, conférences, rapports établis avec le Ministère et avec les Sociétés étrangères, fondation du *Bulletin mensuel*, l'une des premières entreprises des ligueurs concerna la *protection des oiseaux de mer*, particulièrement des derniers spécimens du macareux sur la côte bretonne.

Le docteur Bureau avait transmis à la Ligue la lettre suivante, écrite par un lieutenant à la suite d'une excursion aux Sept-Îles, en juin 1911 :

« La colonie de macareux de l'île Rouzic a été décimée. L'île offre l'aspect d'un véritable champ de carnage... Nous extrayons des trous des poussins morts, des œufs abandonnés et pourris ; nous trouvons une seule femelle occupée à couver et un adulte près d'un poussin de huit ou dix jours.

« Nous apprenons alors par nos matelots que, huit jours avant, deux ou trois individus sont venus de Paris et se sont fait débarquer dans l'île avec une caisse de soixante kilogrammes de cartouches. Ils n'ont quitté l'île qu'après avoir tout brûlé sur ces inoffensifs oiseaux, tués au moment où ils viennent au nid apporter la nourriture à leurs petits.

« Les cadavres des victimes (près de trois cents, nous a-t-on dit) ont été ramenés à Perros, et là, jetés sur la grève. Ces messieurs les « chasseurs » (!), fiers de leur tableau, n'en ont emporté qu'un ou deux exemplaires.

« Il paraît que ces vandales répètent presque tous les ans ces inutiles et stupides massacres. On peut estimer, dans ces conditions, que la colonie de macareux de l'île Rouzic aura, dans trois ou quatre ans, complètement abandonné ces parages. »

A la suite de ces faits, discutés en séance de la Ligue, le secrétaire écrivit au préfet des Côtes-du-Nord, lequel a pris un arrêté en ces termes :

« Sont interdits en tout temps, d'une façon absolue, la chasse, la destruction, le transport et la vente des *Macareux* ou *Calculots*, sur le rivage de la mer, ainsi que dans les îles, et notamment dans l'île Rouzic, située en face de Perros-Guérec. »

Cette victoire de l'ordre sur le banditisme est toute à l'honneur de la Ligue et du préfet. Mais n'est-ce pas au Gouvernement qu'il incombe d'interdire sur toutes les côtes les odieuses destructions que l'on ne saurait appeler une chasse ? Il y va même de la sécurité publique, car sur mainte plage les promeneurs sont exposés à recevoir le plomb destiné aux hirondelles de mer. Or, rien ne serait plus facile que d'assurer ici l'exécution d'une loi sévère, en confiant cette exécution aux *douaniers maritimes*. Il faut absolument supprimer cette *insensée tolérance des côtes et des îles*, où la tuerie est pratiquée toute l'année, souvent par des gens sans permis.

Ici encore l'étranger nous fait la leçon. Les États-Unis ont mis fin par un décret aux ignobles massacres de l'île Laysan. Verrons-nous longtemps encore sur nos plages pourrir à la porte des chalets les charmantes hirondelles de mer, et ces bécasseaux, ces pluviers, naguère la joie de nos grèves ? Verrons-nous toujours des idiots rapporter en triomphe ces magnifiques goëlands qui donnaient une âme aux tempêtes, ou ces mouettes blanches qui tourbillonnaient autour des récifs par les matins calmes ?

Les inintelligents sauvages dont ces dévastations occupent la vie oisive ont trouvé mieux que le fusil pour dépeupler la mer et les fleuves : le canot automobile armé d'un canon-canardière portant à 200 mètres. Le Gouvernement laisse fabriquer ces canons à Saint-Étienne et n'inquiète pas les vauriens qui s'en amusent. Pour une pièce de vrai gibier, oie ou canard, ils exterminent des centaines de courlis, de plongeons, d'avocettes, d'oiseaux sans valeur culinaire et qui, pour leur harmonie dans la nature, devraient être aussi scrupuleusement protégés contre les vandales qu'une statue dans un musée !

L'extension future de là Ligue est d'autant plus nécessaire, le devoir de l'État envers elle d'autant plus impérieux, que son action devra s'étendre sur plusieurs continents, puisque la France s'est ouvert un magnifique empire colonial, où malheureusement sa valeur organisatrice est loin d'égaler son énergie conquérante.

Pour ne citer que l'Afrique, la désorganisation de

la féodalité arabe et des communautés berbères n'a pas reçu encore de compensation dans une forte discipline métropolitaine. Aussi, pour rester dans notre sujet, voit-on s'affaiblir le respect ancestral de l'Islam envers l'Oiseau, tandis que les colons européens déciment sans répit la faune indigène, et, qui pis est, notre avifaune migratrice du Nord.

En attendant qu'une section de la Ligue puisse se fonder en Algérie, tâchons au moins de sauver nos espèces sédentaires de France !

Dans un excellent article publié par le *Bulletin de la Ligue*, M. Louis Ternier écrivait : « Quant à présent, notre Ligue doit tout d'abord aviser au plus pressé et s'occuper de faire protéger les oiseaux de France puisqu'il existe une Commission internationale pour la protection des oiseaux de tous pays. Les Américains nous donnent l'exemple. La société — National Association of Audubon Societies — se cantonne presque exclusivement dans la protection des espèces américaines dont le nombre suffit à donner de la besogne à ses adhérents. Mais nous ne devons pas oublier que justement toutes les sociétés territoriales se doivent un appui et que, tout en laissant aux sociétés étrangères le soin de faire réglementer la protection des oiseaux sur leur territoire, nous devons demander à nos pouvoirs publics de leur prêter main-forte et d'édicter des mesures de protection contre le trafic, dans notre pays, de dépouilles d'oiseaux protégés dans le leur. C'est ainsi que si nous devons essayer de faire protéger l'aigrette dans nos colonies, qui sont terres françaises, nous pouvons laisser aux sociétés américaines le soin d'entraver en Amérique la destruction des aigrettes d'Amérique; mais nous avons aussi le devoir de demander que notre Gouvernement aide les Américains dans leur campagne de protection, de façon que nos marchés ne deviennent pas le débouché de toutes les dépouilles d'oiseaux capturés dans leurs pays d'origine au mépris des lois et des règlements édictés par les États étrangers. Or, Paris est assurément, en ce moment, l'une des villes du monde où la « folie des aigrettes », ainsi qu'on qualifiait dernièrement dans *l'Illustration* la mode féminine actuelle, sévit avec le plus de fureur. Il semble que les fabricants de chapeaux aient voulu jeter un défi aux promoteurs des campagnes entreprises à l'étranger, en Angleterre et en Amérique, et aussi en France, contre l'emploi des aigrettes et des plumes d'oiseaux sauvages sur les chapeaux... »

C'est en s'inspirant de ces idées que notre Société d'Acclimatation remettait, dans sa séance solennelle d'avril 1914, une grande médaille à l'ambassadeur des États-Unis, à la suite du bill interdisant les plumes d'oiseaux sauvages sur les chapeaux.

Dans la même séance, M. Edmond Haraucourt s'efforçait de convertir les femmes par une charmante conférence sur *La Belle et les Bêtes*. Il fut chaleureusement applaudi par la nombreuse assistance où figuraient le Président de la République, M. Lebrun, ministre des Colonies, les ambassadeurs d'Espagne, d'Angleterre, des États-Unis, de Belgique, de Suède, du Japon, et une foule de notabilités mondaines ou scientifiques.

M. Edmond Perrier, dans un rapport plus technique, rappela les essais de parcs nationaux tentés pour la conservation d'espèces particulièrement menacées : « La grande faune africaine sera sauvée, dit-il, le jour où chacune des nations européennes aura organisé dans ses possessions des réserves suffisamment vastes pour que les animaux soient assurés d'y trouver la sécurité et la pâture.

« De telles réserves ont été déjà instituées dans les pays civilisés. C'est ce que, dès 1832, les États-Unis ont commencé à faire en créant ce qu'ils ont appelé des Parcs ou des Monuments nationaux; ils en ont aujourd'hui quarante-deux, occupant une immense superficie; et nous avons décerné, en 1911, notre grande médaille au président Roosevelt, pour l'impulsion qu'il a su donner à ces créations, imitées par les pays d'Europe et notamment par la Suède.

« En France même, grâce aux habiles aménagements dus à M. Muterse, la forêt de l'Esterel est devenue un véritable parc national. M. Mattey, conservateur des forêts à Dijon, qui représentait le département de l'Agriculture à la conférence de Berne, vient d'en créer un second, d'étendue dépassant 20.000 hectares; d'autres encore sont à l'étude. Il semble, il est vrai, que ce soit surtout le pittoresque qui préoccupe le Comité d'organisation de ces parcs. Mais ne serait-ce pas priver nos paysages d'une bonne part de leurs attraits, que de négliger de les peupler d'animaux capables d'y répandre le charme et l'animation de la vie ? Nous obtiendrons sans doute que cette faute ne soit pas commise.

« M. Martel, qui connaît aussi bien les dessus que les dessous de notre sol, a dressé la liste très longue des sites qu'il faudrait sauver des convoitises des usiniers, avides de houille blanche ; malheureusement notre législation actuelle ne le permet pas toujours. Les législateurs d'antan étaient trop artistes pour avoir prévu qu'un jour viendrait où il se trouverait dans notre France, toute pénétrée d'art et de poésie, des gens capables de dire avec enthousiasme, comme je l'ai entendu pour certain département : — « Quel beau pays ! On n'y voit que des cheminées d'usine ! »

Verrons-nous s'esquisser enfin une réaction contre la barbarie commerciale et industrielle de nos peuples d'Occident, aussi abrutis par les barèmes que les Orientaux le sont par l'opium ?

Que de parcs nationaux, que de Jardins-Volières eût-on établis avec les millions engloutis dans des entreprises aussi démentes que la prétendue Loire navigable par exemple, dont l'unique résultat fut de ruiner par des inondations les riverains en exhaussant le plan d'eau. Et peu s'en est fallu que les forbans de cette entreprise n'exigeassent le déboisement total des îles du fleuve.

Mais il n'existe pas même un Ministère des Richesses naturelles, alors que le Travail, le Commerce, les Travaux publics occupent une demi-douzaine de ministres et de sous-secrétaires ! Les Beaux-Arts émargent au budget ; de la Beauté naturelle qui a souci ? Une humble section au Ministère de l'Agriculture, et encore pour la chasse, très accessoirement pour la protection des oiseaux, voilà notre bilan actuel !

Remercions toutefois le ministre des Colonies d'avoir accordé quelques promesses à la séance solennelle de la Société d'Acclimatation : « Grâce, dit-il, à certains de vos adhérents, les derniers couples de quelques animaux sont précieusement conservés, et en eux demeure l'unique espoir de voir renaître les races anéanties. C'est votre Société qui, la première, a réclamé que soient créées en France des réserves de gibier comme il en existe dans d'autres pays et que tend à réaliser actuellement la Commission de la chasse au Ministère de l'Agriculture.

« J'applaudis d'autant plus personnellement à tous vos efforts, que vous n'ignorez pas que le département des Colonies est entré depuis deux ans dans ces voies et que des mesures vont être prises pour réglementer la chasse dans nos colonies d'Afrique, afin d'éviter la disparition d'un certain nombre d'espèces. »

De fait, un décret vient de réglementer la chasse dans l'Afrique occidentale française, et il est question d'interdire durant trois ans à Madagascar la destruction de l'aigrette. C'est le premier pas esquissé par notre pays dans la voie de cette « protection mondiale de la nature » que réclamait le Congrès de Berne en 1913.

———

Actuellement, la Ligue ornithophile s'occupe d'organiser des *Sociétés scolaires de protection*. Nous retrouvons à la tête de ce mouvement les peuples qui prédominent par leur discipline sociale et leur intelligence de l'avenir. « En Angleterre, observe un rédacteur du Bulletin, des prix sont attribués aux enfants qui se sont fait remarquer le plus par leurs actes de bonté envers les petits oiseaux. Le programme des écoles comporte une classe de protection. Le dénichage des nids est formellement interdit ; les enfants rougiraient, du reste, de compromettre l'avenir d'une couvée par eux découverte. Dans l'Europe centrale et septentrionale, loin de permettre aux enfants de dénicher les nids, on leur apprend, au contraire, à préparer des nids artificiels et des abris pour les petits oiseaux au moment de la reproduction. Tous les arbres des squares, des jardins publics, de tous les jardins d'écoles et des jardins des particuliers sont garnis de nichoirs artificiels où les petits oiseaux trouvent le confortable et la sécurité.

« En France, par contre, le dénichage, toléré par bien des maîtres d'école, par la police elle-même, encouragé par les parents, anéantit chaque année un nombre considérable de couvées.

« Riches ou pauvres, les enfants des châteaux aussi bien que ceux des chaumières, dans les vergers ou dans les parcs, dans les jardins des villes, dans les champs, les bois et les forêts, se mettent ouvertement en campagne pendant la saison des nids et rapportent, triomphants, des chapelets d'œufs ou de malheureux oisillons voués à une mort certaine. Ils ne songent ni à la douleur des parents, ni au travail et aux peines que représente la confection d'une de ces merveilles que sont les nids des oiseaux. Ce sont choses qu'ils ignorent *parce qu'on ne leur en parle généralement jamais.* »

En France, on peut en effet reconnaître qu'une science est utile à ce qu'on ne l'enseigne pas au collège. On y désapprend deux ou trois fois la géométrie et l'algèbre, dont si peu d'enfants se serviront, et ils ignorent à vingt ans les noms des plantes et des oiseaux. On torture, on abrutit, on tue les élèves par une instruction intensive et desséchante dont il ne leur restera rien; mais le respect de la nature et de la vie animale, qui leur en parle ? Les rares leçons d'histoire naturelle se bornent à l'étude du squelette, à la chimie organique, aux sciences de mort. Mais une asphodèle, un pinson, voilà ce qui jamais n'a pénétré au fond de ces sinistres salles de classe dont le cauchemar pèse sur nous trente ans après. Buffon n'y est connu que par son fastidieux « Discours sur le style ». Étonnez-vous qu'une barbarie matérialiste sorte de là !

L'homme moral se moule dès l'enfance. Vous aurez beau entasser les preuves les plus évidentes de l'utilité des oiseaux, vous convertirez difficilement le vieux paysan muré dans sa routine et ses observations superficielles. Au contraire, si l'on excepte quelques garnements vicieux, rien de plus aisé que de changer un jeune dénicheur en protecteur des couvées, et de lui faire toucher du doigt les services irremplaçables que nous rendent les oiseaux.

M. Paul Reuss, instituteur en Seine-et-Oise, témoigne de cette possibilité d'éducation :

« J'ai 40 ans d'exercice, c'est ma quatrième commune. C'est ici que j'ai eu le plus de mal et le plus de succès. En 1899, à mon arrivée, on tirait les oiseaux sur les routes limitrophes de la forêt de Saint-Germain; les gamins allaient en bandes aux nids les jeudis et les dimanches. Depuis 6 ans je n'ai plus un seul dénicheur, et on rencontre les chasseurs non plus le fusil sous le bras prêt à tirer, mais à la bretelle, à l'épaule.

« Pour arriver à ces résultats, il faut convaincre la population, les enfants d'abord, de l'utilité des oiseaux; faire ressortir les myriades d'insectes qu'ils détruisent et les dégâts qu'auraient causés ces insectes.

« Nombreuses dictées, lectures, problèmes sur le sujet; ainsi : nombre d'insectes sauvés par la destruction d'une nichée de petits oiseaux.

« Il faut faire appel aux bons sentiments des enfants qui sont aussi disposés au bien qu'au mal; on parvient à leur créer une mentalité de pitié qui fait tache d'huile et arrive aux parents.

« Il faut leur distribuer des images d'oiseaux en récompense; belles images surtout pour exciter l'envie de ceux qui se montrent rebelles. Prix spéciaux, à la distribution des prix: pas la première année de société, de crainte de moqueries dans l'auditoire, mais la deuxième, la troisième. Entre temps, récompenses, images, prix, objets divers dans la classe. Il faut plusieurs années, car il faut convaincre d'abord; c'est le plus long, le plus difficile et le plus important. »

Un autre instituteur, M. Dorbeaux, dans l'Eure, enseigne aux écoliers la protection des nids. Plus de 500 oisillons bénéficièrent de cette sauvegarde en quelques années.

Une société scolaire de Meurthe-et-Moselle a préservé de même 318 couvées.

Voilà ce que d'intelligentes initiatives peuvent substituer au dénichage et au tir à la carabine! « La protection, disait M. Hugues dans son discours à la Chambre, est surtout une affaire d'éducation et même d'instruction, car, si on connaissait bien les espèces, si on s'intéressait à leurs mœurs, si on pénétrait en quelque sorte dans leur intimité, on trouverait une réelle satisfaction à comprendre la manière dont chacune d'elles jouit de la vie, à voir le petit coin du monde qu'elle occupe et qui paraîtrait vide sans elle. Au lieu de terroriser la campagne avec sa carabine, le jeune lycéen serait un bien meilleur éducateur de ses petits camarades du village avec des livres comme *l'Oiseau*, de Michelet, et même avec des appareils photographiques, qui nous permettent maintenant de saisir la vie en action dans ses moindres détails. (*Très bien! très bien!*)

« Cette éducation est loin d'être impossible; nous

en avons dans le nord de la France les exemples les plus réconfortants. »

———

L'éducation ornithologique devra reposer moins sur la théorie que sur les *leçons expérimentales*.

Toutes les affirmations scientifiques relatives à l'utilité des oiseaux s'évanouiront dans l'esprit de l'enfant dès qu'il apercevra une grive croquant une cerise, si préalablement il n'a vu en volière une grive négliger les cerises aussitôt qu'on lui présente des vers de farine.

Pour les fauvettes, mésanges et autres petites espèces insectivores que l'on peut facilement approcher, la démonstration à l'état libre devient possible. Il n'y a rien à répliquer au spectacle d'une troupe de mésanges en train de débarrasser de ses parasites un verger de pommiers. On peut aussi faire suivre aux enfants le nourrissage d'une couvée de passereaux aussi discutés que le moineau ; ils se convaincront que divers insectes fort nuisibles constituent le menu de ces repas, et que les grains de blé croqués en automne par les adultes, qui d'ailleurs continuent à dévorer les charançons et les vers, sont largement compensés par les services rendus. Ou encore conduisez les élèves dans une vigne bordée de buissons : ils verront le traquet tarier s'élancer, saisir une chenille ou un papillon de cochylis, et répéter ce manège cent fois par heure.

C'est après de telles constatations personnelles que l'*enseignement théorique* deviendra fructueux. Alors on révélera aux enfants les expériences de Rörig, lequel observa qu'un troglodyte ou un rouge-gorge dévore en vingt-quatre heures plus du tiers de son poids en insectes, et que six mésanges détruisent en un jour 8 à 10.000 œufs de la chenille processionnaire. Ces enfants comprendront *quel crime social représente le meurtre d'un oiseau* qui fournit à peine huit grammes de mauvaise viande : « Si l'on calculait à combien de sacs de blé, de tonneaux de vin, ou de barriques d'huile équivaut une brochette de petits oiseaux, dit M. Jules Pizzetta, le plus riche en serait effrayé et trouverait que c'est un mets trop coûteux. »

M. de la Blanchère a supputé qu'une seule couvée de mésanges avait détruit en 21 jours environ 40.000 chenilles ou autres parasites de la végétation.

Pénétré de ces enseignements, le jeune agriculteur ne ricanera plus, comme ses devanciers, quand on lui fera remarquer la coïncidence des fléaux agricoles avec la disparition des oiseaux. Il ne répondra plus dédaigneusement : « Non ; c'est un mauvais air qui tue la vigne ! » ou : « Ce sont les saisons qui changent ! » ou : « Il y a toujours eu de bonnes années et des mauvaises ! » Ineptes explications de la routine, que suffirait à démentir la beauté des fruits dans un endroit boisé et peuplé d'oiseaux, alors qu'à une lieue de là, quand il n'existe ni haies ni oiseaux, on ne récolte que des chenilles. Si le froid ou la chaleur suffisaient à restreindre la cochylis, on ne verrait pas les départements du Centre et ceux du Midi écrasés à la fois par cet insecte. J'ai observé, et d'autres aussi, qu'en réalité le fléau diminue dans les années où il revient davantage d'hirondelles. Il cesserait entièrement si à ces mangeuses de papillons s'ajoutaient les passereaux qui autrefois dévoraient sous leurs formes d'insectes parfaits ou de larves les parasites de la vigne.

Depuis vingt ans, la Corse embarque des cargaisons de rouges-gorges et autres becs-fins; depuis vingt ans ses forêts dépérissent, on trouve un ver dans chaque olive, et l'on est sur le point de renoncer à la culture du cédrat. Quand un ministre vient examiner le mal, on décide l'ouverture d'une route ou d'un chemin de fer, l'on accorde une prime pour la plantation des oliviers; quant aux oiseaux, nul ne prononce leur nom, cela ferait sourire. Qu'un tel état d'esprit persiste en France, et *avant un demi-siècle c'en sera fait de l'agriculture.*

Si le Midi, qui a massacré ses oiseaux sédentaires, n'est pas encore entièrement dévasté par les insectes, il le doit au séjour bi-annuel des migrateurs. Quand ceux-ci auront succombé à leur tour, un désert remplacera les olivettes et les vignes.

L'on ne s'explique pas *l'aveuglement des populations et des administrateurs* que ne préoccupe point un pareil danger, et qui n'y apportent aucun remède énergique et immédiat. Déjà il est tard, et plusieurs espèces, entre les plus utiles, sont irréparablement anéanties.

En s'efforçant de sauver d'une destruction définitive le peu qui survit d'insectivores, la Ligue protectrice des oiseaux accomplit en somme une tâche qui incombe aux sociétés agricoles et aux pouvoirs publics. Il lui resterait assez à faire de veiller à la conservation des espèces que recommande seul le *souci de la beauté naturelle.*

Il existe, dit-on, une Ligue pour la protection des paysages. On ne voit guère qu'elle se soit avisée du rôle pittoresque que jouent un héron, un martin-pêcheur sur une rivière ! Et que signifie un étang sans bécasseaux et sans grèbes ?

Voilà ce qui, hélas ! semble aussi importer fort peu à beaucoup de nos grands propriétaires. Pourvu qu'un garde protège les couvées de canards, on le laisse massacrer tout le reste, ou du moins on le dispense de protéger les échassiers et les palmipèdes dont le rôle était de faire d'un étang une incomparable volière.

J'ai entendu un garde raconter comme un fait très simple qu'il avait abattu un groupe de 4 hérons et qu'il avait confectionné une omelette avec un nid de grèbes huppés. Je préférerais certes qu'il eût volé la *Joconde* !

La Ligue devrait bien tenter une campagne de persuasion auprès des propriétaires et des gardes. Quand elle n'en convertirait que deux ou trois par département, cela permettrait de soustraire à l'anéantissement définitif quelques espèces.

Un État intelligent faciliterait cette entreprise par des primes aux gardes. Celui dont je parlais trouva son omelette indigeste quand je lui dis : « Je vous aurais bien payé un louis chacun de ces œufs pour les faire couver. J'en cherche inutilement partout depuis des années. »

Mais les États européens ont bien le loisir de s'occuper des vrais oiseaux ! Il faut d'abord que, pour leurs rivalités stupides et criminelles, ils rendent l'aviation capable d'incendier les villes et de transporter des armées, ce qui, dans quelque vingt ans, permettra aux Asiatiques de débarquer sans coup férir sur les sables poméraniens et dans les plaines de la Beauce.

A vrai dire, ils n'y rencontreront que des gens

morts de faim, pour peu que s'accentue encore la disparition des passereaux, avec son corollaire : le pullulement des insectes. Cette menace est à une échéance plus courte que ne le laisse supposer l'indifférence du Gouvernement à l'égard de la Ligue protectrice des oiseaux.

En revanche, il comble de ses faveurs, et les Bulletins agricoles prônent partout un Institut de parasitologie, lequel classe les maladies dues aux insectes et s'imagine, ou plutôt fait accroire, qu'il les guérira par la chimie. Il lui faut pourtant, de temps à autre, avouer son impuissance et préparer ses clients aux déceptions par des notes comme celle-ci :

« Parmi les difficultés qui empêchent de combattre le *puceron lanigère* avec efficacité, une des plus grandes réside dans la particularité dont il jouit d'être entouré d'un réduit cireux et cotonneux qui le protège de façon absolue contre la plupart des insecticides qui anéantissent généralement les autres pucerons. C'est ainsi que le jus de tabac, le savon noir, le pétrole, le carbonate de soude sont sans action sur lui.

« Néanmoins, la science et la pratique combinées sont arrivées à trouver des mélanges qui produisent des effets salutaires. Mais les particuliers sont souvent dans l'impossibilité de se procurer sur place les matières qui leur sont indiquées pour entrer dans le mélange. Enfin la manipulation de ces produits exige une grande habitude, une minutie, une conscience professionnelles, sans parler des appareils nécessaires, que ne possède pas le personnel des fermes. Il faut tenir compte aussi des risques et des dangers que peut entraîner le maniement de certains produits chimiques. »

Le Bulletin agricole d'où j'extrais ces lignes croirait déroger à son importance s'il avouait qu'un couple de farlouses, de mésanges ou de pouillots, accomplirait, sans frais et sûrement, la besogne coûteuse, incertaine et hérissée d'obstacles qu'il demande aux traitements chimiques !

L'on aura beau badigeonner de chaux et d'acides les plantes depuis les feuilles jusqu'à la racine, *la défaite de la chimie agricole ne fait aucun doute pour les observateurs sérieux et désintéressés.* Outre que les traitements finissent toujours par intoxiquer la plante elle-même, et paralysent ses fonctions nutritives et respiratoires, aucune invention humaine ne saurait suppléer les petits becs qui arrachent du bourgeon le ver ou le puceron, retirent du grain de raisin la cochylis, du grain de blé le charançon, du fruit la mouche.

Lorsque le moineau qui, à peu près seul désormais, lutte encore pour la défense des céréales, aura succombé à son tour sous les poisons agricoles ou le plomb des villageois qui ne lui pardonnent pas son dessert de cerises, rien au monde ne préservera nos récoltes d'un désastre irrémédiable.

Pour se convaincre que le moineau, comme l'alouette, est plus nécessaire que nuisible aux céréales, il suffirait pourtant d'observer qu'il entraîne ses petits vers les champs à une époque où ces petits sont de purs insectivores et où le blé en herbe ne sert de nourriture à aucun oiseau, même adulte[1].

1. Le moineau est fort utile aux arbres des promenades urbaines. « En octobre 1913, remarque M. P. Paris, pendant plusieurs jours, j'ai vu une bande de moineaux ordinaires visiter de longues heures feuilles et rameaux d'un érable sycomore et se gorger des pucerons qui, en nombre considérable, avaient envahi cet arbre, au point de l'affaiblir sérieusement. »

Assurément, puisque l'on a détruit inconsidérément les rapaces, ces régulateurs de l'avifaune, une protection absolue et prolongée des semi-insectivores deviendrait néfaste : à bout d'insectes, leurs légions ravageraient les céréales. Mais cet excès n'est pas à craindre aujourd'hui ; les purs insectivores sont devenus trop rares pour que l'on puisse se passer, d'ici longtemps, des services que l'alouette et le moineau rendent à nos céréales.

Aussi frappante est, pour l'utilité des passereaux sylvestres, la leçon fournie par les haies, totalement desséchées sous les grappes de chenilles aussitôt qu'on s'éloigne des bois où survivent les très rares espèces d'oiseaux qui mangent la chenille noire de l'aubépine. Cette dévastation atteindra les arbres fruitiers lorsque seront exterminées les espèces de passereaux, nombreuses celles-ci, qui dévorent les chenilles vertes ou tachetées des différents arbres.

Voilà ce qu'il serait beaucoup plus utile d'enseigner aux jeunes villageois que la nomenclature de nos ministères ! Et il importerait moins aux bacheliers eux-mêmes d'approfondir par quelle manœuvre Napoléon vainquit à Austerlitz, que de savoir le nom des oiseaux dont la disparition entraîne depuis dix ans l'invasion des chenilles jusque sur les promenades des villes.

L'État rendrait un incalculable service au pays en consacrant à cet enseignement quelques-uns des millions gaspillés pour de problématiques inventeurs. Qu'il lui suffise même d'économiser sur les pots de vin accordés aux industriels, 100.000 francs pour doter cette Ligue protectrice des oiseaux dont le dévouement ne saurait suppléer au nerf de la guerre !

VIII

L'ÉQUILIBRE NUMÉRIQUE DE LA CRÉATION

Il faut choisir entre l'Oiseau et l'Insecte.

Ainsi la zoologie nous ramène à cette loi de l'Option, base de la vie morale et qui enferme le secret de nos destinées.

Un vieux proverbe disait : « Dieu a créé l'oiseau, et le diable a créé l'insecte. » Non, Dieu a créé l'un et l'autre ; et, tout en assignant à chacun sa propre valeur d'existence, avec son rôle dans l'équilibre de la vie, il semble les avoir placés sur notre route comme des symboles du bien et du mal.

Rien de plus facile que de tuer l'oiseau ou de faire le mal. Ensuite, nous en portons le châtiment. Ignorants de ce résultat, mais conscients de la perversité de nos actes, nous nous livrons au pouvoir de l'insecte, ou à celui du démon.

Toutefois, les plans d'existence sont trop multiples, la vie morale et les lois physiologiques trop complexes, pour qu'il faille pousser ce rapprochement jusqu'à l'absurde où aboutit tout excès de logique. Les Hindous y tombèrent, qui se laisseraient dévorer par un aigle plutôt que de le tuer.

Nous gardons un droit de mort sur certains oiseaux. Seulement, il faut discerner l'usage et l'abus. Il importe de distinguer entre les espèces, ce qui nous ramène encore à la loi de l'option. Qui songerait à assimiler au meurtrier d'un rossignol le chasseur qui abat une perdrix ou un épervier?

A la loi de l'Option succède, pour qui l'a violée et s'en repent, la loi rédemptrice de l'Effort. Il faut regravir péniblement la pente si facilement descendue. Ici le symbolisme se renoue. Au prix de quelles dépenses d'énergie et d'argent l'homme devra-t-il s'efforcer de rétablir, vaille que vaille, *l'équilibre numérique établi initialement entre les espèces animales par le Créateur!* Pourtant il était si simple de le respecter, en limitant la chasse aux espèces que leur saveur, leur taille, leur fécondité nous désignaient comme gibier, tandis que la beauté, le chant ou le régime nutritif des autres les prédestinaient à l'ornement de la Terre ou à notre sauvegarde contre l'insecte !

Newton ne pouvait imaginer un astronome athée. On conçoit mal en effet des millions d'astres lancés au hasard, comme des trains dont aucun ingénieur n'aurait organisé l'horaire.

Sous quelque aspect que l'on scrute la nature, on se heurte au dilemme de saint Augustin : « Ou bien aucune Intelligence ne dirige l'univers, et alors comment expliquer l'ordre qui y règne? Ou bien une Intelligence s'y révèle, et alors cet Esprit c'est Dieu. »

Pour qui approfondit la zoologie, et en particulier le monde des oiseaux, l'équilibre numérique des espèces constitue une preuve de l'organisation initiale aussi évidente que le rythme invariable des sphères célestes.

A supposer un moment dignes d'examen les insanités de la génération spontanée et du transformisme, comment le premier épervier, né du hasard, aurait-il vécu, s'il n'eût rencontré des passereaux, et ceux-ci des insectes, et ces insectes des fruits ? *Le monde n'a donc pu se constituer que dans une harmonie totale ;* voilà un effet du hasard plus prodigieux que tous les miracles !

En outre, pour que le monde se perpétuât, il importait que chaque animal rencontrât une femelle, éclose elle aussi par hasard. Il faut avouer que ce hasard a bien fait les choses !

Pour parler sérieusement, c'est-à-dire pour admettre une Intelligence créatrice, organisatrice et conservatrice de la vie, il est possible — ni la cosmogonie biblique ni la géologie n'y contredisent — que les étapes de la Création aient été multiples jusqu'à l'apparition de l'homme, laquelle clôt indiscutablement l'ère créatrice. On peut imaginer une faune presque totalement disparue, dont les ossements des plésiosaures sont les vestiges. Le plus probable est que les créations successives se sont enjambées l'une l'autre, ont coexisté durant un certain laps de siècles (1). Mais un fait hors de doute, c'est que *l'équilibre numérique des espèces simultanées demeure une loi de la vie.* Supposez à l'épervier la fécondité de la mésange, à l'oiseau en général la fécondité de l'insecte, ou supprimez seulement l'équilibre numérique des sexes, et le monde des êtres aussitôt s'anéantit.

Il est facile de persifler les causes finales ; il l'est

_____

1. La fable du dragon volant semble attester, par exemple, la survivance de reptiles ailés durant les premiers siècles de l'Humanité.

moins d'expliquer tout cela en se passant d'elles.

Je voudrais voir la tête d'un partisan du Hasard qui affirmerait d'une automobile : « Ce moteur n'est l'œuvre d'aucun ouvrier. C'est du métal qui, après des milliers d'essais avortés, a fini par réussir de lui-même une combinaison heureuse, et par engendrer spontanément ces bougies, cette magnéto, ces cylindres qui se trouvent par hasard fonctionner ensemble à point voulu. » Voilà pourtant comment les athées expliquent l'univers et les harmonies de la vie !

Un principe, une pensée du Créateur se dégage de l'étude des rapports vitaux : *La fécondité d'un animal est proportionnée à ses chances de destruction.*

Parmi ces chances, une seule volontairement n'a pas été prévue : celle de la tyrannie de l'homme sur la nature. Dieu lui livrait un domaine admirablement organisé, avec la liberté de le perfectionner par son travail ou de le détruire par sa perversité.

Mais, supprimez cette intervention humaine abusive, dont la possibilité révèle l'exercice du libre arbitre comme plus important que le monde physique, quel magnifique système de perpétuité des espèces nous présente la zoologie ! La fécondité n'est point déterminée invariablement par la dimension d'un oiseau, mais aussi par ses mœurs, son habitat, le nombre d'ennemis particuliers qu'il rencontre. A grosseur égale, la perdrix, prédestinée à la chasse raisonnable de l'homme, et exposée en outre, presque à découvert, aux attaques de toutes les bêtes de proie, pond une vingtaine d'œufs, tandis que, dans le même habitat, l'œdicnème, invisible par sa défiance, et qui ne devrait jamais constituer un gibier, n'en pond que deux. L'oiseau-lyre, caché aux poursuites des fauves, et dont le meurtre par l'homme constitue le pire attentat contre la beauté, n'a qu'un petit, tandis que le faisan, de proportion identique, mais succulent gibier, en compte une quinzaine.

Les rapaces sont prolifiques dans la mesure où ils doivent limiter le nombre des animaux inférieurs, et où eux-mêmes sont exposés à des ennemis plus forts qu'eux. L'aigle pond un ou deux œufs, la buse trois, la crécerelle quatre ou cinq.

Parmi les passereaux, ceux que protège leur existence buissonnière, le rossignol, le troglodyte, mais qui comptent beaucoup d'ennemis, serpents, rapaces ou rongeurs, ont, en une ou plusieurs couvées, une douzaine de petits. Les mésanges, exposées à ces mêmes ennemis, mais vivant en outre à découvert, pondent jusqu'à vingt œufs.

Toutes les autres espèces présentent d'identiques rapports entre leur fécondité et leurs chances naturelles de destruction.

La conservation d'une espèce n'est possible que dans certaines limites, minima et maxima, du nombre d'individus qui la représentent.

Trop réduite, elle ne tarde guère à s'éteindre, du fait de ses ennemis naturels, et par suite du dépérissement qu'entraîne la consanguinité des derniers couples.

Trop nombreuse, elle épuise ses ressources alimentaires. On a vu périr de famine des colonies entières d'oiseaux non migrateurs, lorsque l'équilibre numérique des espèces s'était trouvé rompu.

En disparaissant elle-même, une espèce peut réduire pour d'autres êtres les possibilités d'existence. Comme l'observait très justement M. Hugues, « dans notre naïf orgueil, nous disons bien, quand une race vient à disparaître ou à devenir rare, qu'il nous manque quelque chose; mais c'est à la vie en général, au dessein même de la nature qu'elle fait défaut. Chaque espèce, fût-ce le plus petit des oiseaux, est une partie du monde animé dont elle contribue à parfaire l'harmonie. »

Cet organisme si délicat de la perpétuité des espèces grâce à leurs rapports réciproques, nous assistons depuis un siècle à son sabotage par l'homme, si j'ose emprunter ce terme à l'anarchie contemporaine.

D'autres époques ont connu des abus de destruction, mais limités à certaines espèces ou à certaines contrées. Au dix-huitième siècle par exemple, l'extermination inconsidérée des grands rapaces ayant amené une surpopulation de geais, de pies, d'écureuils, de loirs, les mésanges et les grimpeurs disparurent dans plusieurs forêts, qui aussitôt se desséchèrent sous la morsure des insectes lignicoles. La Prusse surtout fut éprouvée par ce fléau, qu'accrut encore le décret de Frédéric II contre les moineaux.

Mais un autre décret suffisait alors pour réparer le mal, grâce à sa limitation et à la prompte multiplication de l'avifaune, tandis qu'aujourd'hui, le massacre étant devenu mondial et s'étendant à beaucoup d'espèces, le remède, à supposer qu'on l'applique, sera plus difficile et plus incertain.

On trouvera peut-être plaisant qu'aux preuves

classiques de l'existence de Dieu j'en aie ajouté une tirée de l'ornithologie. Je n'en serais pas moins assez tenté de lui emprunter aussi une nouvelle preuve de l'immortalité de l'âme.

M. Hugues constatait dans son discours : « Nous avons à lutter contre ce singulier paradoxe : que les animaux seraient à ceux qui veulent les détruire, sans qu'il soit tenu compte du vœu de ceux qui veulent les conserver. Les guerriers qui s'équipent et partent en campagne contre les petits oiseaux ont-ils une attitude tellement martiale, que leur volonté doive nécessairement s'imposer avec une force irrésistible ? Le plaisir de conserver les oiseaux, de jouir de leurs ébats, coûte pourtant infiniment moins cher à la communauté que le plaisir éphémère et barbare de les détruire; il est juste que ceux qui s'en contentent soient consultés en première ligne. »

Mais non ! Au lieu des opinions compétentes qui, du Nord au Midi, réclament la protection des insectivores, le Gouvernement consultera d'abord, ou du moins a consulté jusqu'ici, les braillards avides de massacre, ces héros de Toulon et de la Cannebière cinglés en passant par M. Hugues.

Or, ces vauriens, doublés en général de fainéants, seront souvent moins atteints que le protecteur de la faune ailée par les désastres agricoles qu'entraîne leur stupide manie. En outre, ils y goûtent un affreux plaisir, laissant aux amis de la nature le soin de pleurer sur les charmantes victimes. Une semblable injustice ne symbolise-t-elle pas assez nettement celle de plus graves situations morales où l'innocent ici-bas paie pour le coupable ? Peut-on dès lors admettre que l'injustice terrestre demeure sans quelque immense compensation, de la part d'un

Dieu dont la sagesse se révélait si admirable tout à l'heure dans l'organisation de la vie ?

Je suis d'ailleurs bien convaincu qu'il ne s'agit pas uniquement de symbolisme, et que *la profanation systématique de l'œuvre divine compte au passif d'une conscience.*

Toutefois, la rétribution posthume du bien et du mal ne doit pas engendrer l'inaction des bons. Le devoir subsiste aussi évident, de diminuer le plus possible ici-bas la part du mal et les répercussions qu'elle entraîne. Plus la perversité humaine a introduit de désordre dans l'univers, plus il importe de travailler à rétablir l'harmonie ainsi détruite.

Tâche singulièrement ardue en ce qui concerne le sauvetage de l'avifaune ! Il ne reste pas un jour à perdre si l'on veut, sur ce point, nous restituer une ombre de l'Eden perdu.

IX

LES MESURES NÉCESSAIRES

En attendant qu'une meilleure éducation nous prépare des hommes qui connaissent l'Oiseau, ne le condamnent pas pour quelques larcins de cerises, et comprennent que cette *prime d'assurance* est insignifiante en comparaison des services rendus, l'autorité doit suppléer aux lacunes actuelles de la persuasion.

Le Gouvernement est bien averti. *Il s'agit d'une question de vie ou de mort pour l'agriculture et la sylviculture françaises.* Les sacrifiera-t-on aux braillards et aux politiciens apeurés qui réclament le maintien des tolérances de chasse, ou bien prendra-t-on des mesures énergiques contre la destruction des oiseaux, soit au fusil, soit au lacetage ?

Les gardes champêtres, les amendes dérisoires ne suffisent plus. L'État doit organiser des gardes communales ou renforcer les gendarmeries, instituer quelques brigades volantes, et infliger aux délinquants des peines sévères. Il faut que les pouvoirs publics se pénètrent de cette vérité, que *les massa-*

creurs d'insectivores sont aussi criminels que les incendiaires de récoltes[1].

On ne peut tolérer plus longtemps une anarchie départementale qui, chaque année, coûte au pays plusieurs centaines de millions, au seul profit des fainéants qui fusillent, ou nuitamment braconnent, par centaines, des passereaux dont chacun préserverait de la cochylis cinquante pieds de vigne, ou du charançon vingt gerbes de blé.

Il faut en finir aussi avec la fabrication des carabines, des pièges à moineaux, des miroirs à alouettes et des filets pour le braconnage. Il faut en outre interdire la vente en gros de ces poisons dont tout pharmacien refuserait de livrer un gramme sans une ordonnance médicale.

Mesures bien faciles à décréter, si on le veut sérieusement!

Autrement arduc, ou peut-être impossible, serait la lutte contre certaines industries.

1. C'est pourquoi l'inviolabilité du domicile, qui ne s'étend pas aux criminels, ne devrait pas interdire de verbaliser contre les tueurs d'insectivores qui opèrent dans un enclos. Méditez le fait suivant, publié par le *Bulletin de la Société d'Acclimatation :*

« Dans un groupe de jardinets et de maisons de la banlieue de Perpignan, il y avait de nombreux arbres fruitiers qui, tous les ans, donnaient de superbes fruits et abritaient de nombreuses couvées. L'année dernière, au commencement du printemps, un nouveau locataire vint s'installer dans une de ces maisons, et le passe-temps favori de ce monsieur consistait à tuer avec le fusil tous les petits oiseaux qui venaient sur les arbres de son jardin. Quels furent les résultats de ces beaux exploits? Les arbres de tous les jardins avoisinants furent envahis par les chenilles : les fruits et même les feuilles furent dévorés. Tous les voisins étaient furieux contre ce chasseur de pacotille, mais il s'agissait d'un jardin clôturé, et il était impossible de sévir. Cependant on le surveillait, et s'il avait eu le malheur d'emporter des oiseaux tués hors de sa maison, on ne l'aurait pas raté. »

L'Allemagne, dont nous n'imitions pas les sages lois protectrices, nous a, en revanche, inondés, avant la guerre, de ses malfaisantes Sociétés d'éclairage électrique, dont les hideux poteaux détruisent l'harmonie de nos paysages français, et dont les fils, à courant intense, constituent un péril continuel pour la faune ailée. Le tout pour aveugler nos villageois avec cette lumière qui ne profite qu'aux oculistes [1]!

Des espèces entières d'oiseaux seront-elles de nouveau sacrifiées à une néfaste industrie? Quelques-unes, les rusés moineaux par exemple, finissent par se méfier. Mais les riverains de ces lignes d'éclairage et des lignes téléphoniques n'en affirment pas moins qu'elles détruisent beaucoup d'oiseaux percheurs. Si le fait est bien constaté, ne pourrait-on obliger les Compagnies à enterrer leurs fils, ou à les recouvrir d'une enveloppe isolante?

C'est bien assez que l'on sacrifie tant d'êtres utiles et charmants aux prétendus progrès de notre barbarie industrielle, et que les créatures célestes succombent sous le bon plaisir de nos modernes voleurs de foudre, sans que les fauvettes et les hirondelles servent encore de cibles à des vauriens!

Si l'on se décide vraiment à réprimer leur anarchie, l'une des premières réformes sera de désigner sur les affiches administratives concernant la chasse, non plus les espèces à épargner, mais celles qui doivent seules être considérées comme gibier ou comme nuisibles.

La liste n'en est pas longue, une trentaine. Cela facilitera la tâche des agents de répression, de qui l'on ne saurait sérieusement exiger, comme le sup-

---

1. Le *Journal des Débats* publiait, il y a quelques années, une affligeante étude sur les cas de cécité dus à l'éclairage électrique, particulièrement dans la marine.

posent les arrêtés actuels, qu'ils discernent une alouette d'un pipit farlouse.

Voici un projet d'affiche :

PROTECTION DES OISEAUX NÉCESSAIRES

à l'agriculture, à la sylviculture, et à l'hygiène publique.

Attendu que la presque totalité des oiseaux sont reconnus par les zoologistes et les agronomes comme indispensables pour nous protéger contre les insectes et les petits rongeurs ;

Que les dégâts commis par quelques espèces dans les champs et les vergers se limitent à une courte période, tandis que ces espèces vivent, durant le reste de l'année, de chenilles, de vers, de mouches, de moustiques, de charançons, de toutes sortes d'insectes nuisibles ;

Que toutes les autres espèces de passereaux sont entièrement insectivores ;

Que les désastres vinicoles, agricoles ou forestiers qui se multiplient depuis un demi-siècle et menacent d'anéantir bientôt la richesse publique, sont uniquement attribuables à la disparition des oiseaux ;

Que la Convention internationale de 1902 interdit leur destruction ;

Est désormais interdite sur le territoire français la destruction, par quelque moyen que ce soit, de tous les oiseaux qui ne sont pas compris dans la liste suivante :

OISEAUX DONT LA CHASSE EST AUTORISÉE :

Perdrix (rouge, grise et bartavelle), Caille, Outarde, Tétras et petit Coq de bruyère, Faisan commun, Calandre, Alouette des champs, Pigeon ramier, Oie sauvage, Canards (toutes les espèces), Foulque, Bécasse, Bécassine, Poule d'eau, Vanneau, Pluvier, Aigle, Faucons (toutes les espèces), Autour, Épervier, Buse, Busard, Milan, Corbeaux (sauf le choucas), Grives (sauf la draine ou traie), Pie, Geai, Étourneau, Merle, Moineau.

Tous ces oiseaux ne pourront être chassés qu'au fusil, sans appeaux, miroirs ou embûches quelconques.

Exceptionnellement, l'emploi de pièges est autorisé pour les éperviers, faucons et autres rapaces diurnes.

OISEAUX DONT LA DESTRUCTION EST RIGOUREUSEMENT INTERDITE :

Sera punie d'une amende de 50 à 300 francs, et, en cas de récidive, d'un emprisonnement de 2 à 10 jours, *la destruction de tout oiseau non compris dans la liste précédente*, et particulièrement la destruction des chouettes, hiboux, piverts, coucous, torcols, alouettes huppées, alouettes des prés, grimpereaux, chardonnerets, traquets ou culs-blancs, bruants, épeiches, sittelles, ortolans, fauvettes, rossignols, linots, roitelets, traîne-buissons, rouges-gorges, bergeronnettes, troglodytes, mésanges, pinsons, huppes, loriots, rolliers, engoulevents, œdicnèmes ou courlis de terre, petits bécasseaux, hirondelles, gobe-mouches, guêpiers.

L'interdiction du permis de chasse durant trois ans sera en outre appliquée au délinquant.

Évidemment une telle affiche donnera des attaques de nerfs aux innombrables chasseurs déchaînés sur les départements où la perdrix ne figure plus que dans les musées.

Aussi serait-il prudent, et même équitable, de songer enfin au *repeuplement du vrai gibier sur les terres banales*. Le régime actuel de la chasse en France n'a qu'un nom : l'anarchie. L'État délivre des permis, mais non du gibier. S'il prélève un impôt sur les fumeurs et les timbres-poste, du moins fournit-il du tabac et transporte-t-il les lettres. Ici rien !

Serait-ce beaucoup demander, que l'application d'un tiers du prix des permis de chasse aux syndicats de repeuplement? Un député, M. Chanal, a fait voter par la Chambre une application des prélèvements sur le Pari-Mutuel au reboisement et aux sociétés de chasse. Puisse ce premier pas conduire plus loin dans la voie de l'ordre!

Il serait excellent aussi de ne délivrer de permis qu'aux chasseurs payant l'impôt d'un garde ou faisant partie d'un syndicat.

Je crois que l'idéal d'un syndicat communal serait celui-ci : apport par chaque membre, soit d'une somme de 10 francs consacrée à l'achat de couples reproducteurs, soit de son travail comme garde non rétribué de l'association. Les petits chasseurs connaissent mieux que les grands propriétaires les braconniers d'une commune. Gardant eux-mêmes, le braconnage disparaîtrait instantanément. Entre un syndicat de ce genre et la situation présente, il y a la différence de la démocratie à la démagogie.

Supposez vingt chasseurs dans un syndicat : cinq gardent à tour de rôle et ajoutent quelques tournées communes de nuit. Les quinze autres constituent une somme de 150 francs, que l'État pourrait doubler par ses allocations [1]. Ceci représente l'achat de 30 couples de perdrix qui, lâchés en février, donneraient à l'ouverture de 2 à 400 perdreaux. Évidemment il surgirait des obstacles, par exemple l'inégalité des tireurs. Mais une réglementation plus minutieuse et la bonne volonté de tous rendraient ce projet viable. Le repeuplement du lapin et du lièvre serait encore plus fructueux que celui de la perdrix. Sans doute les résultats feraient sourire les grands propriétaires de la Sologne et de Rambouillet ; mais quelle aubaine princière ne représenteraient-ils pas aux yeux des chasseurs de Tarascon !

La responsabilité collective du syndicat, l'exclusion des membres contrevenant à la loi protectrice des oiseaux utiles faciliteraient beaucoup le repeuplement de ceux-ci.

———

Un autre système de protection de l'avifaune consisterait en des *réserves de terrains prohibés*.

Dans chaque commune, un parc de refuge planté en arbustes verts et épineux servirait aux oiseaux de citadelle contre le braconnage et contre leurs ennemis naturels, tout en leur fournissant la nourriture hivernale, nécessaire aux bacci-insectivores quand les insectes se font plus rares. Dans le Midi, il n'existe plus guère d'oiseaux que sur les cyprès des cimetières, qui jouent provisoirement le rôle de ces parcs. Les morts votent, mais ils s'abstiennent encore de chasser.

En outre, pour remédier au déplorable émiettement

1. Le plus simple serait de réduire le prix des permis et de fixer à 20 francs l'apport au syndicat.

du sol et au déboisement qu'entraîne le partage égal
des héritages, la loi pourrait obliger les départements,
les communes, diverses associations, à placer leurs
capitaux en futaies ou taillis, qui, régis par les Eaux
et Forêts, remplaceraient les biens de main morte et
les majorats abolis. On y joindrait un étang qui approvi-
sionnerait de poisson les marchés ruraux, et régu-
lariserait le régime fluvial.

Les mesures ne manquent pas à établir, pour protéger à la fois le gibier et les oiseaux utiles. Chaque
Congrès de la chasse en signale quelques-unes, mais
presque toujours sans succès, grâce aux sourds agis-
sements de cette politique matérialiste qui ruine
jusqu'aux intérêts matériels.

D'abord il faudrait une loi sur la chasse unique,
nationale, ne laissant aucune prise aux arbitraires
préfectoraux. Puis, que l'on en finisse, non seulement
avec les tolérances du Midi, mais encore avec la
licence des îles et des côtes, et avec ces ouvertures
exceptionnelles qui détruisent, particulièrement en
Sologne sous le nom de chasse aux halbrans, des
canards à peine éclos, et aussi les adultes que la mue
de juillet laisse sans défense !

La loi promulguée, il s'agit de la faire appliquer,
et d'abord de ramener la gendarmerie à ses véritables fonctions qui, en temps de paix, ne sont pas
celles d'un bureau de recrutement. Tolérera-t-on
toujours que certains chefs de légion dissuadent
leurs subordonnés de réprimer le braconnage ? Lais-
sera-t-on sans avancement les gendarmes zélés,
tandis qu'au Lion d'Angers, il y a dix ans, un brigadier de gendarmerie s'occupait à empailler des
chouettes, des pics-verts, qu'il faisait tuer par les
garde-chasses particuliers, et dont cependant il avait

sous les yeux les noms inscrits sur la liste des oiseaux protégés par la loi ?

Mais la gendarmerie actuelle, même rappelée à ses fonctions, reste insuffisante. On a proposé l'embrigadement des gardes champêtres et leur rattachement au service des Eaux et Forêts. Pour échapper aux influences locales, mieux vaudrait une forte brigade départementale, composée d'inspecteurs sans uniforme et de quelques indicateurs cantonaux. Ils auraient un fixe minime, et des primes élevées pour chaque procès-verbal suivi de condamnation. Ils pourraient requérir l'aide de la gendarmerie.

En outre, il importe d'étendre le droit et l'obligation de verbaliser en matière de chasse à divers employés de l'État, *notamment aux douaniers*. Enfin, à tous les agents répressifs, et surtout à ceux des Eaux et Forêts, il faudrait, comme dans d'autres pays, enseigner l'utilité des oiseaux par des cours d'ornithologie pratique.

Les résultats obtenus par l'énergie des ministres Méline et Mougeot prouvent qu'une efficace répression est toujours possible. Mais il faut la vouloir. Depuis lors, les tolérances anarchiques ayant recommencé de sévir, les oiseaux que l'on était tout surpris de revoir ont disparu de nouveau. De ce nombre est le traquet motteux, un migrateur, pur insectivore et des plus utiles à la vigne. Je le revis en Anjou de 1900 à 1905, jamais depuis. Sa disparition n'a rien d'étrange, à en juger par ces lignes de M. Magaud d'Aubusson :

« Sur le petit îlot de Saint-Honorat (Alpes-Maritimes), dont la circonférence est de 3 kilomètres, un seul tendeur a pris au trébuchet 500 traquets motteux ou culs-blancs, en quelques jours, de la fin de mars au commencement d'avril. Qu'on juge de la perte occasionnée par ces captures à l'époque où ces oiseaux revenaient pour nicher ! »

C'est au Gouvernement de décider qui l'emportera en fin de compte, des bandits auteurs de pareils massacres ou des agriculteurs et des amis de la nature. Il dépend de lui seul d'arrêter une reprise d'anarchie dont un naturaliste, M. Duriez, traçait récemment ce tableau : « A Nice, il se vend des paniers d'oiseaux, venant d'Italie et dénommés d'une façon variée. A Saint-Paul, village situé entre Vence et Cagnes, les orangers et les oliviers sont malades, et les auteurs responsables sont les insectes que les oiseaux, et pour cause, ne dévorent plus. Chacun est plus ou moins chasseur ou piégeur, et comme le véritable gibier manque, on se rabat sur les petits oiseaux ; les citadins sont encore plus redoutables que les ruraux, ignorants qu'ils sont des intérêts de l'agriculture. En résumé, situation déplorable, sans oublier les méfaits des chats, qui détruisent, sur tout le littoral, les couvées qui avaient eu la chance inouïe d'être épargnées par le chasseur. »

Évidemment la lutte contre ce désordre sera dure. Elle l'est toujours entre la discipline sociale et l'anarchie. Les États-Unis en savent quelque chose ; mais leur Gouvernement n'a pas faibli. Je lis à ce sujet dans un *Bulletin* de notre Société d'Acclimatation :

« Le docteur Hornaday n'avait pas plus tôt fait voter la loi qui prohibe l'importation du plumage des oiseaux sauvages, qu'il a dû se remettre en campagne pour défendre les lois protectrices des oiseaux de passage, contre lesquelles s'élèvent avec violence les massacreurs de gibier. Aux États-Unis, comme chez nous, il y a toute une catégorie de soi-disant chas-

13

seurs pour qui les chasses de printemps sont une source d'abondants profits. Les lois Weeks et Mac-Lean ont mis ordre à ce gaspillage et assuré le transit des oiseaux migrateurs dans les régions qu'ils traversent pour aller nicher ; mais cela ne fait pas l'affaire des fusilleurs, qui se soucient bien peu de la reproduction du gibier pourvu qu'ils puissent assouvir leur aveugle passion. Dans le Missouri, l'Illinois, le Kansas et le Delaware, ils ont provoqué des réunions pour protester contre les entraves apportées à leurs plaisirs par une loi fédérale qu'ils veulent faire déclarer inconstitutionnelle, parce qu'il est plus difficile de la braver et d'en éluder les conséquences que lorsqu'il était simplement question de lois d'État qu'ils trouvaient moyen de tourner. Ces *requins de guérets*, comme dit le comte de Sabran, et que le docteur Hornaday a qualifiés encore plus sévèrement de *game-hogs* (terme que nous laissons au lecteur le soin de traduire) cherchent à faire marcher dans leurs intérêts leurs sénateurs et députés ; et l'un de ces porte-paroles, le sénateur Reed, du Kansas, n'a pas hésité à conseiller à ses électeurs de ne tenir aucun compte d'une loi fédérale irrégulièrement votée selon lui. Un autre, le sénateur Robinson, de l'Arkansas, a voulu faire supprimer les 50.000 dollars votés par la Chambre des représentants pour l'application de la loi, et c'est à grand'peine que le sénateur Mac-Lean a pu faire conserver cette allocation, somme tout à fait insuffisante, vu l'étendue des territoires qu'il s'agit de protéger. C'est 100.000 dollars que le docteur Hornaday réclame pour rendre la loi de protection efficace et, comme il est appuyé par le pays tout entier, qui a applaudi à une réglementation qui est la sauvegarde des récoltes, il n'y a pas de doute que le défenseur des oiseaux ne finisse par avoir gain de cause contre quelques centaines de braconniers, s'intitulant cyniquement : *Association entre États pour la protection de la chasse de printemps* ».

Une riche Américaine vient d'envoyer un chèque de 50.000 dollars à la Société protectrice des oiseaux du Nord-Amérique. Voilà, hélas ! ce que nous ne voyons point en France, où la seule excuse des faiblesses gouvernementales serait dans *l'avare indifférence des propriétaires*, les plus intéressés à sauver d'un désastre définitif l'agriculture.

Il faut croire aussi que l'amour des beautés naturelles est plus vif chez les Anglo-Saxons que parmi nous. Supporteraient-ils la lecture de nos revues sportives, où des désœuvrés se vantent d'avoir tué 500 bécassines dans leur saison ?

Récemment, les Américains élevaient à Salt-Lake-City un monument au souvenir des mouettes qui sauvèrent de la famine les premiers colons du Lac Salé, en s'abattant par troupes sur les nuées de sauterelles occupées à dévorer les moissons. Je ne demande pas qu'en France on statufie les mouettes ; il suffirait qu'on ne les tuât plus.

X

SOUVENIRS D'ORNITHOLOGIE

Voici les crépuscules mortuaires de novembre, la plainte du vent sous les ardoises, l'ombre indécise où la lampe s'allume ; au dehors, la cime des chênes dépouillée, plus bas une couronne débile de feuilles sèches autour de leurs bras tourmentés de géants. Le dernier bouton de rose ne s'épanouira pas. Dans le brouillard, la file espacée des corbeaux se ralentit davantage ; leur croassement funèbre s'assoupit, comme une voix de berceuse vaincue par la tristesse des choses. C'est l'heure de se souvenir, de ressusciter encore une fois les joies abolies, les détresses apaisées, ou la fluide inutilité des jours.

Aussi loin que je remonte vers mes émotions premières, j'y découvre la passion des oiseaux.

Souvenirs d'enfance, persistant par delà ceux de la jeunesse, et plus précis qu'eux, plus magiques, pareils à ces fresques inaltérées que l'on retrouve sous les débris de villes millénaires ! Certaines minutes de notre dixième année, les avons-nous donc vécues ce matin ?

Et comme ils sont là, comme ils nous parlent, les

vieillards d'alors, dont il semblait que nous n'atteindrions jamais l'âge !

Quelques centaines de pas dans le paisible quartier gothique qu'Angers abrite sous sa tour Saint-Aubin, et voici dans la même ruelle obscure deux morts qui ressuscitent.

Un logis étiolé dans l'ombre de la tour, une vieille petite porte à marteau, c'est là que le chanoine Vincelot replie sur ses collections ornithologiques la fin de sa carrière sacerdotale. Les traits austères du grand vieillard se détendent pour sourire à l'enfant auquel son livre : *Les noms des oiseaux expliqués par leurs mœurs* ouvrit le monde enchanté.

Quelques marches d'ardoise dans la pénombre d'un escalier tournant, et la servante tire les rideaux d'une petite salle, close comme une maison en deuil. Car il importe de soustraire à l'action du jour, si blême qu'il soit ici, les vitrines où s'étagent tous ces êtres qui furent l'âme joyeuse des forêts et des fleuves.

Ils sont là tous, alignés par ordres et par genres, les représentants des 350 espèces d'oiseaux qui visitaient encore l'Anjou dans ce temps-là. Dirai-je mon extase ? Depuis lors elle n'a jamais pris fin. Toujours, au bout des heures, des années de dissipation, de souffrance ou de travail, je la retrouvai plus vivace. Je me rappelle cette naïveté d'enfant : « Comment, songeais-je, les gens qui ne s'intéressent point aux oiseaux ne meurent-ils pas d'ennui ? »

Mais surtout quelle ivresse, lorsque la servante retira le long rouleau de serge qui abritait, au milieu de la pièce, la collection d'œufs ! Étiquetés sur leur lit de colza, ils s'en retournaient pour moi vers les nids des anciens avrils. Les émerveillements de l'enlance qui découvre et auréole le monde extérieur me diversifiaient soudain des horizons de rêve. L'œuf bleuâtre et allongé du héron, c'était une clairière matinale dans des fourrés de roseaux. L'œuf rond et blanc du hibou, c'étaient les souches aux crevasses insondées. Chaque nom, imprimé sur une étiquette, éveillait cette science magique et précise que je cachais comme un trésor pieux, hors de la risée des camarades auxquels j'abandonnais sans regret les premières places en arithmétique.

Cette multitude de petits œufs, bleus, rougeâtres, blancs, pointillés de rose, gris, veinés de noir, m'évoquaient le rossignol de muraille agitant sa queue fauve sur les clôtures ensoleillées d'un jardin, ou l'exquise coupe de lichen tissée par le pinson entre les premières pousses d'un peuplier, ou les secrets asiles du grimpereau et de la mésange sous de vieilles écorces, ou le genêt des landes que le bruant réveille de son trille monotone et espacé. Un champ de blé n'était alors, et ne sera jamais pour moi que la mystérieuse retraite où l'alouette grise blottit son nid de chaume et ses œufs couleur de terre. Un pré n'avait de valeur que par le nombre de râles ou de farlouses dont il abritait les couvées.

Mais quittons le bon chanoine qui nous légua dans son livre les pittoresques récits de ses aventures ornithologiques, mêlés aux véridiques légendes d'un Ovide chrétien. Je voudrais franchir les cent pas de cette vieillotte rue Courte au bout de laquelle d'invisibles archanges semblaient m'interdire l'accès du véritable Eden de mes jeunes rêves : le Musée d'histoire naturelle. Je voudrais ne ranimer que le second des revenants dont je parlais : M. Deloche, le fondateur de ces admirables collections, un petit vieillard à longue barbe mi-fauve, mi-blanche, qui, après cinquante années d'humble dévouement à ce musée, s'en vit chasser par de misérables politiciens.

Mais alors, debout au seuil des salles, il m'apparaissait tel qu'un être surhumain. Un mot de lui, anticipant les réflexions de mon âge, s'est enfoncé dans ma mémoire. Comme des promeneurs, à prétentions artistiques, cinglaient de leur dédain son musée en montant vers la Galerie de peinture : « Oui, soupira-t-il, là-haut c'est l'œuvre de l'homme ; ici ce n'est que l'œuvre de Dieu ! »

Mais imprudent qui pose le pied dans la forêt enchantée du souvenir : tandis que le présent se referme derrière lui avec ses banalités et ses douleurs, vingt sentiers rouverts le sollicitent, vingt voix se raniment et l'appellent.

Au seuil du Logis Barrault où se trouvaient alors réunis les divers musées, se redresse pour moi la maigre silhouette de son plus prestigieux historien : Victor Pavie. Ah ! celui-là ne comprenait la magie d'un donjon en ruines que si la crécerelle s'élançait de ses brèches, que si la hulotte y gémissait à minuit sur ses hôtes disparus. Aux flamboyantes tourelles, aux rinceaux de ce logis, à la cour muette, vide de ses pages, mais pleine encore des fêtes et des drames du seizième siècle, m'eût-il reproché de préférer le cri rauque du choucas posé sur la girouette rouillée, les nids d'hirondelles accrochés aux croisillons des fenêtres, le vol strident des martinets effleurant l'ardoise verdie des toits ? A la continuité morale d'un pays l'Oiseau est si profondément associé ! Sa vie perpétuée complète si bien les senteurs du passé ! Par delà ce logis, par delà les sveltes colonnettes des Plantagenets ou les donjons cyclopéens de Foulques Nerra, je redemande ma patrie angevine aux ancêtres de ces corneilles qui, dans la même vallée, rebâtissent, chaque printemps, leur nid de bûchettes à la cime d'un vieux chêne. Leurs croassements du soir, leur balancement mélancolique à la pointe des peupliers frappèrent les oreilles et les yeux du Celte et du sauvage préhistorique dont les huttes précédèrent ici nos civilisations.

Encore que mon grand-père, M. Godard-Faultrier, eût préludé à sa carrière archéologique par une nouvelle : le *Hibou de Saint-Laurent*, je déplorais, au fond de ma conscience enfantine, qu'il ne s'intéressât guère aux oiseaux que sur le revers d'une médaille gauloise ou sur un chapiteau roman. Mais, s'il eût soupçonné cette pudeur de la passion qui arrêtait sur mes lèvres le souhait d'aller tout de suite voir les oiseaux, comme il se fût reproché de m'imposer d'abord, en ce Logis Barrault, d'interminables stations au Musée d'antiquités qu'il y fondait! Quand il avait rangé ses cercueils de pierre, collé sur ses haches celtiques des étiquettes dont je dérobais bien quelques-unes pour ma petite collection d'œufs, mes épreuves n'étaient pas clôturées. Il fallait subir encore le supplice auquel eût mis fin le mot que je ne pouvais parvenir à prononcer.

C'était d'abord la visite au Musée de sculpture, où se contorsionnaient les bonshommes de David. Trop jeune pour soupçonner le délice de ses médaillons et de sa jeune Grecque, était-ce par béotisme, ou par un atticisme précoce, qu'un malaise se dégageait pour moi de toute cette humanité blanche figée en des gestes furibonds? Courbaturé d'ennui, je tentais d'esquiver les Condé gigantesques, les Gutenberg à barbe de fleuve, et tout un déballage de héros qui s'arrachaient un dard de la cuisse, lançaient le disque, prenaient les dieux à témoins, ou, bombant le torse, semblaient proposer : « A qui le caleçon ? » Pour goûter cette sculpture il faut préférer Corneille à Racine, et admirer l'Empire.

Enfin nous gravissions le premier étage. Sur le palier s'ouvrait le Musée d'histoire naturelle. J'entrevoyais un instant la vitrine d'oiseaux exotiques. Mais l'archange était là, debout, sous le bicorne de quelque gardien; nous passions !

Au haut d'un second escalier, orné de grisailles académiques qui me versaient dans l'âme du plomb et de la cendre, nous pénétrions dans une salle décorée, semblait-il, pour un mess de sapeurs-pompiers. Deux immenses toiles s'y faisaient face : *l'Incendie de Troie* et *le Bûcher de Rouen*. Ici la pauvre Jeanne flambait sur un amas de fagots plus écarlate que la robe et le chapeau du vice-légat. Là un Priam épileptique, aux yeux ronds, et un Achille tombant en garde, coiffé d'un casque à balayette, rissolaient au centre de 30 mètres carrés de peinture rouge[1].

C'est en redescendant de cette Galerie de peinture que je parvenais à articuler désespérément : « Si nous entrions voir les oiseaux ? »

Entré, je n'étais pas au bout de mes transes. Mon

---

1. Aujourd'hui Priam et son four ont déguerpi. Pour peu, je regretterais ce souvenir d'enfance, quoique Victor Pavie refuse d'évoquer un héros d'Homère « devant ce vieillard piteux et jugé ». On a laissé avec raison la Jeanne d'Arc, vraiment belle et touchante. D'ailleurs un musée doit se préoccuper de l'enseignement moral. On peut prier cette martyre : elle nous repose de la guerrière à cuirasse qui n'a jamais porté bonheur aux artistes. Qu'ils s'en tiennent à Domrémy et à Rouen !

grand-père n'allait-il pas prendre à droite, vers la salle des quadrupèdes ? Au fond, plus terrible que le cabinet de Barbe-Bleue, s'entrevoyait la porte derrière laquelle me guettait le squelette de cheval dont la hantise me glaçait les moelles. Il faut croire que cette horreur a effrayé bien des générations, car elle terrifiait déjà l'enfance de Victor Pavie.

Quel abîme entre ces ignobles anatomies, où se complaît chaque jour davantage la Science moderne, et la féerie de formes et de couleurs perpétuée par l'art patient d'un Deloche ! Le quasi-délaissement de son musée m'est un scandale. Les Angevins soupçonnent-ils qu'après les salles de Londres ils possèdent la plus merveilleuse richesse ornithologique ? Ici peu de visiteurs. Point de messieurs importants, prêts à s'émouvoir sur le talent d'un statuaire, le jour où il entre à l'Institut. Point d'élégantes appréciant un tableau derrière leur face-à-main, puis consultant le catalogue pour savoir si elles doivent admirer. Seuls des enfants, quelques soldats trompant l'ennui du dimanche, des paysans, des ouvriers entrevoyant ici le miracle de la Création, tous ces humbles dont il est dit que les vérités cachées aux pharisiens leur sont révélées.

Hormis quelques Primitifs italiens, l'enchantement hellénique d'Arles et le *Pauvre Pêcheur* de Puvis, rien n'éveilla jamais en moi de sensations esthétiques comparables à celles de ce musée. L'art y épouse la nature ; il ne manque que le souffle divin pour ranimer ce monde prêt à s'envoler.

Paris, où, depuis les Bonaparte, tout respire la médiocrité administrative, ne saurait opposer à l'œuvre de M. Deloche ses collections d'étiquettes, ses bêtes alignées par un sergent. Si Londres l'emporte sur Angers, c'est par l'adaptation des espèces à leur ambiance. Mais les sommes dérisoires allouées au naturaliste angevin lui permettaient-elles de construire un toit pour y reproduire la nidification de l'hirondelle, ou de planter sous verre des roseaux artificiels pour y placer le grèbe et ses petits ?

Quant aux civilisations méridionales, elles ont trop délibérément immolé la nature aux arts, pour que puisse germer chez elles l'idée d'un pareil musée. Le matérialisme italien de la Renaissance nous a valu l'odieuse théorie de Boileau, d'après laquelle la nature ne devient intéressante qu'imitée par un artiste. Qu'est-ce que l'art, sinon la beauté réalisée par l'homme ? Et qu'est-ce que la nature, sinon la beauté réalisée par Dieu ? On pourrait discuter sur la littérature et la musique, supérieures sans doute à la création matérielle parce qu'elles constituent un reflet moral de la Divinité sur nos âmes. On pourrait associer à cette supériorité la part fort restreinte des arts plastiques que revendique l'idéalisme. Mais, n'en déplaise à Boileau, jamais un lézard pétri par Palissy n'égalera un lézard naturel.

Je n'hésite donc pas, quitte à scandaliser les snobs de l'esthétique — et nul snobisme ne pullule comme celui-là ! — à placer l'art d'un Deloche fort au-dessus de celui des peintres et des statuaires lorsqu'ils n'introduisent pas un élément moral dans la représentation des objets extérieurs. L'art de naturaliser un animal, art galvaudé par tant de manœuvres, devient sous la main d'un Deloche une collaboration directe avec le Créateur. Si l'on m'objecte que ma théorie conduirait à empailler les grands hommes au lieu de leur dresser des statues, l'odieux de cette supposition précise la différence catégorique entre le cadavre de l'animal et le corps humain destiné à la résurrection par Dieu lui-même. Le statuaire ne commet aucune profanation en faisant rayonner l'âme par le marbre ou l'argile; s'il ne la fait pas rayonner, mieux vaut un photographe.

Ce qui est sacré chez l'animal, ce n'est pas l'individu, mais l'espèce. Anéantir une espèce, c'est anéantir objectivement une pensée du Créateur. Sait-on quel trouble ce sacrilège peut apporter dans l'équilibre du monde ?

————

Hélas ! Au seuil du musée Deloche on serait presque tenté d'inscrire : Musée archéologique. Combien de ces espèces ne connaîtrons-nous plus vivantes? La vie! Voilà où le naturaliste reste aussi impuissant que le statuaire à imiter Dieu. Tous les génies humains ne rendront pas le regard à ces prunelles de verre, le germe à l'un de ces œufs.

Seules peuvent être sauvées la couleur et la forme. Un Deloche n'ajoute rien à la couleur; tout son art consiste à restituer la forme au cadavre qu'on lui apporte. Mais, sorti de ses mains, l'oiseau défie l'œuvre de tout peintre et de tout sculpteur. Quel Rubens éblouirait sa palette des éclatants coloris et des nuances fondues qui resplendissent sur le lophophore? Que valent les tonalités du Vinci devant l'azur du martin-pêcheur, la turquoise du rollier, le saphir de certaines mésanges et de la fauvette suédoise, toutes les gammes des verts et des bleus qui chatoient à la gorge des colibris? Quel impressionniste parviendrait à harmoniser, comme chez le bouvreuil et le loriot, le heurt violent du pourpre et de l'ardoise, de l'or et du noir? Certains oiseaux exotiques,

qui nous choquent à force de rutilante polychromie,
aras, faisans, mandarins, ne constituent cette fausse
note que sous nos ciels endeuillés.

Mais nul magicien des tonalités sombres, ni Téniers
ni Rembrandt, n'eût réussi, avec quelques gris et
quelques marrons, à diversifier les innombrables plumages de nos échassiers. Pour l'un d'eux, le bécasseau combattant, dont le large bouclier-collerette diffère chez chaque mâle, le Créateur apporte une magnifique exception à la loi de l'identité des couleurs
dans une même espèce. Le musée d'Angers nous offre
une quinzaine d'individus variant leurs zébrures du
gris pâle au fauve ardent.

Polders de la Hollande, fiords danois, dunes blondes
où déferlent les houles blanchâtres de la Baltique,
que de fois vous évoquai-je devant la vitrine des petits
échassiers ! Jusqu'à vos ciels blafards s'en revolent,
après trente générations, mes songes ataviques. Ac-
complirai-je jamais le pèlerinage vers ces lointaines
origines, vers la terrasse d'Elseneur où se tourmenta
l'âme étrange de nos vikings, à la fois barbare et
compliquée ? Du moins, une nostalgie des patries bru-
meuses m'attache-t-elle encore à ces oiseaux dont la
grêle silhouette égaya la tristesse des fiords, ou se
refléta dans l'échancrure des grèves septentrionales.

Quel prodige d'élégance ils réalisent ! Avec la
sveltesse des pluviers, des bécassines, surtout de l'avocette au long bec frêle, recourbé en haut à l'inverse
de celui du courlis, la Providence parfait l'union, si
malchanceuse aujourd'hui dans les œuvres humaines,
de l'utilité et de l'esthétique. Ces hautes et minces
jambes, ces becs aussi longs qu'elles, aussi ténus,
il les fallait pour fouiller le relais des marées, la flaque
des lagunes, les sables mouvants, toutes ces extrêmes

pointes des péninsules, dont les échassiers réveillent d'une joliesse inattendue la morbide magie.

Arrachons-nous à leur sauvage incantation pour revoir nos jardins. Dans la vitrine des passereaux M. Deloche enferma mieux que le coloris et la forme : la vie même; du moins toute l'illusion de survivance que puisse procurer l'art à une destinée périssable. Ces pinsons, ces chardonnerets gazouillent encore; ils apportent leur becquée d'insectes à la femelle qui couve, ou aux petits qui s'agitent. Le minuscule roitelet sort à demi de sa boule de lichen; inquiet, il nous observe, prêt à filer sous les aiguilles neigeuses des pins. Et déjà la vision du Nord me rappelle. L'informe amas de mousse où le casse-noix cache ses œufs sombres, les brindilles résineuses dont le bec-croisé parvient à confectionner un nid, le blanc fantôme de la chouette harfang me remportent au plus profond des noires forêts de mélèzes ployant sous le givre. Comme ils savent, les oiseaux, nous rapatrier vers nos rêves différents !

Le Nord, et la nuit. Ainsi que dans les pressentiments de l'enfance, me voici rattiré vers les êtres de tristesse, de solitude et de ténèbres. La vitrine des rapaces nocturnes, que soufflète d'un sarcasme hostile plus d'un visiteur stupide, m'est un refuge. Quarante années s'abolissent, et de ce creux de vieux chêne, où la hulotte suit son rêve mystérieux, rejaillit mon prime effroi des hommes et de la vie. Sombre oiseau, par qui Athènes symbolisait la sagesse, nous expliqueras-tu la suprême énigme : les contrastes d'un monde où le même feu peut réchauffer une famille heureuse et torturer une victime, la même planche fournir le lit des jeunes époux et le cercueil de l'enterré vif ? A chaque pas nous retrouvons l'amorce d'un ciel ou d'un enfer. La pendule arrêtée sur une minute d'éternité, voilà ce qu'y ajoutera le jugement des âmes.

Le terrible, c'est notre liberté responsable, et que nous-mêmes motivions notre sentence ! L'on serait tenté d'envier ces oiseaux dont la mentalité joyeuse, limitée aux besoins de l'individu périssable et de l'espèce, jamais ne s'éleva jusqu'à une moralité. Chez eux ni dévouements réfléchis, ni démoniaques noirceurs. S'ils nous présentent, comme un miroir pour nos âmes, l'apparence du crime et de la vertu, cette apparence reste inféodée à l'espèce, dès lors instinctive, du moins irresponsable. L'épervier ne pèche pas plus en égorgeant une fauvette que cette fauvette ne mérite en nourrissant, par une inconsciente charité, les petits du coucou qui jeta hors du nid ses propres œufs.

Cette amoralité de l'Oiseau nous attache à lui. Vétérans épuisés par tant de luttes, nous nous reposons au spectacle d'enfants jouant à la bataille. Nous envions ces gestes, parodie des nôtres, et qui ne comportent aucune sanction. A limiter au cinquième jour l'œuvre créatrice, un moment semblent s'alléger la chaîne de nos épreuves ou de nos expiations, le faix même des douleurs sacrées. Mais n'écoutons pas trop longtemps cette sympathie envers la vie animale. Au fond elle est une plainte, un ressac lointain encore sur ces brisants du naturalisme signalés par les théologiens. Qui n'a renié un jour l'espoir de la Terre Promise, au souvenir des oignons d'Egypte ?

Cependant quelle femme, agenouillée auprès d'un

berceau vide, limiterait à ce monde les destinées de sa tendresse, et envierait l'éphémère instinct maternel de ces oiseaux dont M. Deloche a reproduit, avec une si exquise minutie, les sollicitudes pour leur couvée ?

Avec les pauvres dépouilles apportées par un impitoyable chasseur il a reconstitué des scènes délicieuses. Son chef-d'œuvre pourrait bien être ce vanneau accroupi, sur le dos duquel un petit grimpe, tandis que le reste de la famille sort d'un œuf demi-brisé ou picore quelque vermisseau. Ailleurs, une sterne lisse ses plumes auprès des étranges œufs fauves, marbrés de taches noires, qu'elle confie aux feuilles de nénuphar. Puis un couple de cailles indique des grains de blé à une bande de poussins hérissés de duvet. Quel art passionné, patient, supposent de telles œuvres ! Là toute une existence de génie et de labeur méconnus.

Cette création pourtant n'est qu'un cimetière. Si supérieure qu'elle soit aux arts plastiques, il lui manque, comme à eux, le mouvement et la voix. Jamais plus cette alouette grise qu'on craint presque d'effaroucher ne réjouira l'aurore de son interminable modulation aérienne ; ni ce courlis de terre, dont le gros œil rond nous épie, n'enchantera les nuits d'août avec ses finales de flûte lointaine. L'on voudrait croire à la magie, et qu'un coup de baguette peut transformer en volière les vitrines inanimées.

Cette magie, nous en disposons. Elle s'appelle la ténacité à un idéal.

Construisons donc nos Jardins-Volières. Aménageons aussi quelques parcs où les oiseaux vivent auprès de nous, familiarisés peu à peu sans qu'un complet esclavage les abâtardisse, et réduise l'admirable création des formes à cette ignoble caricature qu'est devenue, par des dégénérescences millénaires, le canard de nos basses-cours.

Seul, l'état intermédiaire entre cette servitude et la pleine indépendance permet, non seulement de multiplier les espèces sur un point déterminé, mais encore d'étudier leurs mœurs, et de vraiment jouir d'elles.

M. Gabriel Rogeron, qui m'inculqua dès l'enfance le goût de l'ornithologie, écrivait dans la préface de son livre sur *Les Canards :* « Comme les oiseaux sauvages, les canards surtout, ne peuvent être observés que de loin ; pour connaître leurs mœurs de plus près, pour mieux pénétrer dans leur vie intime, j'ai cherché à les rapprocher de moi en en réunissant bon nombre dans ma propriété de l'Arceau, voisine d'Angers, tout en laissant à chacun le plus de liberté possible, à quelques-uns même la liberté entière ; car les mœurs et les facultés des oiseaux ne se développent d'ordinaire et ne se laissent bien voir qu'en proportion de la liberté qu'on leur laisse. »

Peut-être dois-je aux expériences de M. Rogeron l'idée des Jardins-Volières. Seuls en effet, ceux-ci peuvent résoudre diverses difficultés qu'il a signalées, notamment dans une brochure sur les *Mécomptes de l'éclosion.* Adoptait-il le système de l'élevage libre, l'abandon complet d'une couvée à la direction des parents en pleine campagne, les résultats étaient excellents d'abord ; puis une fouine, un chien, un chasseur détruisaient toute cette espérance. Confiait-il au contraire à une poule en mue les œufs d'une cane, les chances de succès s'évanouissaient dans la proportion où l'on s'éloignait des conditions naturelles. Tandis que le Jardin-Volière permettrait de réunir les deux conditions nécessaires à un bon élevage : imitation de la nature et sécurité extérieure.

XI

LES JARDINS-VOLIÈRES

Il en est de la protection de l'avifaune comme de bien d'autres problèmes sociaux : l'anarchie présente ne peut se prolonger désormais, et le choix s'imposera bientôt entre un retour aux disciplines naturelles et de formidables cataclysmes.

Si les annonciateurs de ces cataclysmes continuent de se heurter au ricanement des foules, il ne leur restera pour refuge que les temples sereins de Lucrèce ou le vaisseau du patriarche.

Je n'ai pas une telle confiance dans la sagesse de mes contemporains, qu'après avoir résumé les moyens de salut public réclamés par l'agriculture, je ne conseille aux amis des oiseaux, à ceux qui les chérissent pour eux-mêmes et pas seulement pour leurs services, de construire l'arche et d'y enclore les derniers couples, tandis que le fléau de l'insecte, aussi redoutable qu'un déluge, anéantira forêts et moissons.

Noé mit cent ans à bâtir l'arche, tout en prêchant ses contemporains, on sait avec quel succès. Je pouvais bien consacrer plusieurs chapitres à indiquer le péril agricole, le remède possible, avant d'arriver au véritable objet de ce volume : les Jardins-Volières. Maintenant, mes chers confrères en ornithologie, nous causerons entre nous de ce qui nous passionne, et nous fermerons la porte, si vous voulez bien.

Le Kaiser a payé 120.000 marks le squelette fossile du plus ancien des oiseaux : l'archéoptérix de Solenhofen [1]. L'esprit s'effare devant cette relique : Adam semble né d'hier.

Depuis lors, combien d'espèces anéanties ! Les premières victimes de la folie destructive furent les oiseaux aptères. Les aborigènes de la Nouvelle-Zélande exterminèrent le diornis; ceux de Madagascar, l'épiornis, lequel ne nous est connu que par quelques ossements et par ses œufs, dix fois plus gros que ceux de l'autruche. Longtemps après, nous voyons s'éteindre la race du grand pingouin, tué à coup de rames par les baleiniers ; son œuf vaut 9.000 francs.

Le plus effroyable massacre du dernier siècle est celui du pigeon voyageur des États-Unis, que l'on comptait par billions il y a 60 ans, et dont le dernier spécimen vient de s'éteindre au Jardin zoologique de Cincinnati. L'Amérique ne protégeait pas encore son avifaune; certains colons des Florides massacraient en une semaine 40.000 pluviers.

M. Edmond Perrier ajoute à ce nécrologe la perruche de la Caroline : « Naguère, elle volait par

---

1. Tout ce chapitre était écrit avant la guerre. Si le Kaiser s'en fût tenu à ces intelligentes acquisitions, au lieu de prêter l'oreille au parti militaire et au parti industriel, nous n'eussions pas assisté au suicide de l'Europe !

bandes innombrables depuis la Floride jusqu'aux grands lacs, depuis le Colorado jusqu'au Texas ; elle était commune dans vingt États de la grande République ; on en exportait en Europe des milliers. Ces jolis oiseaux se nourrissaient presque exclusivement de graines de plantes sauvages nuisibles aux cultures ; leurs bandes, d'après Wilson, semblaient couvrir d'un tapis vert les champs arides où elles pâturaient ; et, quand elles s'abattaient l'hiver sur quelque arbre dénudé, elles lui faisaient comme un feuillage grouillant et caquetant. Il leur arrivait alors — on n'est pas parfait — de froisser involontairement les bourgeons des arbres fruitiers ; les fermiers ne purent supporter cette rançon légère des services qu'elles leur rendaient ; ils mirent leur tête à prix. Les choses sont allées d'un tel train qu'il ne vit plus aujourd'hui que onze des charmantes et familières perruches de la Caroline, dont un bon nombre ont naguère orné les chapeaux : six à Cincinnati, trois à Washington, deux à New-York où M. Randall, directeur adjoint des services ornithologiques de cette ville, s'emploie de son mieux à sauver l'espèce avec cette maigre mise de fonds. »

Le dix-neuvième siècle a plus contribué que tous les autres réunis à décimer la faune ailée.

Pour nous désormais voici le dilemme : ou le Paradis terrestre, ou l'Arche : les campagnes devenues de grands parcs d'élevage, ou bien quelques couples conservés dans des Jardins-Volières par les derniers amis de la nature.

L'hypothèse la plus désirable n'ayant encore reçu que dans de rares pays un commencement de réalisation, et d'ailleurs les parcs de repeuplement supposant comme accessoire très utile les Jardins-Volières, ce sont les Jardins-Volières que j'étudierai ici. Certaines espèces ne peuvent plus être sauvées que par eux. D'autres, hélas ! ne le seront d'aucune façon, à moins d'un désarmement général de la sauvagerie humaine, lequel n'est guère présumable.

L'idée de tenir l'Oiseau dans un état intermédiaire entre la cage et la liberté complète apparaît dès l'Antiquité. Les prêtres égyptiens avaient domestiqué l'ibis. Les Romains entretenaient dans leurs villas des paons, des perroquets africains, des phénicoptères ; le peuple élevait des corbeaux, comme nos villageois dans celles de nos provinces où l'on ne tue pas tout ce qui vole.

Lorsque de féroces Espagnols détruisirent, malgré l'effort de leurs missionnaires, la civilisation des Aztèques, le roi Montézuma employait 300 esclaves à soigner ses immenses volières, pleines des plus merveilleux oiseaux du Centre-Amérique.

L'Europe féodale, sauf quelques paons ou perroquets nourris dans les manoirs, ne songeait guère qu'à la vénerie et à la cuisine. Elle élevait le héron, et le faucon pour le chasser ; elle acclimatait le faisan et le dindon. Il faut atteindre l'époque de Buffon pour discerner dans les ménageries royales quelques spécimens intéressants[1].

La Révolution ne nous offre qu'un perroquet,

---

1. Paris cependant, dès le Moyen Age, aimait les oiseaux. Les oiseliers formaient une importante corporation, sans cesse en procès avec celles des orfèvres et des changeurs, sur les murs desquels elle réclamait le droit d'étaler ses cages. Le Parlement et les rois lui donnèrent gain de cause. A ces époques réputées barbares, le culte de la nature l'emportait sur l'industrie et la finance.

lequel, en criant : Vive le roi ! fit guillotiner son maître. L'Histoire ne dit pas si le perroquet fut conduit à l'échafaud.

Sous Bonaparte l'on ne s'attend guère à rencontrer d'oiseaux, si ce n'est les tourterelles de Sainte-Hélène que les compagnons de l'exilé fusillèrent jusqu'à extinction. Pourtant, M. Frédéric Masson nous révèle sous le Consulat, à la Malmaison, un essai des volières de repeuplement : la future impératrice Joséphine acclimatait divers oiseaux exotiques, notamment le cygne noir.

Plusieurs princes de la Maison d'Autriche ont fort aimé les oiseaux. L'infortuné Maximilien, lorsqu'on le fusilla, faisait venir d'Europe 2.000 rossignols pour en peupler le Mexique. Le prince Rodolphe, qui succomba aussi tragiquement, fut l'initiateur des ligues protectrices. Les oiseaux n'ont pas plus porté bonheur à ces princes qu'à Montézuma, lequel mourut de faim dans sa prison. Le peuple aurait-il raison de les appeler des « bêtes à chagrin » ? Ceux qui les protègent furent souvent victimes de la destinée, comme quiconque poursuit ici-bas un but excellent. Le démon prend ses revanches.

Raison de persévérer pour les courageux ! Aujourd'hui l'idée des volières de repeuplement se développe dans beaucoup de pays. En Égypte, le Gouvernement britannique a installé trois de ces volières, où se reproduisent les derniers spécimens du héron garde-bœuf. On lâche les jeunes, et des gardiens surveillent les nouvelles colonies. Un crédit annuel de 26.000 francs est affecté à ces essais, qui réussissent fort bien.

En France, où sévit l'utilitarisme, nous en restons aux autrucheries. Du moins, une fois par hasard, l'industrie aura-t-elle concouru à la conservation d'une espèce ! L'Italie pratique aussi cet élevage en Sicile, et les Anglais au Cap, qui compte 160.000 autruches domestiques.

L'élevage de l'aigrette blanche donnera-t-il d'aussi bons résultats ? Les Japonais ont domestiqué ce charmant héron ; il orne leurs parcs, non leurs chapeaux.

Les grands jardins zoologiques de Londres, d'Anvers et de Paris ont introduit de nombreuses espèces exotiques. Mais le repeuplement de l'avifaune menacée d'extinction ne préoccupe pas assez, sinon pas du tout, les administrateurs. Notre Jardin d'Acclimatation s'est laissé envahir par l'élevage des chiens, puis par le music-hall et le palmarium. C'est la faute du public, à vrai dire. Le Jardin des Plantes se maintient dans de plus saines traditions ; aussi fut-il question de le supprimer, et rogne-t-on chaque année ses crédits. Dans son voisinage, et avec son haut personnel, s'est constituée la Ligue pour la protection des oiseaux, laquelle attend du Gouvernement son premier centime.

Actuellement, il est impossible de se procurer, ailleurs que chez les particuliers, des couples reproducteurs de n'importe quelle espèce intéressante. Les catalogues s'en tiennent, même à Anvers, aux perroquets, aux canards, ou à d'insignifiants fringilles.

Quelques amateurs ont cherché mieux, notamment en Belgique. Ce pays esquisse une réaction contre le monstrueux divorce entre l'ornithophilie et l'agriculture, divorce dont, naguères, il donna l'exemple, tant par la destruction des haies que par les sophismes de certains agronomes qui s'imaginaient pouvoir remplacer les insectivores par les ingrédients chimiques. L'Exposition ornithologique de Liége en 1913 comportait des volières remplies de loriots, de mésanges, d'hirondelles, de roitelets. La plus belle série fut celle de M. Lamarche : l'on put voir ses pics, ses sittelles détruire par centaines les insectes.

Éloquente riposte de la nature à ces journaux prétendus agronomiques qui s'efforcent de démontrer l'inutilité des oiseaux, afin de prôner ensuite les vaines et onéreuses drogues, dispersées par la première averse, mais dont quelques aigrefins de la presse partagent le bénéfice avec les fabricants ! L'agriculture paie un tribut de plusieurs millions à ces associations louches, et elle reste la proie des chenilles. Une volière d'insectivores, un champ préservé par le voisinage d'un bois seront toujours les meilleures réponses aux sophismes intéressés, comme aux théories erronées des quelques entomologistes arguant de deux ou trois sortes d'insectes carnivores pour mener, sans les oiseaux, la lutte contre les milliers d'autres espèces d'invertébrés. Je ne souhaite pas à l'agriculture de tenter en grand l'expérience par le massacre des derniers passereaux. Elle y perdrait le peu de vie que lui laissent encore les vers et les chenilles, sans parler des cataplasmes de chaux et d'acides. Restons-en au repentir de Frédéric II [1] !

Les choix de M. Lamarche sont excellents; nuls oiseaux ne sont plus utiles, plus gracieux, mieux colorés que les grimpeurs.

---

[1]. Quant aux irremplaçables services des hiboux et chouettes contre les rats et les mulots, voir la longue et minutieuse enquête de M. Menegaux, professeur au Muséum. (*Revue Scientifique* du 9 mai 1914.)

Un autre Belge, M. Robert Pauwels, obtient, dans un somptueux jardin zoologique, des reproductions d'oiseaux indigènes ou exotiques, comme le touracou africain, le geai du Mexique, le diamant d'Australie.

Tentative plus audacieuse, le comte de Ségur a pu, grâce à des soins minutieux, cabine et wagon chauffés, rapporter des Antilles 14 colibris. La volière est maintenue à 21 degrés; deux lampes électriques versent en hiver une lumière intense; les colibris sont nourris au sirop de Mellins food. L'Europe connaîtrait donc ces fleurs animées ! Si ces oiseaux se reproduisaient, notre pays, très distancé en ornithologie pratique, reprendrait l'avance sur tous les autres.

Aujourd'hui l'on ne s'y occupe guère de repeuplement qu'en vue de la chasse. L'usage des *fermes à gibier* nous vint d'Angleterre; on en compte plusieurs autour de Paris. Parfois elles ne sont qu'un entrepôt des perdrix, tétras ou faisans que la Hongrie exporte par millions. Néanmoins une ou deux pratiquent l'élevage.

« Nulle chasse désormais sans culture de gibier », écrit M. Leroy, auteur de monographies sur le repeuplement artificiel. Notre faune ailée disparaît, là comme dans la série des passereaux insectivores. La faucheuse mécanique extermine la perdrix grise. La rouge s'éteint aussi par le braconnage. La caille, massacrée dans ses migrations, devient légendaire. Seules les propriétés gardées conserveront quelque gibier, à moins que ne se développe la syndicalisation des terres banales qui a donné d'excellents résultats dans l'Est et sur quelques points du Midi.

Mais, grands propriétaires ou syndiqués doivent, avant de chasser, s'occuper du repeuplement. M. Leroy pose ce dilemme : « Ou la chasse sera artificielle, ou elle ne sera pas. Le gibier, en tant que produit naturel du sol, est sur le point de disparaître. »

En sus des *game-farm*, beaucoup de propriétaires élèvent eux-mêmes. Usage excellent pour les œufs découverts par la faux ; déplorable, quand on achète aux dénicheurs. Mais il en faudra venir aux volières de repeuplement, aux couples se reproduisant en captivité.

L'élevage des jeunes est difficile, et nécessite des gardes expérimentés, des soins minutieux. Les larves de fourmis sont indispensables aux perdreaux ; plusieurs périssent par la goutte ; d'autres sont atteints d'une cécité que l'on combat avec des lotions de vin blanc additionné de sulfate de cuivre. Les faisanderies sont souvent infectées par le ver rouge.

Le mieux serait de faire élever les jeunes par les parents. La couveuse artificielle donne des sujets faibles ; la grosse poule écrase les poussins ; la poule naine les égare lorsqu'on ne l'enferme pas dans un parquet.

Les éleveurs-chasseurs qui lâchent en septembre un gibier si difficilement obtenu seraient mieux avisés d'attendre la clôture. Un couple lâché en février donnera toute une couvée.

Pourquoi les chasseurs laissent-ils aux amis de la nature l'initiative de multiplier artificiellement certains échassiers que nous élevons, nous, pour leur beauté, mais qui raisonnablement peuvent constituer un gibier ? Ici tout devient facile. Le râle de genêt s'élève presque seul, et cherche en naissant une nourriture commune : pâtée, achées, ou vers de farine. Malheureusement il émigre ; mais le vanneau et la bécasse supportent nos hivers. Tous ces échassiers s'apprivoisent d'ailleurs mieux que les poules, mangent dans la main. Leur domestication complète serait l'affaire de 2 ou 3 ans. Les peuples anciens eurent besoin de plus de patience pour domestiquer le coq, l'oie et le canard.

J'ai hâte d'en finir avec la chasse et la basse-cour, et de retourner à l'esthétique naturelle. Dans son établissement ornithologique de Villers-Bretonneux (Somme), M. Jean Delacour a réuni de belles collections d'échassiers. Il étudie le problème de la reproduction de l'aigrette.

M. Saint-Quentin réussit l'élevage de divers volatiles qui ressortissent autant à l'esthétique naturelle qu'à la vénerie : coq de bruyère, tétras-lyre, grousse, canepetière.

Un Anglais, M. Astley, a obtenu des pontes de l'ibis. On lui doit aussi la reproduction de nombreux oiseaux exotiques : perruches variées, cygne à col noir, bernache à tête rousse, grive de l'Inde, grosbec rose de la Louisiane.

Je cite ici au hasard, je citerai ailleurs encore quelques noms, entre les centaines de naturalistes qui s'efforcent de sauver quelques spécimens intéressants de l'avifaune. Hospitaliers assumant la tâche inégale de réparer les imbéciles tueries perpétrées sur tout le globe par une armée de désœuvrés.

La Société d'Acclimatation ayant décerné en 1913 son prix du Gouvernement à l'*Histoire des ménage-*

ries, le rapporteur, M. Maurice Loyer, l'annonçait en ces termes :

« Depuis les origines des civilisations jusqu'à nos jours, depuis que s'est éveillé en lui le désir de sonder les mystères de la nature, l'homme a toujours aimé à s'entourer d'animaux qui le séduisaient par leur forme, leur parure, leur force ou leur chant.

« Riche ou pauvre, il eut pour les commensaux de son logis, pour les hôtes de sa basse-cour ou de ses parcs un goût que les siècles n'ont fait qu'accroître et dont nous trouvons la plus complète manifestation dans la création des ménageries d'autrefois, dans l'établissement des jardins zoologiques d'aujourd'hui.

« Leur histoire se trouve donc intimement liée à celle de la civilisation. »

Mais jusqu'ici les éleveurs n'ont guère tenté, que je sache, l'essai de véritables jardins de repeuplement, tels que j'en conseillais l'emploi, il y a dix ans, dans un roman futuriste : *Vers plus de joie*. Presque tous s'en tiennent, soit à la volière grillagée, soit au parquet d'élevage.

Néanmoins la question des Jardins-Volières a fait l'objet d'une intéressante discussion au *Journal des Débats*, entre le vicomte de Poncins et le prince Pierre d'Arenberg. Le premier exposait ainsi ses objections :

« Nous désirons tous rendre à l'agriculture l'indispensable service de la débarrasser des insectes destructeurs des récoltes et des bois, et seuls les oiseaux peuvent le faire. La conclusion logique est donc la protection des oiseaux. La Ligue fondée dans ce but travaille à cela par tous les moyens en son pouvoir.

« Mais je ne partage pas l'avis du prince d'Arenberg quand il parle d'élevage pour augmenter le nombre des oiseaux, car l'élevage ne peut obtenir le but cherché; l'oiseau élevé résiste mal à la liberté : il n'est pas adapté au milieu nouveau où il doit vivre, il ne sait pas trouver sa nourriture, s'abriter des intempéries, éviter les mille causes de destruction qui l'attendent au dehors. Sa santé même le rend incapable de se suffire à lui-même ; de plus l'élevage suppose, dans ce cas précis dont il est question, un dénichage préalable qui va nettement à l'encontre du programme.

« La seule manière d'augmenter le nombre des oiseaux est de leur donner leur chance de vivre, de les laisser vivre et prospérer; et pour cela il suffit d'empêcher la destruction folle qui se fait partout, et surtout dans le midi de la France, en ne permettant pas aux gardes d'avoir des fusils dont ils abusent sous prétexte d'animaux nuisibles, en réprimant impitoyablement la chasse de tous les petits oiseaux sous quelque prétexte qu'elle ait lieu, en répandant partout le texte de la Convention internationale pour la protection des oiseaux utiles, et en édictant des peines particulièrement sévères contre tous ceux qui ne l'observent pas.

« Tant que les oiseaux en liberté ne seront pas efficacement protégés, tant que de soi-disant chasseurs en tueront, aucune mesure ne sera couronnée de succès. A quoi cela peut-il servir de lâcher des oiseaux si on les reçoit à coups de fusil au sortir de la cage ? »

Cette objection n'est que trop juste. Aussi ne saurait-il être question de repeuplement que lorsqu'une protection efficace est préalablement assurée. Dans l'anarchie présente, l'essai doit se limiter aux espèces sédentaires. Quant aux autres obstacles, le prince d'Arenberg ne les juge point insurmontables. Il répondait en juin 1914 :

« M. le vicomte de Poncins n'envisage que l'élevage des oiseaux dans des cages, et non dans de vastes volières où ils seraient, sinon en complète liberté, du moins dans des conditions se rapprochant de très près de celles qu'ils rencontrent à l'état sauvage, tout en les mettant à l'abri de leurs ennemis.

« La Ligue pour la protection des oiseaux établit des nids, des mangeoires, des abreuvoirs ; lorsqu'il s'agit de faisans, que l'on désire conserver dans un bois, on leur fournit du grain et de l'eau. Il y a donc sur ce point une certaine analogie.

« Les perdreaux élevés en boîtes savent fort bien, lorsqu'ils sont devenus assez forts, trouver leur nourriture dans les champs. Bien entendu, ils ne peuvent être comparés aux naturels, mais néanmoins on est parvenu à repeupler certains cantons en important des œufs de perdrix d'Angleterre.

« La guerre absurde livrée dans certaines régions de la France aux oiseaux indigènes a eu pour résultat leur disparition presque complète : c'est là qu'il serait nécessaire de tout tenter pour les multiplier.

« La première mesure à prendre serait de punir sévèrement les destructeurs et les dénicheurs d'oiseaux, en un mot de faire appliquer la loi. Ce premier résultat obtenu, on pourrait repeupler artificiellement les régions dévastées.

« Pour résumer, et je crois que M. de Poncins sera d'accord avec moi, il faut : 1° empêcher les massacres qui ont lieu dans certaines régions de la France ; 2° établir des réserves où l'on s'efforcera de favoriser la multiplication d'espèces utiles ; 3° faire comprendre aux agriculteurs tous les avantages qu'ils peuvent retirer de la protection des oiseaux. »

Ainsi, après avoir été naguère copieusement traité d'utopiste, comme quiconque émet une idée neuve, je ne suis déjà plus seul à soutenir que ce qui fut tenté pour le repeuplement du gibier pourrait l'être à l'égard d'oiseaux recommandables par leur utilité ou leur intérêt pittoresque. J'ajoute que de très modestes essais pratiques m'ont permis de réintroduire le verdier dans une propriété d'où ce fringille avait depuis longtemps disparu. Je lâchai quatre couples nés en volière ; trois ans après, je comptais une trentaine de ces oiseaux. L'idée est donc réalisable.

Les individus d'espèces sédentaires, élevés en captivité, vivent fort bien ensuite à l'état libre, sans s'écarter beaucoup du lieu d'origine. J'ai vu des perdrix, des canards, des draines, des râles presque domestiqués. Les grosses difficultés du repeuplement par les volières sont l'assortiment des couples initiaux, puis le nourrissage des jeunes. Si l'on triomphe de ces difficultés pour une espèce, elle est sauvée de l'extinction, et d'autant plus sûrement que, comme Buffon l'observe, les oiseaux domestiqués deviennent très prolifiques, n'ayant pas à redouter « la disette, les soins, le travail forcé qui diminuent dans tous les êtres les puissances de la génération ».

Avant d'étudier le Jardin-Volière, je crois utile d'exposer les inconvénients des systèmes d'élevage actuellement usités.

Le *Parquet* consiste en un terrain entouré de grillages hauts d'environ 2 mètres, mais à ciel ouvert, ce qui oblige à n'y enfermer que des couples éjointés ou entravés. Premier inconvénient, car les chances de succès diminuent avec des sujets infirmes. En outre, si l'on n'a pas muni le haut du grillage de deux bavolets retombant l'un à l'intérieur, l'autre à l'extérieur, les captifs s'échappent en grimpant, ou les carnassiers pénètrent dans l'enclos. Mais, cette précaution prise, l'élevage reste exposé aux déprédations des oiseaux de rapine, et à celles des voleurs. Ces inconvénients compensent les deux avantages du parquet : emploi d'un terrain assez vaste à peu de frais, et possibilité, en multipliant ces enclos, d'isoler les espèces et de fournir à chacune une nourriture mieux spécialisée. Le parquet est d'ailleurs inutilisable pour les oiseaux ne nichant pas à terre.

La grande *Volière entièrement grillagée* permettrait en théorie l'élevage de toutes les espèces. Mais elle fait sentir à ses hôtes leur captivité par la vue du monde extérieur, ce qui est surtout préjudiciable pour les couples nés en liberté. Puis elle laisse ses hôtes exposés aux courants d'air. Elle permet aux chats, aux écureuils, aux fouines de les effrayer, parfois de leur nuire, en grimpant aux parois. S'agit-il d'espèces rares, elle facilite aux voleurs l'effraction. Enfin elle expose les femelles qui couvent à l'indiscrétion des visiteurs.

Pour toutes ces raisons, je crois extrêmement préférable l'essai du *Jardin-Volière*, composé de quatre murs en maçonnerie et d'une couverture en grillage.

Au nord, ce grillage sera remplacé, pour une petite partie de la couverture, par du zinc ou toute autre matière opaque, et de préférence par un verre épais, teinté jaune.

La porte d'entrée, garnie d'une bonne serrure, aura juste les dimensions suffisantes pour introduire les objets nécessaires à l'élevage et aux plantations : 1 m. 30 de largeur, 1 m. 70 de hauteur environ. Elle fermera hermétiquement, pour empêcher l'accès des souris, ou la sortie des passereaux minuscules. La même considération fera choisir pour la couverture un grillage de 10 millimètres.

L'armature de ce toit consistera en poutrelles de fer espacées de 8 mètres, et reliées par des traverses de fer plus légères, sur lesquelles on accrochera le grillage. Si la volière dépasse 8 mètres sur chaque face, des piliers intermédiaires soutiendront les poutrelles.

Si l'on veut élever des insectivores ou des exotiques, une *Logette* abritera les vers de farine, ou renfermera, en hiver, les espèces tropicales. Cette logette occupera le centre de l'enclos[1], ce qui permettra d'utiliser, au lieu de piliers, sa maçonnerie pour supporter les poutrelles, et fournira aux oiseaux des abris contre le soleil ou les intempéries, tout en leur procurant une illusion de liberté par la division du jardin. La partie de la logette destinée à enfermer les oiseaux frileux sera couverte en verre épais, jaune de préférence; la chambre des vers de farine sera couverte en tuiles, ardoises ou fibro-ciment.

Si l'on élève des espèces particulièrement délicates, comme les faisans, la perdrix rouge, le chardonneret, il est bon d'ajouter une infirmerie, ou plus exactement un *Isoloir*, afin d'y surveiller les oiseaux ma-

---

1. Dans un petit jardin-volière il vaudrait mieux cependant placer la logette à un angle des murs (exposé au soleil), tant pour économiser sur le devis de la maçonnerie que pour donner aux oiseaux un plus large espace au dehors.

lades et de prévenir les contagions. Il faudra, en ce cas, désinfecter soigneusement les places où séjournaient ces oiseaux, remplacer la paille, le sable, les perchoirs.

———

L'*aménagement* du Jardin-Volière reproduira le plus exactement possible l'ambiance naturelle des oiseaux que l'on se propose d'y héberger pour la reproduction.

Une petite allée conduit de la porte de l'enclos à la logette centrale. Deux haies taillées drues la bordent, afin d'isoler, surtout à l'époque des nids, l'oiselier qui vaque au pansage.

Le reste du jardin est distribué en massifs de plantes touffues (buisson ardent, lauriers, aubépine, groseiller, genévrier, ajonc, etc.); un hallier continu occupe tout le pourtour intérieur des murs que tapissent le lierre, la vigne, le rosier grimpant. On aura eu soin, en construisant les murs, d'y pratiquer des trous, d'élévation et de dimension variées, pour la nidification des étourneaux, mésanges, bergeronnettes, etc... Entre les buissons, où nicheront les fauvettes, merles, etc., de minuscules champs, ensemencés de graines diverses, des prés lilliputiens abritent les couvées d'alouettes, farlouses, traquets, etc... Un ruisseau, autant que possible d'eau courante, entoure quelques îlots d'herbe ou de sable, et s'élargit en marais de joncs, de roseaux, pour les échassiers ou palmipèdes. Une partie du ruisseau est à l'ombre, l'autre au soleil, car les oiseaux boivent frais et se baignent au chaud. En hiver, on cassera la glace plutôt que de donner de l'eau tiède, boisson dangereuse. Les bords du ruisseau ne seront jamais escarpés, afin d'éviter la noyade des jeunes. Quelques arbres, de préférence à fruits et à fleurs pour attirer les insectes, seront plantés vers le nord, afin de ne pas trop ombrager. Les couples seront mieux séparés, l'illusion de la nature sera plus complète, si l'on bossèle le jardin par une colline et des talus plantés, nécessaires d'ailleurs à la nidification de plusieurs espèces.

Ces dispositions varient évidemment avec la prédominance accordée à tel ou tel ordre. Les échassiers ou palmipèdes exigeront un plus large ruisseau, quelques rocailles, davantage de sable et de joncs. Le ruisseau pourra circonscrire intérieurement tout le jardin, à 1 mètre au moins des murs. Les grimpeurs requerront des troncs d'arbres.

Un terre-plein, sablé et placé sous la partie abritée de la couverture, servira de refuge contre la pluie; on y disposera quelques perchoirs, des arbres morts, renouvelés à la fin de chaque hiver pour éviter l'infection. Un figuier, des orties, quelques légumes constituent une pharmacie naturelle. Aucun arbre ne doit s'allonger au-dessus du jardin, dont les murs seront entièrement dégagés et lisses à l'extérieur.

Le Jardin-Volière sera de forme carrée. C'est la plus économique, puisque 8 mètres sur 2 donnent seulement une surface de 16 mètres carrés, tandis que 5 sur 5 en fournissent une de 25, avec une même longueur de murs.

Le *devis* approximatif s'élèverait, non compris la valeur du terrain, et avec une hauteur de murs de 3 mètres hors du sol[1], à 3.000 francs pour un enclos

---

1. C'est le minimum. Mieux vaudrait 4 mètres pour un jar-

de 100 mètres carrés contenant une logette de 9 mètres carrés. Mais il serait bien préférable de choisir comme dimensions 20 mètres de côté, soit 400 mètres carrés de superficie. La dépense s'élèverait alors, y compris une logette de 25 mètres carrés, à 7 ou 8.000 francs.

Somme insignifiante pour tant de riches amateurs, ou pour un budget collectif, et même pour les professionnels qui tirent bénéfice des élevages de luxe. L'intérêt et l'amortissement annuels de ce capital représentent à peine le prix d'un couple de lophophores avec leurs rejetons.

Maintenant, combien d'oiseaux peut-on placer dans le jardin pour s'y reproduire? Cela dépend des espèces. En variant les genres et surtout les ordres, en réunissant des échassiers, des gallinacés nichant sur le sol, avec des passereaux et des grimpeurs, l'on pourrait atteindre la densité d'un couple au moins par 4 mètres carrés. Cette densité augmentera ou diminuera si l'on introduit plusieurs espèces particulièrement sociables (verdier, étourneau, vanneau) ou particulièrement querelleuses (merle, rouge-gorge, chardonneret).

Un jardin-volière de 4 ares pourrait donc renfermer une centaine de couples, lesquels, en supposant une moyenne de 5 petits par couple, permettraient de repeupler, dès le printemps suivant, une surface de 200 hectares.

Avec une législation sérieusement protectrice, le repeuplement de notre avifaune serait dès lors très prompt. Car la multiplication de certaines espèces

din de 4 ares et au-dessus. Plus le jardin sera vaste, plus les chances de succès augmenteront, surtout pour les espèces très sauvages.

est d'une rapidité fantastique. La perdrix grise pond une vingtaine d'œufs ; dans l'hypothèse, évidemment absurde, où toutes les couvées réussiraient, un seul couple en aurait produit, au bout de 10 ans, 10 milliards. Il faudrait rappeler en hâte éperviers et chasseurs, pour rétablir l'équilibre numérique introduit primitivement dans la Création.

Hélas ! un tel excès n'est guère à craindre. Je redoute bien davantage que le Jardin-Volière ne soit pour nous l'Arche plutôt que le vestibule de l'Éden. Musée vivant, il permettra du moins aux enthousiastes de la nature de perpétuer quelques spécimens des plus intéressantes espèces [1]. Ils s'y enfermeront pour réentendre la voix du rossignol ou admirer le plumage du loriot, tandis qu'au dehors les agriculteurs, transformés en infirmiers des végétaux, badigeonneront de chaux les arbres, aspergeront d'acides les moissons, colleront leurs emplâtres sur les sarments, pour tenter de soustraire encore aux insectes quelques gerbes et quelques fruits.

---

1. Idée réalisée déjà dans la Belgique, où la culture intensive, ce sacrifice égoïste de l'avenir au présent, a tant préjudicié à l'avifaune. L'Exposition Internationale de juin 1914, où notre Jardin d'Acclimatation réunit de si précieuses collections d'oiseaux vivants, révéla ce que les amateurs belges ont obtenu pour l'élevage d'oiseaux indigènes aussi intéressants, utiles, et difficiles à nourrir que sont certains insectivores. Les volières contenaient pics-verts, épeiches, mésanges de toutes les espèces, roitelets, troglodytes, bergeronnettes, pétrocyncles, etc...

XII

PRÉPARATION DE L'ÉLEVAGE

Les éleveurs méritent un chapitre au martyrologe des inventeurs. Nul art plus difficile que le leur, plus complexe, plus exposé aux risques déconcertants. Néanmoins il importe, au lieu d'accuser la Providence ou de maudire la déveine, de mettre dans son jeu toutes les chances de succès. Parlant des éclosions, M. Rogeron écrivait : « On chercherait vainement à expliquer les différences de réussite. Cependant parfois on en entrevoit la cause. Ainsi cela peut venir de la façon dont les œufs ont été couvés... » M. Leroy observe de son côté : « Imiter la nature est bientôt; dit mais, pour y parvenir à coup sûr, il est indispensable de trouver sa formule exacte avec tous ses éléments, sans en omettre un seul. » Une installation défectueuse sur un simple détail peut faire avorter au dernier moment plusieurs mois d'efforts, tandis que la réussite sera en quelque sorte automatique quand on aura déterminé le défaut.

L'on peut construire un jardin-volière beaucoup plus exigu que je ne l'ai précédemment indiqué;

mais, n'eût-il que trente mètres de superficie, il doit réunir toutes les conditions requises d'aménagement.

Surtout, avant de peupler la volière, il importe de bien choisir son hôte le plus important : *l'Oiselier*. J'imagine que mes lecteurs ne disposent pas tous des 300 esclaves de Montézuma. Je leur souhaite davantage un seul serviteur, mais réunissant les qualités nécessaires : amour des oiseaux, intelligence, patience, délicatesse manuelle. L'élevage sera son occupation exclusive : ne l'envoyez pas balayer un escalier, graisser une auto, à l'heure où les oiseaux le réclament; et, pour peu que vous éleviez une centaine de couples, ils le réclameront toute la journée ; dans la volière rarement, mais beaucoup au dehors pour amasser les nourritures. Qu'il soit de préférence marié, afin d'être plus stable, et de pouvoir être remplacé par sa femme en cas d'absence forcée.

L'oiselier et le propriétaire exceptés, nul ne doit pénétrer dans le jardin-volière, surtout à l'époque des pariades ou des couvées, c'est-à-dire de janvier à juillet. Durant cette période, l'oiselier lui-même y séjournera le moins longtemps possible.

Aussi doit-on lui installer *au dehors* une MAISONNETTE-ATELIER pour la préparation des pâtées, la confection des nids-bûches, le classement des graines, le dépôt des vieux nids naturels dont on éparpillera les matériaux dans le jardin-volière au début du printemps. Là sera rangé aussi l'outillage : couveuses artificielles, broyeur mécanique pour les pâtées de viande, instruments de jardinage, haveneaux pour la reprise des jeunes, bibliothèque ornithologique. L'ordre n'est pas seulement l'économie; il est la condition du succès.

Si l'on élève soi-même les couples initiaux de repeuplement, les *parquets* grillagés, ou mieux les salles couvertes d'incubation et de premier nourrissage, bien à l'air, bien au soleil, avoisineront l'atelier.

On ne tolérera dans les alentours la présence d'aucun chat. On dressera des pièges pour les bêtes puantes et les écureuils. Sinon, une porte laissée ouverte par négligence risque d'amener la perte de tout l'élevage.

Hors de la saison active, le *couvoir* pourra abriter des hiboux ou des chouettes qui le purgeront des rats et des souris. Ces rapaces nocturnes, si utiles à multiplier, le seront facilement dans quelque grenier, à l'époque où eux-mêmes ne devront plus être tolérés dans le couvoir. A leur défaut, la mort-aux-rats et les souricières auront raison des petits rongeurs, toujours attirés par la nourriture des oiseaux dont ils croquent aussi les œufs. Une cuve d'eau, surplombée par une planchette-bascule garnie d'un appât, constitue un piège permanent.

A l'atelier et au couvoir annexez un JARDIN-POTAGER pour cultiver, non seulement les fruits et les salades nécessaires à certains oiseaux, mais encore diverses plantes sauvages : morelle, aubépine, seneçon, mouron, etc.. Une *mare*, couverte de lentilles d'eau, est requise pour l'élevage de plusieurs palmipèdes.

Tels sont les indispensables *compléments du Jardin-Volière*. On éloignera de celui-ci tout élément de tapage, toute cause d'effroi, par exemple les chiens hurleurs; c'est assez qu'une barbare incurie leur permette de torturer en ville les travailleurs et les malades ! Ne laissez pas davantage les chats transformer en bruyant harem le toit du jardin-volière, si une installation défectueuse leur permettait d'y grimper.

J'ai résumé dans le précédent chapitre les principaux aménagements du jardin-volière. Il y faut ajouter les PANSOIRS, ceux-ci placés à l'intérieur. Pour les grosses espèces, la nourriture sera distribuée simplement autour de la logette, et éparpillée, de peur que quelques égoïstes ou querelleurs ne l'accaparent. Mais, si l'on possède aussi de petites espèces, surtout des insectivores, nécessitant une alimentation plus coûteuse, plus difficile à se procurer, il faudra établir un pansoir spécial entouré d'un grillage de 4 à 5 centimètres qui permettra l'accès des petits, et non des gros oiseaux. Même, un autre pansoir, avec grillage de 3 centimètres, sera nécessaire, si l'on élève roitelets, troglodytes, ou mésanges bleues. Pour économiser l'espace, on pourra combiner la logette avec l'un des petits pansoirs, en ajoutant à sa porte pleine une porte grillagée, qui permettra aux minuscules insectivores de butiner sur les tas des vers de farine.

Comme il faut renouveler soir et matin les pâtées des espèces délicates, leurs restes seront jetés aux gros oiseaux, à même le jardin, et amélioreront d'autant le régime frugal de ceux-ci.

Maintenant, quels oiseaux introduira-t-on dans le Jardin-Volière ? Je suppose le cas d'un amateur qui recourt à l'élevage pour repeupler ensuite un territoire dont l'avifaune a été détruite.

Le CHOIX DES ESPÈCES et leur installation s'inspireront des principes suivants :

1° *Exclusion nécessaire de tout oiseau* normalement ou accidentellement *avivore* : rapaces, corbeaux, geais, pies, pies-grièches. Les chouettes elles-mêmes, en général inoffensives pour les espèces de la taille du merle et au-dessus, puisqu'elles avalent leur proie plutôt que de la déchiqueter comme les faucons, seront exclues d'une volière renfermant de petits oiseaux. On peut les élever à part, et, comme je l'ai dit, dans un grenier, où on les nourrira de déchets de viande, en sus des rats et souris qu'elles captureront.

2° Ne pas associer des *espèces trop disproportionnées*. Un héron épuiserait la nourriture des passereaux. Mais, les hérons nichant en colonies, l'on pourrait transformer le jardin en héronnière pour y multiplier seuls ces beaux échassiers. Il serait intéressant de changer les genres d'élevage dans une même volière, de 3 en 3 ans par exemple.

3° Sous cette réserve de la taille, on peut réunir des ordres très différents : échassiers, passereaux, grimpeurs, etc. Cette variété permet même de renfermer un plus grand nombre de couples.

4° Dans un même ordre, certains genres sont sociables, d'autres querelleurs. L'on ne pourra placer qu'un couple de grands grèbes, de poules d'eau, de merles ou de rouges-gorges dans un espace où vingt couples de mouettes ou de verdiers cohabiteront en paix.

5° Pour prévenir les disputes et protéger les faibles, il importe de multiplier et d'espacer les *places de nourrissage*, et les endroits disposés pour la nidification de plusieurs couples d'une même espèce.

6° Certains genres, sociables en général, cessent de l'être vis-à-vis d'autres déterminés : les faisans, par exemple, à l'égard des perdrix.

7° Pour *éviter les métis*, peu intéressants, et d'ordinaire improductifs, on variera les genres plutôt que les espèces d'un même genre [1].

8° On évitera d'introduire seul un nouveau-venu, en raison de la suprématie querelleuse que s'arrogent parfois les premiers occupants. (Ceci est moins à craindre dans un vaste jardin-volière.) On peut aussi placer d'abord le nouveau-venu dans une cage, afin que ses persécuteurs s'habituent à sa vue sans pouvoir l'atteindre.

9° Le *choix entre les espèces de nos oiseaux indigènes* sera dicté par diverses considérations : facilité d'élevage, sociabilité, rareté, utilité, intérêt pittoresque, aire de dispersion. Très peu d'espèces réunissent toutes les conditions désirables pour le repeuplement d'un territoire à ces divers points de vue.

La première condition est que l'espèce soit relativement sédentaire. Sur ce point j'ai établi le tableau suivant. Mais, vrai pour les bords de la Loire, il cesse de l'être ailleurs. Telle espèce, que je classe erratique, pourra être migratrice ou sédentaire dans d'autres régions. L'abondance ou la disette exceptionnelle de nourriture peut aussi modifier cette classification.

---

1. N'en déplaise à certains catholiques, partisans d'un transformisme mitigé, la Bible proteste contre l'évolutionnisme. Non seulement la Genèse enseigne que Dieu créa tous les êtres « suivant leurs espèces », mais la production artificielle d'hybrides est condamnée par le Lévitique : « Tu n'accoupleras point un animal avec des bêtes d'une autre espèce. »

ABSOLUMENT SÉDENTAIRES

(dans un rayon de quelques hectomètres)

Hulotte, Chevêche, Pic-vert, Draine, Merle noir, Accenteur mouchet, Rouge-gorge, Troglodyte, Cochevis, Mésange charbonnière, Corneille, Pic, Perdrix grise.

DEMI-SÉDENTAIRES

(dans un rayon de quelques kilomètres)

Effraie, Lulu, Mésange nonette, Mésange à longue queue, Bruant zizi, Moineau, Sittelle, Grimpereau, Epeiche, Martin-pêcheur, Ramier, Perdrix rouge, Poule d'eau.

ERRATIQUES

(dans un rayon d'une dizaine de lieues)

Moyen-duc, Scops, Epeichette, Grive, Farlouse, Âlouette des champs, Mésange bleue, Mésange huppée, Bruant jaune, Chardonneret, Linot, Pinson, Tarier, Verdier, Gros-bec, Bouvreuil, Etourneau, Choucas, Geai, Vanneau, Héron cendré, Butor, Foulque, Castagneux, Bergeronnette grise, Râle d'eau, Bécasse.

MIGRATEURS

Les nombreuses espèces non inscrites dans les listes précédentes émigrent, quelques-unes en été vers le nord, toutes les autres vers le sud en hiver.

Le deuxième point de vue à considérer, c'est la *facilité* de l'élevage. Les débutants surtout doivent éviter les espèces trop délicates, sous peine de perdre beaucoup de sujets ; ils appauvriraient ainsi la nature au lieu de l'enrichir, et se décourageraient. D'ailleurs, en repeuplant 5 ou 6 espèces, moins intéressantes ou moins utiles, ils repeupleront aussi les autres sur un territoire, parce que les risques de destruction à l'état libre se répartissent entre tous les oiseaux. Voici, d'après divers auteurs ou d'après mes expériences personnelles, la liste des espèces dans l'ordre où leur élevage est le plus *facile* :

Verdier, Moineau, Merle, Grive, *Draine*, Étourneau, Chardonneret, Linot, Corbeaux divers, Ramier, *Épeiche*, *Hiboux* et *Chouettes*, Caille, *Œdicnème*, *Vanneau*, *Bécasse*, *Bécasseau combattant*, *Avocette*, *Courlis*, *Spatule*, Hérons, Poule d'eau, *Râles*, Foulque, Oie bernache, Grèbe castagneux.

J'ai souligné le nom des espèces recommandables par leur utilité. Surtout carnivores, on les élèvera facilement avec des vers, de la viande ou des pâtées. Plusieurs néanmoins s'accoutumeront ensuite au pain ou aux graines.

Parmi les espèces dont l'élevage est plus particulièrement *difficile*, je signale les perdrix, les outardes, l'eider, et la plupart des petits passereaux insectivores. D'autres espèces, qui s'élèveraient facilement, sont trop coûteuses, particulièrement les piscivores : grèbes, harles, cormoran, plongeons, pingouins, martin-pêcheur.

Au point de vue de l'*utilité*, les plus recommandables espèces sont évidemment les insectivores sédentaires. Le troglodyte par exemple, sédentaire et pur insectivore, est en outre un excellent chanteur. C'est ce petit oiseau roussâtre, toujours en mouvement, la queue retroussée, qui purge de leurs parasites nos haies ou nos granges. On l'appelle vulgairement burichon ou roitelet, quoiqu'il n'ait rien de commun avec les roitelets, migrateurs ceux-ci.

J'ai tenté sans succès son élevage; d'autres l'ont réussi. Je transcrirai modestement mes observations, puis les leurs, pour montrer, dans un des cas les plus difficiles d'élevage, la différence d'une mauvaise méthode et d'une bonne. Voici d'abord mes notes quotidiennes :

31 Mai. — Pris au nid 2 troglodytes, au moment où le reste de la couvée s'envolait. Très agités. Laissé reposer une heure dans leur cage, où j'ai placé le nid. Refusent la nourriture. Ouvert les becs avec une baguette. Donné, chaque heure, 2 larves de fourmis et 1 ver de farine.

1er Juin. — Commencent à ouvrir le bec. Piaillent une heure environ après le pansage. Je leur donne du bœuf haché et bouilli. J'essaie des chenilles de haie, de la graisse. Très familiers; viennent à la nourriture. Je leur donne de la confiture de groseille.

2 Juin. — Dépérissent et reculent, très mauvais symptôme. Frileux, rencoignés. Pour les sauver, je les reporte sur une branche auprès de leur lieu de naissance. Les parents viennent les reprendre et les cachent.

Il est probable que j'ai intoxiqué ces oiseaux avec la chenille de haies, que très peu d'oiseaux mangent, ou avec la confiture, les troglodytes ne touchant point aux fruits. Sans doute aussi, par paresse, les ai-je trop bourrés et ai-je trop espacé leurs repas.

Voici les conseils que m'ont donnés, depuis lors, les amateurs qui ont réussi cet élevage : Chaque demi-heure, distribuer seulement 1 ou 2 bouchées menues de pâtée Duquesnes (insectivores) délayée dans de l'eau très pure ou bouillie. (Le lait provoque la diarrhée.) Ajouter 1 ver de farine coupé en 2. Placer de la pâtée dans la cage pour que les oiseaux s'essaient à manger d'eux-mêmes. Bien les abriter dans leur nid recouvert d'un lainage.

Ce régime très simple réussit parfaitement. Il faut donc éviter les tâtonnements risqués, l'essai du mieux, à moins d'expérimenter sur des espèces robustes ou peu intéressantes. Puis, en général, il faut *craindre l'excès plutôt que l'insuffisance d'alimentation.*

J'ajoute, pour encourager mes confrères, et en finir avec mes actes d'humilité, que j'ai élevé sans difficulté les espèces suivantes :

Une couvée d'épeiches, avec des larves de fourmis, des sauterelles, des vers de farine, plus tard quelques fruits, du cœur de bœuf bouilli et haché ;

Une couvée d'alouettes lulus avec des sauterelles, des larves de fourmis, puis de la viande hachée et de menues graines ;

Plusieurs couvées de grives avec une alimentation variée et grossière : panade au lait bouilli, cœur de bœuf, pain mouillé de vin, régime auquel ces oiseaux préféraient de beaucoup les vers de farine et les achées. Du foie de bœuf a failli les tuer. La panade les alourdit. Elles redeviennent gaies, alertes, dès qu'on leur restitue des insectes. Plus tard, elles croquent quelques fruits, les mûres surtout. Les fourmis et les chenilles (d'arbres fruitiers) sont leur meilleur régal. J'ai guéri de la fièvre plusieurs de ces oiseaux en les trempant dans l'eau froide.

———

Au point de vue de l'*intérêt pittoresque*, les échassiers et les palmipèdes occupent le premier rang.

L'ordre des échassiers est certainement le plus menacé par la scandaleuse licence de la chasse. Or, tandis que la domestication des palmipèdes est entrée dans nos mœurs, bien peu d'amateurs s'avisent de tenter en volière la reproduction des hérons, courlis, chevaliers, etc., les plus élégants, les plus discrètement colorés des oiseaux.

Cependant la domestication de plusieurs genres serait possible. L'élevage des jeunes est ici singulièrement plus aisé que chez les palmipèdes.

Le râle de genêt, par exemple, s'élève tout seul. La série des ardéidés donnerait d'aussi heureux résultats.

J'ai élevé aisément deux bihoreaux : la difficulté n'est pas, comme pour certains oiseaux, de provoquer leur appétit, mais de le satisfaire.

M. Plocq, dans le Marais vendéen, a réussi l'élevage de nombreux échassiers, notamment l'échasse à pieds rouges.

Je ne crois pas qu'il existe un plus gracieux volatile. Après lui viendrait l'avocette. Au Jardin zoologique de Cologne, le docteur Bodinus a pu substituer le pain humecté à la viande et au poisson pour le nourrissage de l'avocette. Brehm écrit du bécasseau combattant, au merveilleux bouclier-collerette : « De tous les tringidés, aucun n'est aussi facile à garder en captivité. Dès la première heure il est comme domicilié. »

Après les Égyptiens, les Anglais élèvent l'ibis. La magnifique spatule blanche, au bec si étrangement aplati, s'habitue, selon Brehm, à un régime varié, animal ou végétal ; ses mœurs douces la désignent pour peupler une volière. Rien ne serait plus facile que de domestiquer le vanneau et la bécasse. L'œdicnème a été déjà utilisé pour purger les jardins de leurs parasites. Avec de la viande le courlis supporte aisément la captivité. La grue orne de nombreux parcs.

Le héron nain, ou blongios, serait l'hôte le plus charmant d'une volière, s'il n'était querelleur, peut-être avivore, et dangereux même pour l'homme inattentif, ainsi que tous les ardéidés, qui détendent soudain leur long bec et visent aux yeux. Tous les hérons nichant en colonies, il serait aisé de sauver leur race si menacée, en les faisant se reproduire dans un vaste jardin-volière. Leur élevage est assez coûteux, mais facile.

Un propriétaire angevin, M. Maurice de Soland, a obtenu la reproduction de cigognes éjointées dans un vaste parc. Si les jeunes n'étaient tués aux alentours par d'ineptes chasseurs, l'espèce se propagerait aisément dans le pays. Peuplement d'autant plus souhaitable que les cigognes sont en voie de disparaître, intoxiquées en Algérie par les grains empoisonnés, ou fusillées durant leurs migrations.

Quant à l'élevage des palmipèdes, on consultera pour les canards le grand ouvrage où M. Rogeron a résumé les observations de toute sa carrière ornithologique. Il recommande, pour sa sociabilité, le pilet. La sarcelle d'hiver se reproduit facilement, ainsi que le canard sauvage[1]. Le magnifique ta-

---

1. *Les Canards*, par Gabriel Rogeron (Baillère éditeur, Paris).

dorne, difficile à domestiquer, le fut peut-être chez les Romains : il figure sur les mosaïques de Pompéï.

Parmi les oies, Brehm recommande la bernache. On peut l'habituer à se nourrir de graines et de plantes vertes. Elle devient fort privée.

Buffon nie que les flamants roses puissent se reproduire en captivité. Je crois le contraire si on élevait des jeunes comme reproducteurs. Il leur faut un peu d'eau salée ; on pourrait consacrer un bassin à cet usage. Ils nichent en colonies, sont très familiers, et paisibles à l'égard d'autres oiseaux.

Le moins coûteux et le plus sociable des grèbes est le castagneux. Sédentaire, et partout traqué, il serait à souhaiter que l'on propageât l'espèce en jardin-volière. Il figure fréquemment dans les parcs zoologiques d'Allemagne et d'Angleterre.

Les mouettes et goélands se reproduisent facilement en captivité et nichent par colonies. Les goélands sont voraces, très querelleurs. Brehm recommande l'élevage des mouettes, surtout de la rieuse. On peut les habituer à manger du pain, et plusieurs sont insectivores. Les goélands réunis aux mouettes dévorent parfois leurs œufs. Tous les laridés rendent service en purgeant la mer et les fleuves de leurs charognes. Ceci compense leurs destructions de poissons.

***

Au choix des espèces doit s'ajouter le choix des individus. Il faut d'abord éviter, surtout à la seconde génération, la *consanguinité* des couples. La race s'abâtardit, devient stérile en volière.

Puis, autant que possible, les parents seront de même *âge*. Ceci importe moins. M. Leroy a obtenu la reproduction d'un couple de poules d'eau dont le mâle avait 11 ans; M. Rogeron, d'un couple de canards dont la femelle en comptait 19. Cependant il vaut mieux choisir des sujets jeunes.

M. Leroy recommande, comme reproducteurs, des types choisis dans les premières couvées. A-t-il raison? Dans beaucoup d'espèces les sujets les plus vigoureux sont ceux qui naissent en été.

Il importe extrêmement qu'un oiseau captif, que l'on veut accoupler, ne l'ait pas été, à l'état libre, avec un autre qui continue de vivre aux alentours de la volière. Ils se donneraient des rendez-vous au grillage, et même le captif persécuterait l'époux qu'on s'efforce de lui faire agréer. J'ai vu une femelle merle traquer ainsi un mâle jusqu'à ce qu'il périsse de faim. Le mieux, dans ce cas, est de capturer le conjoint libre en plaçant l'autre sous un trébuchet.

Il faut pour l'élevage une certaine expérience de la *psychologie des oiseaux*. Si la mentalité générale de chaque espèce demeure fixe, néanmoins celle des individus varie entre les limites assignées à cette espèce. Les sujets sont plus ou moins intelligents, aimants ou méchants. Plusieurs manifestent des goûts bizarres, et affectionneront, par exemple, une femelle infirme de préférence aux autres. Parfois des pères dénaturés tuent leurs petits pour forcer la mère à s'accoupler de nouveau. Les jalousies des mâles sont terribles souvent, et ne finissent qu'à la mort du plus faible. D'ordinaire elles ressortissent moins à l'individu qu'à l'espèce; c'est pourquoi il importe de ne pas multiplier sur un petit espace les merles, les rouges-gorges, les poules d'eau. D'autres espèces sont querelleuses pour accaparer la nourriture : les mésanges, par exemple ; elles bouleversent les nids en construction.

L'élevage des sujets en captivité atténue d'ordinaire les défauts inhérents à l'espèce. On voit alors nicher presque côte à côte des oiseaux naturellement insociables. Aussi le *choix de couples reproducteurs nés en volière* est-il d'ordinaire préférable à celui de couples capturés adultes.

L'élevage des couples reproducteurs initiaux devient indispensable s'il s'agit de certains genres particulièrement farouches, ou ne nichant pas sous nos climats à l'état libre. Même dans un vaste jardin-volière, il est douteux que l'on puisse sans cette mesure obtenir la ponte, et surtout l'incubation, des grimpeurs et d'un grand nombre d'échassiers. J'ai vu néanmoins des vanneaux, pris à la chasse, devenir aussi familiers que des poules. M. Leroy cite un râle d'Australie qui, capturé adulte, s'est reproduit. Quant aux petits passereaux sédentaires, tous, capturés adultes, nichent très facilement en grande volière. Ceci épargne à l'éleveur l'une de ses tâches les plus ardues : l'incubation et le nourrissage des couples initiaux.

XIII

TECHNIQUE DE L'ÉLEVAGE

L'élevage des couples initiaux est bien inégalement difficile, selon qu'il s'agit de familles dont les petits ne quittent le nid qu'après leur croissance, ou de familles dont les petits s'évadent dès l'éclosion. Le dénichage tardif suffit pour les premières ; les secondes exigent l'incubation artificielle et le premier nourrissage.

I. — RAPACES. PASSEREAUX. GRIMPEURS. COLOMBIDÉS. CERTAINS ÉCHASSIERS.

Tous ces oiseaux ne quittent le nid qu'après leur croissance. On laissera donc les parents les y nourrir le plus longtemps possible avant de les capturer. Si l'on peut se procurer deux nichées d'une même espèce, on assortira plus tard pour la reproduction les mâles de l'une avec les femelles de l'autre (cette remarque s'appliquera aussi bien aux oiseaux de la seconde série, celle dont il faut faire couver les œufs). L'incubation naturelle et le nourrissage libre par les parents, outre l'économie de travail pour l'oiselier, donnent des résultats bien supérieurs à l'élevage artificiel.

Pour quelques espèces comme le chardonneret, les chouettes, l'oiselier pourra se croiser les bras, même après le dénichage : il lui suffira de suspendre la cage auprès du lieu de naissance ; les parents viendront panser leurs petits jusqu'à ce que ceux-ci aient appris à manger la nourriture qu'on mettra auprès d'eux.

Pour les autres espèces la difficulté du nourrissage varie extrêmement. On a vu les soins que réclame le troglodyte, tandis que n'importe quel gamin sait élever des merles avec une panade au lait. J'ai élevé très facilement (outre les exemples déjà cités) des bihoreaux avec de petits poissons et de la viande bouillie et hachée ; une hulotte avec des morceaux de viande, des souris, des chauves-souris. M. Millet préconise pour les jeunes loriots, grives, etc., une pâtée de mil et de figues, fraîches ou sèches, ajoutée aux vers de farine ; pour les pics, torcols, un hachis de cœur de bœuf ou de mouton assaisonné de larves (vulgairement œufs) de fourmis, avec quelques vers de farine. Mais, pour les insectivores et les autres oiseaux difficiles à élever l'on trouvera des renseignements détaillés au paragraphe de l'Elevage des jeunes par les parents captifs, dont la besogne se confond ici avec celle de l'oiselier. Celui-ci doit aussi les imiter dans le réglage des repas, de préférence nombreux et peu abondants ; ces repas seront plus espacés au milieu du jour, et le dernier, plus copieux, sera donné une demi-heure avant le coucher du soleil.

II. — AUTRES ÉCHASSIERS. PALMIPÈDES. GALLINACÉS.

La conquête des couples initiaux est beaucoup plus difficile dans ces ordres, puisque, les petits quittant le nid dès leur éclosion, il est nécessaire de faire couver les œufs et de donner ensuite soi-même la nourriture du tout premier âge.

Quant aux oiseaux capturés adultes, dans la plupart des familles de ces ordres ils n'auraient presque aucune chance de se reproduire en captivité, à moins de tenter une réclusion préalable assez étroite, au sortir de laquelle un vaste jardin-volière leur fournirait, à l'époque des pariades, une illusion de délivrance. « La contrainte, dit Leroy, a pour premier effet de paralyser toute velléité de reproduction. » Les oiseaux élevés en captivité s'accouplent au contraire très facilement. Ainsi s'explique la domestication progressive d'espèces d'abord aussi réfractaires que l'oie sauvage. L'apprivoisement des adultes pourrait exiger plusieurs années, peut-être échouer définitivement dans divers genres. Il vaut donc mieux se procurer les petits dans la première série pour les espèces particulièrement réfractaires comme les grimpeurs, et dans la seconde se résigner aux difficultés de l'incubation artificielle.

Dans l'une et l'autre séries il serait préférable de se procurer deux couvées, afin de joindre plus tard les mâles de l'une avec les femelles de l'autre.

Acquisition des œufs.

Leroy cite des œufs couvés, puis refroidis durant 48 heures, qui ont amené des éclosions. Plus l'incubation est avancée, moins le refroidissement est à craindre, l'embryon développant sa chaleur propre. Néanmoins, il faut éviter le plus possible de faire couver des œufs qui aient été dérangés après le début de l'incubation, c'est-à-dire après l'achèvement de la ponte. Cette règle est absolue en cas de transport lointain.

Les œufs recueillis à mesure de la ponte, et qu'on ne donne pas immédiatement à couver, seront gardés dans un lieu frais, une cave par exemple, et confiés à un pot de grès ou de terre rempli et recouvert de son. Tous les jours on les retourne, sans quoi le jaune adhérerait à la coque.

Les œufs achetés au loin, et qui doivent toujours être frais pondus, voyageront dans une caisse inodore, enveloppés de son, jamais de sciure d'un bois résineux comme le sapin. L'odeur empoisonnerait le germe. On réduira au minimum le risque des heurts violents ; mieux vaut visser que clouer la caisse. Les œufs seront placés verticalement, le gros bout en haut.

A l'arrivée, un repos d'un ou deux jours est nécessaire avant qu'on les mette à couver. Leroy conseille pour ce repos la position horizontale; d'autres auteurs, la pointe en bas.

La durée de l'incubation varie beaucoup suivant les espèces : par exemple, 10 à 12 jours pour les petits passereaux, 17 environ pour la caille, 25 pour les perdrix, 30 et au delà pour de plus gros volatiles. Diverses circonstances, tel le choix de l'incubateur, peuvent hâter ou retarder l'éclosion. On fait couver les œufs, soit par la couveuse artificielle, soit par des poules, tourterelles, dindes ou autres mères adoptives. Beaucoup d'éleveurs combinent les deux systèmes.

Couveuse artificielle.

Cet appareil, inventé il y a une cinquantaine d'années, et fort perfectionné, sert à l'incubation des œufs, puis au réchauffage des poussins. Il est nécessaire à tout éleveur, les couveuses naturelles n'étant pas toujours disposées quand on a besoin d'elles. Le degré de chaleur varie selon les espèces. M. Vallée, l'un des initiateurs, recommandait 37° centigrades pour les volailles; aujourd'hui, l'on préfère 40°; la vérité est sans doute intermédiaire. En tout cas, pour les canards et autres oiseaux aquatiques, il ne faut pas dépasser 38°.

On recommande d'asperger d'eau tiède les œufs chaque jour, au moins pour les espèces aquatiques. Pour toutes les espèces il est nécessaire de les retourner, comme le font quotidiennement les oiseaux. Il faut les laver avec soin si un œuf cassé, un accident quelconque les salit. Gardez-vous de hâter l'éclosion en aidant un petit à briser sa coquille; la moindre éraflure le tuerait.

On peut, au bout de quelques jours d'incubation, mirer les œufs au moyen d'un carton découpé, afin de se débarrasser des mauvais. Cette opération devient nécessaire plus tard, de peur qu'un œuf corrompu n'intoxique les germes voisins. Au début un point noir, plus tard de longues veines indiquent la vie s'ils remuent, la mort dans le cas contraire. Les œufs qui restent clairs sont infécondés.

La lampe doit être bien nettoyée, non fumeuse; aucune odeur ambiante ne sera tolérée. Autant que possible reconstituez le milieu naturel de l'œuf : une couche de joncs secs pour les palmipèdes; pour d'autres espèces de la laine, des herbes inodores. Les mêmes précautions restent nécessaires après l'éclosion.

Couveuses naturelles.

Nulle invention humaine ne saurait égaler et suppléer la nature, émanée de la conception divine. Très inférieures aux mères naturelles, les mères adoptives surpassent encore dans bien des cas la couveuse artificielle. Rien ne remplacera une perdrix pour faire éclore des œufs de perdrix ; néanmoins le résultat est encore supérieur avec une poule naine qu'avec nos machines : « Ce n'est pas seulement, observe M. Leroy, de la chaleur moite que la couveuse galline transmet aux embryons contenus dans les œufs dont elle a pris charge ; mais, dans son amour instinctif de mère, elle se dépense à leur égard en fluides vitaux, en effluves magnétiques, en principes, en un mot, d'une nature intime et mystérieuse qu'aucune machine ne saurait remplacer et qui en feront, à l'éclosion, des oiseaux parfaits physiquement, et, suivant un terme peut-être risqué, mais qui rend bien ma pensée, psychologiquement. »

Il faut, autant que possible, du moins par la dimension, une mère adoptive qui se rapproche de la mère naturelle. La dinde est la meilleure couveuse, mais trop lourde en bien des cas. La faisane doit être écartée en général, à cause des nombreuses maladies introduites dans les élevages par les phasianidés.

M. Plocq, le très ingénieux éleveur vendéen, qui a réussi l'incubation de presque tous nos oiseaux indigènes, fait couver avec succès par ses tourterelles une foule d'espèces de moyenne taille, particulièrement les petits échassiers. La perdrix, le vanneau domestiqués rendraient sans doute aussi d'immenses services.

Communément on emploie les poules. Elles offrent de graves inconvénients pour d'autres élevages que celui de leurs poussins. Elles écrasent les œufs et les petits d'espèces inférieures, enterrent la nourriture avec leur habitude de gratter. Souvent elles développent trop de chaleur; il faut alors les soulever de temps en temps pour renouveler la provision d'air. Il importe au contraire de recouvrir les œufs d'un lainage lorsqu'elles s'absentent pour un trop long repas.

Les individus diffèrent beaucoup; certaines poules sont d'excellentes, d'autres de détestables couveuses. On doit évidemment choisir les espèces selon le volume et la délicatesse des œufs qu'on fera couver. Voici quelques observations de M. Rogeron relatives à l'incubation des palmipèdes : « Tant que dure le printemps, j'ai une quinzaine de poules à couver, toutes généralement excellentes. Les unes couvent des œufs de bernaches ou de canards; les autres, de mauvais œufs ou des œufs de plâtre en attendant que les œufs que je dois leur donner soient tous pondus. J'en ai ainsi à couver en plus ou en trop, qui attendent les événements imprévus. Ces dernières ont pour but de remplacer immédiatement celles qui peuvent venir à manquer, soit qu'elles s'ennuient de couver, soit qu'elles tombent malades; de cette façon j'ai aussitôt une poule de rechange.

« Les poules ont un seul inconvénient pour couver les œufs de canards, c'est qu'elles n'arrivent jamais mouillées, comme les canes, sur leur nichée, et l'humidité est très saine à cette dernière; mais on peut y obvier en leur mouillant le plumage de temps en temps. Il ne faut point non plus les faire couver trop au sec...

« Il me fallait une race intermédiaire entre les poules naines et les grosses poules. Cette race, je l'ai formée en croisant des poules naines avec des brahmas herminées, et en choisissant toujours celles se rapprochant de ce dernier type, parmi les individus ayant la grosseur désirée. Je suis arrivé ainsi à posséder des sujets ayant tous les caractères de la brahma herminée, blancs avec collerette, ailes et queue noires, puis, ce qui est bien préférable, ayant toutes les qualités d'excellentes couveuses, suivies plus tard de celles d'excellentes mères, tout en ayant la taille intermédiaire entre la poule ordinaire et la poule naine. Les poules de cette race peuvent me couver 11 ou 12 œufs de mandarins, tout aussi bien et dans les mêmes conditions que les naines 6 ou 7 au plus.

« J'ai pour principe de garder mes bonnes couveuses indéfiniment ou du moins tant qu'elles veulent bien se comporter, car, de temps à autre, il arrive qu'en vieillissant elles perdent leurs qualités de couveuses. »

Parmi les grosses poules, les plus communes espèces sont souvent les meilleures couveuses. Parmi les naines, les préférables sont les barbaries et les négresses. Durant les fortes chaleurs les poules sont sujettes aux poux, danger sérieux pour la couvée. On y remédie par des insecticides; les ménagères rustiques placent simplement dans le nid quelques brins de noisetier sauvage. On peut aussi arroser avec un désinfectant le sable où les couveuses se poudrent [1].

---

1. Voici le plus sûr procédé d'élevage pour les perdreaux : Enfermer la mère adoptive sous une mue à travers le grillage de laquelle les perdreaux iront quêter les insectes dans l'herbe et

Combinaison des deux systèmes d'incubation.

Le faisandier du Jardin d'Acclimatation confie à la couveuse artificielle le début de l'incubation, et à la poule les huit derniers jours. Fauque, Lagrange recommandent l'usage de la poule durant une moitié au moins de l'incubation. M. Levitre, dans l'*Organisation des chasses*, estime préjudiciable à l'avenir d'une race l'emploi exclusif de la machine : « La poule, en effet, émet des fluides vitaux qui agissent sur le germe. »

J'ai élevé avec succès une couvée de râles, d'abord avec l'incubation naturelle, remplacée par la machine au moment de l'éclosion, de peur que la poule n'écrasât ces délicats oiseaux. Six heures après leur naissance, ils picoraient le sable. On leur tendit, au bout d'une baguette, une pâtée faite de cœur de bœuf bouilli et de menus vers de terre. Ils mangèrent très bien, puis rentrèrent bientôt d'eux-mêmes sous l'éleveuse artificielle où je les avais transportés. J'ajoutai ensuite des vers de farine coupés et des graines écrasées, orge, millet, puis de la mie de pain. Dès le second jour, mes râles mangèrent seuls. On leur humectait le bec pour les rafraîchir. Plus tard, ces oiseaux boivent fréquemment.

les massifs. On leur distribuera en outre du millet, des jaunes d'œufs, du pain égrené, surtout des larves de fourmis. Au bout d'une ou deux semaines, on lâchera pendant le jour la poule avec ses élèves. Plus tard on coupera une aile à ceux-ci. Ils vivront dès lors en domesticité. Par beau temps, on peut élever ainsi une couvée de perdreaux gris sans perdre un seul sujet. Le risque est bien plus grand pour les rouges, à l'époque de la mue. Si l'on pratique cet élevage en liberté, il faut enfermer les volailles, car elles mangent tous les insectes et battent les perdreaux.

Mes râles devinrent très robustes; aucun n'a été atteint par les maladies qui déciment les élevages de perdreaux. En outre, ces oiseaux sont extrêmement familiers, ne cherchent jamais à s'enfuir, sauf à l'époque des migrations, instinct qui s'atténuerait, sans doute, après quelques générations de captivité. Ils n'ont pas souffert de la première mue, épreuve terrible pour tant d'oiseaux. Maintenant, je leur donne une nourriture variée, animale et végétale, dont le fonds principal est la pâtée de cœur de bœuf et de mouton, ou même la simple faisandine. Les vers de terre sont toujours le régal préféré.

Si je puis me procurer une autre nichée, afin d'éviter la consanguinité, je suis convaincu que je réussirai la ponte et l'élevage naturel en grande volière, et que la domestication du râle sera une question résolue.

Sans doute les amis inconnus qui, fidèles aux évolutions multiples de ma vie littéraire, me chercheront parmi les genêts de Vendée, sur un hippodrome parisien, dans les sanctuaires d'Arles, ou à la tribune de la Convention, s'étonneront-ils de me découvrir dans un poulailler.

Mais, dix ans après l'inéluctable naufrage de la quarantième année, quand les épaves dispersées de notre jeunesse s'enlisent sur les plages du souvenir, à qui demander un refuge contre un monde renouvelé dont il nous faut subir l'ambiance et qui ne nous est plus rien? Les uns le mendieront aux éphémères trompe-l'œil de l'art; d'autres aux muets, aux inquiétants colloques de leur chien. Les plus sages se tourneront vers l'espérance chrétienne, vers les miraculeuses assistances du Ciel, enfin vers ces devoirs de charité dont l'ingratitude coutumière accroît le mérite. Que Dieu m'accorde la grâce de les imiter sans défaillance ! Mais ces heures où l'âme fatiguée n'a plus de prière, où le cœur se replie sur sa propre souffrance et n'aperçoit plus l'indigent, qui les comblera ? Alors nous revient en mémoire la perdrix familière de l'apôtre Jean. Au chasseur qui lui reprochait cet enfantillage, il répondait : « Je détends mon âme, comme vous votre arc. » Et c'est encore l'Oiseau, l'être ailé, qui nous distrait le moins de l'unique but de la destinée humaine. Cette poule vulgaire elle-même, Jésus n'a pas dédaigné un jour de se comparer à elle, lorsqu'elle s'efforce de rassembler sa couvée. Et enfin, si viles que puissent paraître à certains les tâches inférieures de l'élevage, elles gardent cependant quelque chose d'auguste; elles représentent une collaboration anxieuse avec le mystère de la vie; elles démontreraient encore davantage, s'il le fallait, l'ineptie des songe-creux qui jugent le Hasard capable de produire, de diversifier et de perpétuer les êtres.

Le prodige de la germination de l'œuf accompli, je ne conseille pas aux éleveurs de s'en rapporter au Hasard pour entretenir et développer la nouvelle et si fragile existence ! Même les couveuses adoptives ne suffisent pas le plus souvent à suppléer ici les mères naturelles. Et voilà où l'instinct se distingue de l'intelligence. Cette poule, à qui un instinct providentiel fera trouver en liberté la nourriture exacte nécessaire à ses poussins, ne saura, ni reconnaître ce qui convient à sa couvée adoptive, ni ménager les aliments que la raison de l'homme place à leur portée.

Aussi importe-t-il d'établir un grillage ou une *mue* que les petits seuls puissent franchir pour trouver ces aliments dispendieux et rentrer ensuite se réchauffer sous la poule, à qui une nourriture grossière suffit. Au début toutefois, un peu de la nourriture des jeunes sera mis à la portée de celle-ci, pour qu'elle les instruise à la becqueter. Si l'on recourt à la couveuse artificielle, c'est l'oiselier qui se chargera de cette éducation. Il devra même l'assumer avec le système de la mère adoptive, s'il s'agit d'oisillons qui, comme les jeunes gallinules, cherchent leur nourriture en l'air ou à la surface de l'eau, au lieu de la recueillir sur le sol. Sans cela, dit Leroy, « la poule éparpille en vain la pâtée et multiplie les appels. Il faut suppléer à l'insuffisance de l'éleveuse, et, durant quelques jours, présenter aux élèves, en hauteur, au bout des doigts, la nourriture ».

On ne doit faire manger les petits que 24 heures au moins après l'éclosion; ils périssent étouffés s'ils n'ont pas achevé de digérer l'albumine de l'œuf.

En cas d'élevage avec la couveuse artificielle, le *séchoir* du premier jour doit être maintenu à la même température que le compartiment d'incubation (37 à 40 degrés). L'air sera renouvelé, en entre-bâillant le couvercle. Même température ensuite pour le *réchauffoir-abri*, protégé par un rideau de laine que les poussins apprennent vite à entr'ouvrir pour gagner leur pansoir et pour rentrer.

Le *parquet de nourrissage*, ensoleillé avec des coins d'ombre, sera, autant que possible, abrité contre la pluie par un vitrage. On peut aussi user d'une chambre bien éclairée, et tapissée de sable, d'herbes sèches, avec quelques touffes de mouron ou d'autres plantes rafraîchissantes, variées selon les espèces.

Il faut éviter, surtout aux premiers jours, l'abus de la boisson, qui consistera en eau très pure ou bouillie. M. Leroy l'additionne d'herbe à mille feuilles ou d'un peu de bordeaux. J'ai parlé précédemment de l'espacement des repas. M. Plocq m'écrit à ce sujet : « Je donne la nourriture le plus souvent possible et en petite quantité, toutes les demi-heures d'ordinaire. Toutefois, pour les oiseaux carnivores, il faut attendre qu'ils aient bien digéré. » M. Levitre, pour les tout jeunes faisans, préconise : 1ᵉʳ repas à 6 heures (larves de fourmis); 2ᵉ à 9 heures (pâtée); les suivants (pâtée) à 11, 13, 15 heures; le dernier (larves) à 18 heures; verdure naturelle (mouron, chou, salade, etc.) à discrétion.

Il faut éviter, s'il s'agit d'oiseaux coureurs élevés par une poule, des perdreaux par exemple, de les laisser trop tôt vagabonder avec elle au dehors à la recherche des insectes, à moins de disposer d'un espace clos, assez aplani, et où aucune bête de proie, la pie par exemple, ne puisse pénétrer.

Quant au choix des nourritures du premier âge, je renvoie ici, comme pour les oiseaux de la 1ʳᵉ série, au paragraphe de l'Élevage des jeunes par les parents.

ENTRETIEN DES COUPLES REPRODUCTEURS

Il est prudent de continuer, plus ou moins, l'alimentation fortifiante jusqu'après la crise, toujours grave, de la première mue, c'est-à-dire jusqu'à la fin de l'été. L'hygiène vaut mieux que la médecine; un

oiseau malade en volière est difficilement guéris-
sable.

Mais l'oiseau, devenu *adulte*, peut se contenter
d'une nourriture plus commune, plus économique.
On transforme ses habitudes sans qu'il pâtisse trop;
certains piscivores acceptent la viande; beaucoup
de semi-insectivores vivront de graines ou de fruits.
Voici, d'après les indications de divers auteurs[1], le
Régime économique de nos oiseaux indigènes. Il
importe de le varier, et de restituer de temps en
temps une nourriture plus fortifiante, ou plus normale à l'espèce :

1° Les *chouettes* et *hiboux*, exclusivement CARNI-
VORES, exigent des déchets de boucherie ou de volaille découpés en lambeaux qu'ils puissent avaler
sans les dépecer. On leur donnera les oiseaux morts
de la volière, et de temps en temps quelques rats,
mulots ou souris, indispensables au fonctionnement
très particulier de leur appareil digestif.

2° Tous les OISEAUX A NOURRITURE MIXTE, grani-
insectivores, frugi-insectivores, bacci-insectivores,
seront réduits d'août à janvier au régime végétal,
auquel on ajoutera toutefois les restes de pâtée des
insectivores, et de temps en temps quelques vers de
terre ou de farine.

Ce régime végétal se composera comme suit :

Merles et Grives[2] : restes de pain délayés, de

---

1. Notamment MILLET (*Polyphagie des volières*, Angers, 1855) et la
traduction du *Manuel* de BECHSTEIN (Goin, éditeur, Paris). Le
grand ouvrage de Brehm contient pour chaque espèce des renseignements plus détaillés. Je ne puis que résumer synthéti-
quement ces questions d'élevage.

2. On peut conserver avec une alimentation purement végétale quelques fringilles et des merles; mais les grives elles-
mêmes ne tardent pas à succomber phtisiques, quand on les

préférence dans du lait, fruits, baies de morelle, lierre, buisson ardent, genévrier, aubépine, viorne, arbousier, gui (pour la draine), etc.

Même genre de régime économique pour le *loriot*, qui mange aussi des figues sèches ramollies, mais exige un plus fréquent rappel de nourriture animale.

Cette nourriture animale est indispensable aussi aux *mésanges* qui, à son défaut, tueraient leurs compagnons de captivité. Quant à leur régime économique et végétal, il consiste en chènevis, noix, graines de soleil, de pavot, de tilleul, mie de pain. (La mésange à longue queue est exclusivement insectivore.)

Alouettes : pain égrené, graines variées, rachures de foin, laitues, cresson, pavot, pois ronds (cochevis), son délayé. Le rappel de nourriture animale est nécessaire surtout pour la lulu.

Bruants : avoine, mil, alpiste, graine de foin.

Pinson, linot : chènevis, navette, mil, semences d'orme.

Moineau, friquet, soulcie : blé, avoine, graines de foin, blé noir, pain, laitue, etc..

Bouvreuil, gros-bec : chènevis, alpiste, semences de hêtre, charme, platane, etc...

sèvre d'insectes ou de pâtées à base de viande. Le régime économique doit donc être fréquemment interrompu par des reprises de nourriture animale. Le pain, le fromage, toute alimentation azotée peuvent remplacer néanmoins celle-ci pour les quelques espèces qui les acceptent. On l'a dit, l'oiseau est avant tout azotivore, en général.

Les draines dont j'ai tenté le nourrissage hivernal avec la seule baie du gui, ont promptement succombé. Cette baie n'est guère pour elles qu'un purgatif, ou un succédané très provisoire de la nourriture animale. Quant aux autres grives, elles la dédaignent absolument.

Becs-croisés : semences de conifères, de soleil, pépins de fruits, noix, chènevis.

Étourneau : mie de pain, fruits, laitues, baies de sorbier, etc... (Fréquent rappel de nourriture animale.)

Sittelle : chènevis, noix, amandes, semences d'arbres verts. (Très insectivore.)

Pigeons et *tourterelles :* Blé, blé noir, mil, semences de conifères, chènevis, ramberge. (Les pigeons aiment beaucoup le sel et les feuilles de chou.)

Perdrix (La rouge exige un peu de nourriture animale) : blé, mil, sorgho, pousses de blé.

3° Quelques fringilles sont surtout GRANIVORES. Aussi la facilité de les nourrir explique-t-elle leur fréquente captivité.

Chardonneret, tarin : chènevis, mil, navette, mouron, seneçon, graines de chardon, d'aune, de ramberge, laitue, cresson.

Serin, cini (Peut-être faudrait-il ranger le cini parmi les semi-insectivores ?) : mil, alpiste, navette, plantain, mouron, etc...

Verdier : chènevis, alpiste, salsifis, marc de raisin, herbes et graines variées.

4° Le régime économique des PURS INSECTIVORES suscite une grosse difficulté. Réunis aux semi-insectivores, ceux-ci déroberont leur nourriture, qu'ils préfèrent toujours à l'alimentation végétale. Le système des grillages à dimensions variables permet d'écarter les très gros oiseaux et de protéger les très petits ; il ne permet pas de séparer les insectivores des semi-insectivores de même taille, un bouvreuil d'un rossignol par exemple. Le mieux sera d'enfermer dans la logette les insectivores durant l'automne et l'hiver, pour les nourrir à part. Mesure doublement nécessaire, car la plupart sont des migrateurs que tuerait le premier froid. Le *troglodyte*, le *roitelet*, la *mésange à longue queue*, purs insectivores, qui hivernent dans nos climats et sont de taille exiguë, pourront bénéficier, au dehors, du pansoir à très petit grillage.

La classification des espèces au point de vue de la nourriture est très compliquée. La rubrique des purs insectivores doit comprendre, outre les oiseaux qui méritent absolument ce nom, ceux qui ne peuvent jamais se passer de nourriture animale, mais qui, néanmoins, y ajoutent, comme rafraîchissement, quelques aliments végétaux. A ceux-ci (*rouge-gorge, mésanges, gobe-mouches, accenteurs, fauvettes, bergeronnettes, épeiche, pic-vert*, etc.) on distribuera du pain égrené, du chènevis broyé, des baies de sureau, de lierre, etc... quelques fruits. Mais le fond de leur alimentation consistera, comme pour les premiers (*rossignol, traquets, mésange à longue queue, troglodyte, huppe, hirondelles*, etc.), en vers de farine, pâtées pour insectivores, vers de terre, insectes variés, mouches séchées, hachis de cœur de bœuf ou de mouton, graisse, cervelle, larves de fourmis, etc...

Dans une disette momentanée de toute nourriture animale, on peut essayer de sustenter beaucoup d'insectivores (et tous les semi-insectivores) avec un gruau dont Bechstein indique la formule : pain remis au four, pilé dans un mortier, et délayé dans 3 fois son volume de lait bouilli, puis refroidi. La pâte est ensuite broyée et tamisée. Elle doit être préparée chaque matin[1]. On habitue les oiseaux à la manger

1. Toutefois la provision de pain recuit peut se conserver plusieurs semaines. Le lait seul doit être très frais.

en y mêlant quelques mouches et vers de farine. Ce gruau peut même servir de nourriture économique constante pour beaucoup d'insectivores, en le mélangeant avec les pâtées animales. On y ajoute du chènevis écrasé et du persil haché menu pour les *fauvettes* ; du mil, de la farine, du pavot, du miel blanc pour les *bergeronnettes*, les *farlouses*, etc.

Si l'on nourrit un grand nombre d'espèces, il est bon de varier la composition des pâtées ; chaque oiseau choisira à sa convenance.

5° Les PISCIVORES sont d'un entretien coûteux. Le poisson peut néanmoins être partiellement suppléé par la viande pour les *cormorans* ; par des algues ou des herbes, comme la lentille d'eau, pour les *plongeons*, les *harles* ; ceux-ci mangent du pain. Le poisson peut alterner avec des vers et des pâtées pour les pisci-insectivores (*martin-pêcheur*), et avec des déchets de viande cuite ou crue pour les pisci-reptilivores (*hérons*, *cigogne*). Les intestins de poisson ou de volaille, les grenouilles, rats, limaces, souris, serpents, parfois la lentille d'eau leur conviennent aussi. La *spatule* et surtout la *grue* s'habituent à un régime varié, même végétal.

Quelques pisci-carnivores (*mouettes* et *goëlands*) mangent du pain, des déchets de viande, des vers, des limaces, des grenouilles, de gros insectes, et même des poissons pourris. Les *grèbes* ne peuvent se passer de poisson vivant. On peut leur donner quelques algues, de la lentille d'eau. Le castagneux s'accommode de pain, de vers et de pâtées.

6° Tous les petits échassiers sont VERMIVORES, et d'un élevage en général facile. Outre les achées (ou lombrics), les vers de farine, etc... on peut habituer la plupart de ces oiseaux, surtout élevés jeunes, à manger du pain et de la viande bouillie, hachée menue.

Les longirostres (*chevaliers*, *barges*, *bécasseaux*) dévorent aussi les asticots, qu'on aura soin de faire dégorger dans du son, pour éliminer les toxines. Ils chassent les mouches. Le *vanneau*, l'*avocette* exigent du pain, ajouté à la nourriture animale. On peut donner quelquefois à la *bécassine* et à divers autres limicoles de l'avoine, du blé, des racines ou graines de plantes lacustres. Les *râles*, les *poules d'eau* peuvent recevoir un peu de son délayé et du chènevis comme nourriture économique (bien entendu sans supprimer les vers ou les pâtées). La *bécasse* s'habitue aux pâtées universelles, en y mélangeant d'abord beaucoup de vers ou de larves de fourmis.

7° Certaines familles de gallinacés et surtout de palmipèdes sont HERBIVORES, mais très inégalement.

Les *oies* paissent l'herbe, le jonc; on leur donne aussi du son, du blé, du maïs, de l'avoine, un hachis de feuilles de chou ou de laitue, des pommes.

Le *phénicoptère*, ou *flamant rose*, mange vers, lentilles d'eau, riz cuit, orge, pain délayé. On ne peut lui supprimer toute nourriture animale, le hachis de viande par exemple, et surtout le poisson.

La plupart des *canards* sont moins herbivores que piscivores ou insectivores. Au régime des oies ils ajoutent glands, châtaignes, intestins de volaille, poissons, limaces. Pour l'étude détaillée des nombreuses espèces je renvoie à Brehm et à la monographie très documentée de M. Rogeron.

ÉPOQUE DES PARIADES

« Les perdrix grises, dit Buffon, ne *s'accouplent* guère que sur la fin de mars, plus d'un mois après qu'elles ont commencé de *s'apparier*, et elles ne se mettent à *pondre* que dans le mois de mai. »

L'époque des pariades, véritable début d'une campagne de reproduction, commence même pour les grives et merles en décembre, parfois plus tôt. Dans beaucoup d'espèces, les unions durent autant que la vie des individus. Sauf chez de rares gallinacés, où il faut donner par exemple 3 femelles pour un mâle aux cailles, 5 ou 6 aux faisans, la presque totalité des oiseaux sont monogames. Il faut dès lors laisser dans le Jardin-Volière autant de mâles que de femelles de chaque espèce, et retirer l'excédent des sexes avant l'hiver. Après l'époque des pariades, l'on ne doit plus risquer de déformer des couples qui peut-être ne se réassortiraient pas, et deviendraient pour les autres un grave élément de discorde. S'il s'agit d'espèces rares, on pourra conserver à part l'excédent des sexes, afin de tenter quand même un réassortissage, en cas de mort d'un individu. Mais n'introduisez jamais d'oiseaux capturés au dehors dans la saison de l'accouplement : « alors, dit Bechstein, la séquestration les affecte au point de se laisser mourir de faim. »

Pour éviter, je le répète, l'écueil de la consanguinité, si l'on possède deux couvées d'une espèce on gardera les mâles de l'une et les femelles de l'autre.

La *détermination des sexes*, très facile pour certaines espèces (bouvreuil, linot, merle, etc…) est très difficile pour d'autres, les petits échassiers par exemple. Le chant, la taille, la vivacité des teintes, souvent l'expression du regard et l'allure générale, plus douces d'ordinaire chez les femelles, serviront alors de critères. Consultez sur la différenciation des sexes Bechstein, et surtout Brehm, dont l'ouvrage est indispensable. Mais on a écrit des volumes sur la façon de reconnaître le mâle chez les perdrix grises.

Entre l'époque des pariades et celle de l'*accouplement*, c'est-à-dire vers février pour la majorité des espèces, le régime économique d'alimentation prendra fin. Les graines échauffantes, blé noir, chènevis[1], avoine, seront prodiguées, pour disparaître presque complètement à l'époque moyenne de l'*incubation* (vers avril). Mais l'on insistera particulièrement sur la nourriture animale (vers, viande, pâtées) qui, elle, sera continuée et intensifiée encore à l'époque des *éclosions*.

Les couples hivernant dans la logette seront lâchés dans le Jardin-Volière, les sédentaires vers février, et les migrateurs à l'époque où ils reviennent dans nos climats.

Avant le début des accouplements, c'est-à-dire vers janvier, on fera le nettoyage annuel : taille des arbustes, bêchage des massifs, lavage au crésyl du sable de l'abri couvert, renouvellement de ses bâtons-perchoirs, désinfection intérieure de la logette, curage des bassins.

---

1. Le chènevis a l'avantage de remplacer momentanément les insectes pour certains insectivores et d'exciter tous les oiseaux ; mais il devient vite malsain, surtout pour les jeunes.

Le chènevis est utile à l'époque des pariades et à celle de la mue, comme roboratif.

NIDIFICATION

Je pense que les espèces les plus réfractaires, élevées en domesticité par les procédés ci-dessus indiqués, se reproduiraient ensuite dans un spacieux jardin-volière.

Quant aux oiseaux capturés adultes, j'ai constaté l'extrême facilité de faire nicher la plupart de nos passereaux indigènes. Dans une volière de 40 mètres carrés, plantée de buissons ardents, vignes, laurierstins, ajoncs, aubépines, etc., et où je plaçais tous les matériaux nécessaires à la nidification des diverses espèces, j'ai obtenu tout de suite la nidification, la ponte et l'incubation des espèces suivantes : bruant jaune, bruant zizi, verdier, bouvreuil, tourterelle, cini, chardonneret, accenteur mouchet, linot, pinson commun. Je n'ai obtenu aucun résultat, en revanche, avec le pinson des Ardennes, l'alouette lulu et le tarin. Je crois, d'après l'expérience d'autres éleveurs, que les fauvettes et les mésanges nicheraient très facilement.

Au moment du nettoyage annuel du jardin-volière, les nichoirs artificiels destinés aux espèces qui nichent dans les trous seront purifiés et aussitôt remis en place. Les oiseaux s'y établissent en effet pour dormir avant d'y nicher. On nettoiera aussi les trous ménagés pour les mêmes usages dans la construction des murs. Quelques-uns de ces trous doivent être rétrécis à l'orifice. Quant à l'ouverture ronde des nichoirs en bois, dont on trouvera la description dans le Guide de M. Magaud d'Aubusson (*la Protection des oiseaux*), elle commencera à un diamètre de 3 centimètres pour les mésanges bleues, et s'élargira progressivement suivant la taille des autres espèces. Ces nids, orientés vers l'est ou le sud à l'opposé des plus grandes pluies, seront légèrement inclinés vers le sol, et fixés solidement. Ils ne sauraient remplacer pour les grimpeurs quelques troncs d'arbres vermoulus. On introduit au fond des nids-bûches une couche de 1 ou 2 centimètres de sciure de bois et de terre sèche. On peut placer au-dessous de l'orifice de quelques-uns une baguette-perchoir pour faciliter l'accès. Certains oiseaux préfèrent s'en passer.

Quant aux espèces qui nichent sur les arbustes, dans les fagots qu'on disposera à cet usage, dans les tas de pierres et de bûches, ou sur le sol, il suffit de leur éparpiller les matériaux dont elles confectionnent leurs nids : mousses, lichens, plumes, duvet, herbes sèches, radicelles, bûchettes, crins de cheval, bourre de laine. D'anciens nids, aussi variés que possible, et émiettés, seront une ressource précieuse ; quelques-uns même, ceux du pinson, du chardonneret, de la mésange à longue queue, recueillis dans la campagne après le départ des petits, l'été précédent, fourniront des lichens qu'il serait impossible de récolter autrement. Tous ces matériaux, conservés à l'abri, seront mis à la disposition des oiseaux dès que les premiers s'accoupleront, c'est-à-dire vers la mi-février.

Dès lors l'oiselier n'aura d'autre devoir que de disparaître, sauf à l'heure du pansage matinal ou vespéral, aux alentours de la logette. Plus on laissera les oiseaux tranquilles, plus les chances de succès augmenteront. Qu'on ne s'avise surtout pas de chercher les nids [1] !

---

1. Néanmoins, en cas de pluies diluviennes, il serait indiqué,

ÉLEVAGE DES JEUNES PAR LES PARENTS

Avec une nourriture appropriée les parents élèvent très bien leurs petits en captivité. Mais la suprême difficulté de l'élevage est de leur procurer cette nourriture. La période critique est celle des 8 premiers jours ; alors les granivores sont presque tous insectivores, et les insectivores sont larvivores. Faute de nourriture convenable, les parents épuisent désespérément la petite provision de larves et d'insectes qu'ils peuvent rencontrer ; mais au bout de deux ou trois jours, l'on assiste à un lamentable spectacle renouvelé du drame d'Ugolin. Dans ma volière, seuls les verdiers et les linots ont élevé leurs petits, à l'aide des menues graines que je mettais à leur disposition.

Tous les *Passereaux*, y compris les fringilles, étant insectivores ou larvivores au premier âge, cette expérience prouve du moins que l'on peut recourir à une alimentation succédanée, même végétale pour deux ou trois espèces. Quant aux autres, la difficulté n'est pas insurmontable, et je connais des amateurs qui ont fait élever par les parents de purs insectivores, telles les jeunes fauvettes.

C'est surtout du côté des pâtées à base de viande qu'il faut chercher la solution du problème. Il s'agit de reconstituer les éléments chimiques que les parents trouvent à l'état libre dans les larves et minuscules insectes qu'il est impossible à l'éleveur de leur pro-

pour les espèces rares et délicates, d'abriter les nids avec une toile goudronnée encadrée et fixée solidement à un piquet. Si les petits sont éclos depuis plus de 2 jours l'opération est urgente, quitte à effaroucher un moment la mère.

curer en quantité suffisante. Le ver de farine ne peut être employé seul ; vite il devient malsain. Il est d'ailleurs trop gros pour les tout jeunes estomacs ; il faudrait, sans doute, le broyer et le mélanger avec d'autres ingrédients.

L'élevage des petites espèces d'insectivores représente une science à fonder. Jusqu'ici nous tâtonnons. Les observations que l'on trouvera ci-après ont besoin d'être contrôlées, et surtout complétées. Les chimistes et les entomologistes seraient ici nos très utiles collaborateurs. Il faudrait déterminer : 1° la nourriture normale du tout jeune oiseau ; 2° son équivalence chimique ; 3° les aliments faciles à se procurer qui représenteraient cette équivalence.

La plus grande difficulté viendra des granivores ou baccivores dont les petits sont insectivores ou larvivores ; car il sera plus malaisé pour eux que pour les insectivores adultes de les habituer à manger d'abord eux-mêmes la nourriture succédanée, avant de la distribuer à leurs petits. L'on n'y parviendra que par étapes, en mélangeant progressivement cette nourriture au régime végétal des parents.

Les pâtées et autres aliments des jeunes devront donc se rapprocher autant que possible de ceux des adultes, tout en insistant sur les éléments indispensables aux jeunes.

Ensuite la nourriture succédanée devra ressembler autant que possible à la nourriture normale de l'oisillon : le jaune d'œuf émietté sera combiné avec les larves de fourmis, si difficiles à se procurer en abondance ; les pâtées seront tamisées fin, pour revêtir la forme allongée des insectes.

Tout ceci suppose évidemment le triage spontané des espèces par la dimension des grillages-pansoirs.

Sans cela le merle épuiserait vite la nourriture plus délicate du bouvreuil, ou le bouvreuil celle du roitelet.

Beaucoup de difficultés s'aplanissent d'ailleurs si l'on n'élève simultanément que quelques espèces, de taille et de régime presque semblables.

Ce qui précède s'applique aux Passereaux et aux Grimpeurs. Les autres ordres présentent en général de bien moindres difficultés pour l'élevage des jeunes par les parents.

La classification ci-après concerne le *Régime indispensable des jeunes*. Elle n'a point un caractère absolu, et beaucoup d'espèces pourraient se rattacher à plusieurs catégories. Presque tous les oiseaux sont carnivores, insectivores ou larvivores à leur naissance. J'ai voulu indiquer seulement la nourriture *minima* indispensable, et la plus facile à se procurer.

Carnivores.

Chouettes et *hiboux* : Même régime que les adultes. Insister sur les petits rongeurs. On peut mettre à la disposition des parents, pour la chevêche et le scops, de gros insectes, des vers de farine, même de la pâtée animale.

Piscivores.

Le *martin-pêcheur* qui, comme adulte, figurerait de préférence ici, doit, comme jeune, être classé parmi les insectivores. L'observation s'étend à d'autres oiseaux que l'on s'étonnerait sans doute de ne pas retrouver jeunes dans les mêmes séries qu'adultes.

Aux *harles, pingouins, plongeons, grèbes, cormo-*

rans l'on donnera d'abord de petits poissons vivants ; puis de moyens, ou de gros broyés, pâtée à laquelle on associera plus tard du son, du pain, ou de la lentille d'eau, selon la nourriture succédanée que peuvent accepter les adultes[1]. Le harle bièvre et sans doute quelques autres espèces mangent aussi des insectes et des crustacés.

Aux *hérons*, au *flamant*, à la *spatule*, d'abord aussi de petits poissons vivants, et plus tard des grenouilles, de la viande hachée, des vers, de petits reptiles, des crevettes. Le butor est friand de sangsues, de gros insectes, de souris, de carpeaux. M. Plocq élève le blongios et la spatule avec du poisson et de la viande cuite, hachée. Certains éleveurs habituent l'aigrette à manger du mil, bien entendu sans supprimer l'alimentation animale (poisson, viande, crustacés, têtards, mollusques.) Il est probable que ce que je dis de chaque espèce de hérons s'appliquerait aussi aux autres ardéidés.

Même genre de régime pour les *goélands* et *mouettes*, en insistant d'abord sur le poisson vivant, les vers, les gros insectes. On peut sans doute, après les premiers jours, ajouter, comme pour les *sternes*, un peu de pain trempé de lait. Le pierregarin préfère à tout le foie et les ouïes du poisson.

Les nombreuses espèces de *canards* ne sont pas toutes, au jeune âge, principalement piscivores. J'en classerai quelques-unes parmi les herbivores. Les piscivores sont surtout les espèces plongeuses : milouin, garot, siffleur, tadorne, morillon, eider. Les petits poissons, le mou de viande ou le cœur de bœuf haché,

1. Certains amateurs ont nourri des grèbes avec diverses graines, notamment d'orge.

les larves de fourmis, le pain et les jaunes d'œufs émiettés, l'orge, la lentille d'eau, quelques hachis de salade, le millet, les racines de roseaux, les vers, les pousses d'herbe, les graines de jonc conviennent en général à ces espèces. Le tadorne vit surtout de poisson : le gruau le rend aveugle. Il plonge en naissant, comme l'eider, lequel exige, outre le poisson, de petits mollusques ou crustacés. Il ne faut pas donner de sangsues, qui font périr les jeunes canards. La macreuse, le morillon, le milouin préfèrent les coquillages. Certaines espèces aiment le gland, le maïs. D'autres répugnent à toute nourriture végétale. Le mieux est de multiplier les assiettes de nourrissage ; chaque espèce opérera son choix. Pour tous les plongeurs il convient de jeter dans les bassins coquillages et poissons vivants.

Vermivores.

Cette rubrique comprend 2 ou 3 *gallinacés*, quelques *palmipèdes*, et toute la série des *petits échassiers*. Ceux-ci, par leur sociabilité, la facilité de leur élevage, leur élégance, leur utilité même, et les destructions criminelles qu'on en a faites, sont indiqués comme les premiers hôtes d'un jardin-volière. L'obstacle est, pour la plupart des espèces, la difficulté de se procurer les couples initiaux, car, pris adultes, ils auraient peu de chances de se reproduire, et, plusieurs nichant à l'Extrême-Nord ou dans les marais de l'Europe centrale, il est difficile de se procurer des œufs frais pour les faire couver. Souhaitons que les grands jardins zoologiques facilitent cette tâche aux éleveurs ! En Angleterre, en Autriche, certaines espèces, notamment l'ibis, se sont déjà reproduites en demi-captivité. Avant d'étudier cette série si intéressante des *limicoles*, je consacrerai quelques lignes aux vermivores des autres ordres :

J'ai distrait des grèbes piscivores le petit *castagneux*, qui doit figurer ici. M. Plocq a élevé des jeunes avec beaucoup d'insectes. Brehm l'appelle « l'oiseau le plus charmant en captivité »; il préconise comme régime les vers de terre et les insectes, et plus tard de petits poissons et du pain. Les larves de fourmis et la pâtée des insectivores conviennent dès le premier âge.

La querelleuse *poule d'eau* et la *foulque*, moins indiquées pour un jardin-volière, vivent de libellules, d'insectes, de mollusques, de vers, de sangsues, et de certaines graines aquatiques. On peut donc varier facilement leur régime et y ajouter des pâtées et du pain. M. Leroy a élevé de jeunes gallinules, couvées par une poule nègre, en leur donnant des tiges de bœuf bouilli, des achées (ou vers de terre), du pain trempé dans du lait, des groseilles à maquereau écrasées, de la pâtée d'œufs durs, de la mie de pain, de la laitue, et, dès l'éclosion, de la lentille d'eau, de la faisandine, du millet. Aussitôt nées, les gallinules cherchent en nageant leur nourriture.

A *l'œdicnème* il faut une nourriture animale : vers, insectes, limaces, ou pâtées à base de viande. M. Leroy a élevé un jeune avec des vers de terre, du pain trempé de lait, du cœur de bœuf cru, des insectes, puis de petits escargots, des chenilles, de jeunes souris, enfin des reptiles. Cet œdicnème mangeait aussi de la soupe.

J'arrive aux *petits échassiers*. On peut les élever presque tous avec des pâtées de viande, des vers de terre (base de leur alimentation), et du pain émietté.

Seuls les limicoles maritimes (huîtrier, tourne-pierre, barge, échasse, courlis) exigent davantage ; et il serait utile de leur donner un petit bassin d'eau salée, en sus des ruisseaux d'eau douce du jardin-volière.

M. Plocq élève les jeunes *échasses*, d'abord avec des insectes et des filets de viande crue, ensuite avec un peu de pain et de chènevis non broyé, ajoutés à la nourriture animale.

Tourne-pierre : insectes marins et vers.

Huîtrier : Vers, crabes mous, crevettes, plus tard du pain, de petits poissons.

Courlis : Vers, viande hachée, insectes, mollusques, crustacés ; puis des baies et quelques graines.

Ibis : Insectes, vers, viande menue, mollusques, puis pain, petits reptiles.

Barge : Vers, larves, mollusques, petits poissons, crabes mous.

Après le tout premier âge, on peut ajouter pour ces oiseaux et les suivants une pâtée composée de mie de pain et de bœuf bouilli, hachés ensemble.

Les limicoles d'eaux douces sont d'un élevage plus facile ; la pâtée de cœur de bœuf, les menus vers de terre ou de farine, un peu de pain émietté leur suffisent d'abord. Toutefois il est bon d'ajouter à cette nourriture minima quelques graines, puis :

Pour le *vanneau*, les *pluviers, chevaliers, bécasseaux* des larves, moustiques, grillons, mouches, sauterelles, petits mollusques. En outre, pour le combattant du riz.

Pour la *bécasse* et les *bécassines* des fourmis et leurs larves.

Pour l'*avocette* des fourmis et leurs larves, plus tard de petits poissons. Le pain est nécessaire à cet échassier, et sans doute à d'autres.

Les *bécassines* et divers tringidés nichent côte à côte. Le combattant seul est querelleur à l'époque des pariades. Tous s'apprivoisent très facilement.

Herbivores.

La facilité du nourrissage orienta sans doute le choix de nos lointains ancêtres vers cette classe d'oiseaux d'ornement, pourtant bien inférieure aux échassiers. Peut-être aussi souscrivaient-ils d'avance à l'inconcevable jugement de Buffon qui estime l'échasse « un être déséquilibré et disgracié par la nature ». Il restera aussi toujours des gens pour s'extasier devant le chromo des aix et du faisan doré ; ceux-là ne verront réellement pas les nuances fondues des bécasseaux. La tendance du goût actuel vers les échassiers prouverait un progrès esthétique, si Aristophane ne les eût jadis chantés. Mais Aristophane était Grec. Rome admira les perroquets ; voilà la différence des deux civilisations. Le Créateur n'a pas manqué de goût lorsqu'il surchargeait de couleurs violentes certains oiseaux ; seulement, il les destinait au soleil des tropiques. Nos canards eux-mêmes, le pigeon, le milouin, la sarcelle sont des modèles de tonalités discrètes. Qu'avions-nous besoin, sous nos brumes, des mandarins et des aix ?

Au surplus, diverses espèces de palmipèdes ne furent domestiquées qu'en vue de la cuisine. On n'attend pas que je parle de l'oie et du canard de nos basses-cours, lamentables caricatures, fruits de l'industrie humaine. N'ayant comme but que le repeuplement d'espèces indigènes dans leur intégrité native, je m'occuperai uniquement ici des espèces d'*oies*, de *canards* et de *cygnes* qui peuplaient originairement, ou qui enchantent encore nos rivières.

Comme nourriture minima, tous ces oiseaux peuvent recevoir dans leur jeunesse un hachis de laitues ou de choux mélangé de son, puis du pain égrené et diverses graines. Je donne pour ce qu'elle vaut cette recette de M. Millet ; mais lui-même déclare que ce qui convient à la rigueur pour toutes les espèces ne satisfait pleinement aucune.

« Les cygnes, dit Brehm, se nourrissent de végétaux aquatiques, de racines, de feuilles, de graines, d'insectes, de larves, de vers, de mollusques, de petits reptiles, de poisson. » L'alimentation des jeunes ne saurait donc être exclusivement végétale. Les cygnes sont querelleurs, surtout le joli petit cygne de Bewick, et conviennent mieux à un étang qu'à un jardin-volière.

Les anséridés sont plus sociables. Tous sont herbivores. L'oie sauvage paît les herbes, les céréales ; elle mange aussi des feuilles, des baies, des graines. Rarement elle croque un insecte, un mollusque. L'oie cendrée, souche de l'oie domestique, doit être nourrie comme celle-ci : la lentille d'eau, les graines, les hachis de salade constituent l'alimentation des jeunes. Les bernaches recourent davantage aux insectes et aux mollusques ; M. Rogeron estime néanmoins que leur nourriture du premier âge est presque entièrement végétale (herbe, laitue romaine, etc.).

Je renvoie à son livre pour l'élevage des espèces de canards principalement herbivores à l'éclosion. Je note toutefois que la *sarcelle d'hiver* se reproduit très facilement ; elle ferait l'objet d'un repeuplement intéressant. Selon Buffon, sa nourriture consiste en pain, orge, blé, son, mouches, vers, insectes, petits poissons, graines de jonc.

Granivores et baccivores.

La classe des oiseaux végétivores à leur naissance ne comprend que très peu d'espèces. Mais il est utile d'y ajouter certains passereaux qui, nourris d'insectes par leurs parents à l'état libre, peuvent néanmoins être élevés artificiellement avec une nourriture végétale. C'est donc une *alimentation minima* que j'indiquerai encore ici. Mais, si l'on veut posséder des sujets vigoureux, un peu de nourriture animale sera toujours nécessaire.

Les plus granivores ou baccivores des passereaux sont le *chardonneret*, le *verdier*, le *tarin*, les *merles* et *grives*, le *linot*. Or, Brehm, qui résume avec ses expériences celles de son père et de Naumann, n'hésite pas à écrire : « Les linottes ne dédaignent pas les insectes. Les chardonnerets donnent à leurs petits des larves, plus tard des insectes et des graines... » Seul le verdier semble nourrir les siens surtout de graines. Quant aux merles, pour Brehm comme pour Buffon, et pour tout observateur, le doute est impossible : les jeunes sont surtout insectivores. La même remarque s'étend à divers granivores des autres ordres, par exemple à la *caille* qui nourrit principalement sa couvée d'insectes et de larves.

Néanmoins on peut élever tous ces oiseaux avec une nourriture succédanée végétale. Seulement, si on n'y ajoute pas d'insectes, de pâtées de viandes ou d'œufs, l'on risque, soit de perdre beaucoup de sujets, des chardonnerets notamment, à la 1re mue, soit de posséder plus tard de mauvais reproducteurs.

Comme nourriture commune à tous les jeunes grani-baccivores on peut indiquer la pâtée universelle de Bechstein (pain recuit, réduit en poudre et additionné de lait), les diverses pâtées Duquesne, les jaunes d'œufs broyés.

A ces bases nutritives on ajoutera les aliments préférés de chaque sorte d'oiseau, jeune ou même adulte, à la condition que le tout forme une pâtée tamisée et très fine. Les graines, les baies seront *broyées* à la meule ou au mortier.

Chardonneret : Graines de chicorée sauvage, de pissenlit et de chardon. (On peut les distribuer intactes 2 ou 3 jours après l'éclosion.) En outre : œufs de chenilles (Buffon signale la chasse que leur font les adultes en hiver), larves de fourmis, graines de laitue, salsifis, pavot, alpiste, navette (celles-ci toujours broyées). On aura soin de mettre un os de seiche à la disposition des chardonnerets, qui s'y liment le bec et les ongles. On leur donnera aussi de la laitue, du plantain, du mouron, du seneçon. Certains éleveurs donnent aux jeunes du pain trempé de lait et du pavot délayé dans de l'eau.

Tarin : Semences broyées d'aune, houblon, pin, pavot, colza. En liberté, les jeunes sont nourris d'insectes (Brehm); il faut donc ajouter à la mixture des larves, des vers ou de la pâtée pour insectivores.

Verdier : Toutes sortes de graines, genièvre, millet, plantain, etc... et de la verdure. Les parents dégorgent; il est donc moins utile de broyer la nourriture. Pur granivore, d'élevage extrêmement facile. (Néanmoins Buffon croit qu'il mange des chenilles ?)

Linot : Ni chènevis, ni navette. Un peu de sel ajouté aux aliments. Millet, ramberge, alpiste, chardon, gruau d'avoine, lin, plantain, chou, rave. Graines sauvages variées à essayer. (Les parents dégorgent.)

Cini : Charmant fringille, qu'il serait intéressant

de multiplier. Il niche très facilement en volière, mais les petits périssent faute de nourriture appropriée. Sont-ils insectivores ? On pourrait essayer la nourriture du serin, mieux tamisée : jaunes d'œufs, biscuit tendre, millet, alpiste, plantain, et les siliques du diplotaxis muralis qu'affectionnent les adultes. En outre, seneçon, mouron, cœur de laitue, comme aux autres fringilles.

Seuls ensuite dans le même ordre des Passereaux, les *merles* et les *grives* se contentent à la rigueur d'une alimentation végétale. Quelques panades au lait peuvent leur suffire. Mais il est très utile d'ajouter des insectes, de la pâtée de viande, des baies de lierre, de sureau, des groseilles, etc... Les grives, surtout la draine, sont plus insectivores que les merles.

Les 3 ou 4 espèces, auxquelles se réduit dans nos climats l'ordre des Colombins, peuvent recevoir au premier âge l'alimentation minima végétale :

Les *ramiers* mangent de la jarosse, du blé, du blé noir, des semences de pin, des pois ronds, des feuilles de chou, des baies d'airelle et de myrtille. Un peu de sel leur convient.

Les *tourterelles* mangent, en outre, du millet, de la ramberge, du seigle. On peut leur donner aussi des œufs durs, de la faisandine, du pain. Mais, les colombins adultes se nourrissant parfois d'insectes, une suralimentation animale semble indiquée pour les jeunes.

Même observation, dans l'ordre des Gallinacés, pour la *caille*. On devra donc ajouter quelque viande broyée, et surtout des larves de fourmis, à l'alimentation minima des jeunes : pain, orge au lait, salade et choux hachés, millet, blé écrasé.

Insectivores et Larvivores.

Cette classe comprend tous les Grimpeurs, la presque totalité des Passereaux, et la majorité des Gallinacés. Certaines espèces peuvent recevoir, au premier âge, une nourriture *accessoire* végétale ; mais *pour l'élevage de toutes l'alimentation animale est rigoureusement indispensable*. Grave difficulté, que de remplacer par une nourriture artificielle les larves et les minuscules insectes que les parents apportent, à l'état libre, durant les 10 jours qui suivent l'éclosion. Le ver de farine, même très petit, même broyé, ne saurait suffire, et l'on ne peut se procurer les larves de fourmis en quantité exigée par un nombreux élevage. D'ailleurs les éléments nutritifs doivent être variés, pour que l'alimentation soit à la fois fortifiante et rafraîchissante. En outre, elle se modifie selon les espèces.

Les préparations industrielles, comme les pâtées Duquesne, rendent de grands services, mais il y faut ajouter une nourriture plus fraîche.

Quelle que soit la préparation complète, elle doit être bien amalgamée et tamisée en fines boulettes.

Plus on multipliera les sortes de pâtées, plus on aura de chances de succès. J'indiquerai d'abord 5 sortes de pâtées fondamentales. On les combinera avec certains aliments préférés de telle ou telle espèce d'insectivores. On y ajoutera toujours quelques insectes vivants, très petits vers de farine, mouches, etc... L'acide formique constituant un puissant roboratif, l'on mêlera des fourmis écrasées dans la pâtée de certaines espèces, indiquées ci-après (non de toutes).

Les pâtées, distribuées dans de petits récipients, à

l'ombre et au sec, seront renouvelées matin et soir. Les restes seront jetés, comme je l'ai dit, hors du pansoir des petits, pour les oiseaux moins délicats.

Au lieu de distribuer les larves de fourmis et les vers de farine à la volée, on les amalgamera, à l'époque des éclosions, avec les pâtées. Sans cela les parents négligeraient bientôt celles-ci pour une nourriture plus naturelle.

Maintenant, faut-il humecter les pâtées avec de l'eau (très propre ou bouillie), avec du lait (très frais), ou avec du sang ? Question importante, sur laquelle les auteurs ne s'accordent guère, et dont la solution varie sans doute avec les espèces. Le mieux sera de donner d'abord la même pâtée préparée des trois façons, et de voir celle qui réussira davantage. Le sel, le persil, nécessaires à certains oiseaux, sont pernicieux pour d'autres.

Deux principes doivent diriger cette science, à peine esquissée, de l'élevage des insectivores, et en général de tous les oiseaux : 1° Fournir une nourriture artificielle en apparence et chimiquement la plus semblable possible à la nourriture normale des jeunes ; 2° dans l'ignorance de celle-ci, broyer aux jeunes la nourriture des adultes, en renforçant les éléments animaux. Ces conditions remplies, on peut être assuré que les parents élèveront leur progéniture avec les pâtées mises à leur disposition.

Voici les 5 pâtées que je propose comme base de l'alimentation des insectivores, et dont seules les 2 dernières sont de ma composition.

Pâtée n° I : Pâtée universelle de Bechstein (voir précédemment la formule).

Pâtée n° II : Pâtée Duquesne (série des insectivores).

Pâtée n° III (donnée par Millet de la Turteau-
dière) : cœur de bœuf ou de mouton cuit et pilé
d'abord séparément (4 doses en poids), mil (1 dose),
graine de pavot (1), blé (1/2), amande douce décor-
tiquée et pilée séparément (1), miel blanc (2).

Pâtée n° IV (pâtée classique des rossignols mo-
difiée) : cœur de bœuf ou de mouton (3), carotte
râpée (1), larves de fourmis (2), baies de sureau (1/2)
jaune d'œuf dur émietté (1), vers de farine (2), araignées (1/2).

Pâtée n° V : Larves de fourmis (1), cervelle (1),
riz cuit à l'eau (1), vers de farine (2), flan d'œufs au
lait (2), baies de sureau (1), miel blanc (1).

Ces 5 pâtées, bien amalgamées, tamisées et
humectées, seront distribuées toutes, et séparément,
aux oiseaux. En outre, dans d'autres récipients, on
les mélangera avec une nourriture plus particulière
aux diverses espèces, et dont je vais donner la
nomenclature. Ces tâtonnements permettront de déterminer l'alimentation vraiment utile, sur laquelle
on insistera ensuite, avec les modifications de
dosage et de combinaisons reconnues opportunes.

Outardes : Insectivores au jeune âge; plus tard
surtout herbivores. On les élève beaucoup en Russie,
en Hongrie. Très petits vers de farine. (Jamais de
larves de fourmis.) Sauterelles, vers de terre, volaille
finement hachée; ensuite chair de bœuf, œufs durs,
escargots, graines, salades hachées et pâtées I et II.

Perdrix : Larves de fourmis, œufs durs hachés
avec de la salade. Plus tard du millet, du blé. La
rouge est plus insectivore que la grise. Pâtées I et
V. Rien ne remplace pour les perdreaux l'insecte
vivant : vers de terre, de farine, cloportes, sauterelles, fourmis, etc. Il faut leur donner aussi des

touffes de mouron blanc, de la chicorée sauvage, « exempte de rosée » selon Leroy, du blé et du maïs broyés.

Les *Grimpeurs* seront nourris d'un hachis de cœur de bœuf (ou de mouton), de larves de fourmis, de vers de farine et de la pâtée II. L'*épeichette* est exclusivement insectivore. L'*épeiche* ajoute aux insectes quelques fruits, notamment l'amande, et diverses graines, celles surtout des conifères. Le *pic-vert* croque des sorbes et autres baies. Mais les chenilles sans poils, les vers, les araignées et les fourmis constituent l'alimentation préférée de tous ces oiseaux.

La *sittelle* et le *grimpereau* servent de transition entre eux et l'ordre des Passereaux. La sittelle recevra la nourriture des Grimpeurs, et en outre du pain, du chènevis, diverses baies, et la pâtée III. Le grimpereau, exclusivement insectivore, est d'un élevage presque impossible, au dire de Brehm. On ne pourrait, en tout cas, lui donner que des larves, des vers, la pâtée II, du cœur et de la cervelle finement broyés.

J'ai parlé précédemment de l'élevage du *troglodyte*. Les pâtées II et IV, les vers, les larves, les mouches, peut-être quelques baies lui conviennent seuls. Même régime pour les *roitelets*.

Particulièrement difficile est l'élevage des *muscivores* qui saisissent leur proie au vol. Il faut renoncer à l'élevage d'oiseaux aussi utiles, et malheureusement aussi rares désormais, que l'*engoulevent*. « Les hirundinidés, écrit Brehm, ne supportent pas la captivité. » On a cependant conservé quelque temps de jeunes *hirondelles* avec les pâtées du rossignol, des mouches, divers insectes ailés. Mais je doute que l'ornithologie pratique réussisse à les faire se reproduire en jardin-volière. On pourrait tenter l'expérience pour les *gobe-mouches* avec les pâtées II et IV. « Quand on les laisse voler dans une chambre, observe Brehm, ils la débarrassent de toutes les mouches et deviennent assez familiers pour manger dans la main de leur maître. » Naumann préconise pour eux, outre les insectes, les baies de sureau, la viande hachée. Avec une provision de mouches sèches, que l'on ajouterait aux pâtées, l'on parviendrait sans doute à obtenir la reproduction de ces oiseaux, si gracieux et si nécessaires.

Rollier : Cœur de bœuf, vers de farine, pâtée II.

Merle d'eau et *merle bleu :* A ces oiseaux, plus insectivores que les autres turdidés, il faut des vers, et les pâtées I, II et III.

Étourneau : Viande hachée, pain, fromage râpé, vers de terre, vers de farine, pâtées I, III ou V ; plus tard quelques baies ou fruits.

Martin-pêcheur : Cœur de bœuf, vers, petites anguilles, pâtée II, puis de petits poissons ou des sangsues.

Bec-croisé : Cet oiseau niche en hiver. Pâtées I et III, puis semences de pins, sapins, cyprès, soleil, chanvre, aune, sureau. (Insectivore surtout au jeune âge.)

Loriot : Pâtées II, IV, V, vers, mouches ; plus tard quelques cerises, raisins, baies variées.

Gros-bec : Oiseau querelleur. Vers, pâtées II, III, puis semences de hêtre, genévrier, graines diverses, salade.

Pinson : Vers, larves, insectes divers, pâtées II, III, IV. Plus tard petites graines, colza, navette, semences de conifères, laitue, mouron, seneçon. En hiver, quelques morceaux de pommes.

Moineau : Oiseau trop commun pour intéresser l'éleveur. Les petits doivent être nourris d'insectes et des pâtées II, III, IV. Plus tard graines, pain, ajoutés à la nourriture animale.

Bouvreuil : Niche très facilement, même en petite volière. Jamais de chènevis, qui le rend aveugle. D'abord vers, larves, pâtées II et IV. Plus tard navette, semences de conifères, blé, millet, orties, baies diverses, mouron, cresson, pommes, sans supprimer la nourriture animale ou, comme minimum, la pâtée I. Rétablir progressivement pour les reproducteurs le régime de leur future couvée, au début du printemps. (Observation commune aux pinsons, moineaux, bruants, alouettes, mésanges, à tous les adultes grani-insectivores.)

Bruants : Tout s'acharne, braconniers nocturnes et petits chasseurs, contre ces oiseaux, si nécessaires à la vigne, et qui ont, depuis 30 ans, presque entièrement disparu. En sauvera-t-on quelques spécimens dans les jardins-volières ? Tous les embérizidés, purs insectivores au jeune âge, continuent ensuite de préférer le régime animal au régime végétal (avoine, graines et baies diverses). On leur donnera, durant l'époque des nids, les pâtées I, II, III, IV, des vers de farine, des chenilles d'arbres fruitiers, un peu d'avoine broyée. Le bruant de roseaux mange en outre des graines de joncs, de scirpes, et divers insectes aquatiques.

Traquets : Purs insectivores, jeunes ou adultes. Vers, mouches, fourmis et leurs larves, cœur de bœuf haché menu, sauterelles. Les larves de fourmis sont indispensables aux jeunes. Pâtées IV et V.

Bergeronnettes : Pour les jeunes, pâtées II, III,

V, vers, larves, et des mouches surtout. Les adultes peuvent recevoir en outre la pâtée I.

Alouettes : Vers, chenilles, larves de fourmis, sauterelles, jaunes d'œufs durcis, graine de pavot humectée, millet ou blé écrasés dans du lait, ainsi que toutes les pâtées. Plus tard laitue, chou, pousses d'herbe, graines, viande maigre, etc... La lulu et le cochevis sont plus strictement insectivores ; larves de fourmis plus nombreuses aux jeunes. Éviter, si on les élève soi-même, de leur renverser la langue, ce qui les tuerait (Buffon).

Pipits : Plus petits, et beaucoup plus strictement insectivores que les alouettes, avec lesquelles on les confond souvent. Vers, larves, pâtées II et III. Fromage mou, et surtout vermisseaux de terre.

Accenteur mouchet : Vers de farine, chenilles, larves, pavot broyé dans du lait, mouches, pâtées II, III, V. Plus tard graines et baies ajoutées au régime animal.

Huppe : Superbe oiseau, très utile et très familier. Viande crue hachée, jaunes d'œufs, fromage, vers de farine, pâtées I, II, V, fourmis et leurs larves, araignées, etc...

Pouillots : Purs insectivores et surtout larvivores. Pâtées III, V. Petits insectes et larves. Vers de farine. Branches de poiriers, pêchers, etc., chargées de pucerons.

Mésanges : Essayer toutes les pâtées. En outre pour la charbonnière pain, fromage, noix, amandes, graines, lard, graisse, cervelle ; pour la nonette baies de sureau ; pour la huppée et la bleue insister sur les vers de farine, les larves de fourmis, la noix broyée. La mésange à longue queue, pure insectivore, exigera les pâtées II, V, les vers broyés, les œufs de fourmis.

A toutes les mésanges, même adultes, il faut donner quelque nourriture animale, à défaut de quoi elles tueraient les autres oiseaux.

Fauvettes : Toutes sont insectivores et larvivores, quelques-unes en outre baccivores ou frugivores. On peut essayer les diverses pâtées, et donner mouches, vers de farine, larves de fourmis, baies de troène, lierre, sureau, daphné, puis des groseilles, du fromage, un peu de chènevis broyé, du pavot écrasé dans du lait. Le rouge-gorge mange beaucoup de mouches et aussi du pain. La base de l'alimentation doit rester animale.

Rossignol : Pâtées II et surtout IV (dite pâtée du rossignol). Vers de farine, larves de fourmis, carotte râpée, baies de sureau (nécessaires selon Bechstein); de temps en temps une araignée comme purgatif, et de l'eau imprégnée de safran. Jamais de sel. Parfois une figue bien mûre, ou sèche et ramollie. Régime surtout animal.

MOYENS DE SE PROCURER LES ALIMENTS

Il est sans doute superflu d'indiquer que l'on trouvera du fromage chez les épiciers, et du safran chez les herboristes. Malheureusement, les aliments nécessaires à l'élevage ne sont pas tous aussi faciles à se procurer. Il importe surtout de connaître comment certains de ces aliments, par exemple les vers de terre ou les vers de farine, peuvent être multipliés à peu de frais.

Pâtées.

Longtemps nous fûmes tributaires de l'Allemagne pour cet article. Aujourd'hui deux ou trois usines se sont établies en France. La plus importante est l'usine Duquesne, à Montfort-sur-Risle (Eure). Elle offre, outre diverses séries de pâtées pour faisans, passereaux granivores ou insectivores, des éphémères, des mouches sèches, et des larves de fourmis.

On trouvera aussi diverses compositions, mais plutôt pour l'élevage de chasse, à la pharmacie Cordier, 25 rue des Francs-Bourgeois, Paris. Citons sa poudre toni-nutritive à base de sang, ses viandes boucanées d'Amérique et ses chapelures de pain, qui pourraient être utilisées pour le régime économique des adultes.

Viande fraîche.

Les cœurs de bœuf ou de mouton, indispensables aux jeunes, doivent être très frais. On traitera avec un boucher ou un abattoir, afin d'être assuré de la provision. Cette viande crue ou bouillie (selon les oiseaux) sera broyée d'abord au hachoir mécanique, que l'on trouve chez les quincailliers, puis tamisée ou pulvérisée dans un mortier pour les petites espèces.

On nourrira les adultes, et même les jeunes de grosses espèces, comme les hérons, avec du cheval, ou des déchets de boucherie, d'abattoir, de restaurant. Il serait avantageux de traiter à forfait avec quelque commissionnaire. Les intestins et déchets de volailles s'obtiendront de la même façon, ou chez les ménagères. L'on pourra se procurer, pour les hérons ou hiboux, des rats et souris en les payant un petit prix aux gens qui les piègent. J'ai l'air de collaborer ici avec La Palice ; mais souvent l'on ne pense pas à une chose fort simple, dont dépend le succès d'un élevage.

Poisson.

Les déchets de ménage, de restaurant, têtes et intestins, le rebut des poissonneries nourriront les piscivores adultes. Passés au hachoir mécanique, ils pourront même servir aux jeunes d'espèces robustes. Les mouettes, goélands acceptent le poisson pourri.

Certaines espèces délicates exigent du poisson petit et vivant. Si l'on habite loin de la mer ou d'un fleuve, il sera indiqué d'entretenir dans une mare quelques carpes (cinq ou six femelles pour un mâle) dont l'innombrable frai assurera la provision. Le poisson-chat, le poisson rouge peuplent aussi abondamment. Les restes de pâtées serviront à nourrir le frai lui-même. Je renvoie pour l'appropriation de la mare aux traités de pisciculture. Les asticots servis, soit aux poissons, soit à certains oiseaux (à défaut d'autres insectes) doivent être mis à dégorger dans du son, un jour ou deux.

L'on pourra enfin capturer, avec un filet très fin tendu au travers des ruisseaux, les épinoches qui parfois y pullulent. Le poisson sera déposé dans les fossés du jardin-volière, véritable vivier pour les piscivores. Si l'on n'en élève que de petite taille, comme l'alcyon, ces fossés pourront recevoir quelques grosses carpes qui s'y multiplieront d'autant mieux que là ni rat d'eau ni grenouille ne dévoreront les œufs et le frai.

Baies, fruits, graines, légumes, etc...

Si l'on dispose, à la campagne par exemple, d'un vaste espace autour du jardin-volière, on y cultivera, plutôt que de les acheter, les végétaux nécessaires à certains oiseaux.

Arbres fruitiers : Cerisier, prunier, figuier, noyer, amandier, groseiller, vigne, pommier.

Arbres et arbustes à baies : *Sorbier*, *sureau*, lierre, genévrier, houx, *tilleul*, aubépine, morelle noire, prunellier, ronce, buisson ardent, mahonia. En général les baies cueillies à maturité peuvent être conservées sèches, puis ramollies dans l'eau. Le sureau est indispensable aux éleveurs. Les baies, même séchées pour l'hiver, alimentent un grand nombre de baccivores.

Plantes diverses : *Pavot*[1], carottes, choux, salades, plantain, mouron, seneçon, ramberge, chardon, millet, colza, alpiste. En outre, on pourra se procurer chez les cultivateurs ou les fruitiers des fruits avariés, suffisants pour le régime économique.

Les raclures des greniers à foin, les graines parasites du blé qu'on vanne offrent d'utiles ressources. On peut en ensemencer les pelouses du jardin-volière, et quelques terrains au dehors. Ces graines, impossibles à recueillir autrement, sont parfois nécessaires à la santé de certaines espèces.

Les oiseaux préfèrent en général le petit mil (ou panis) au gros mil (ou sorgho.) On trouve le second chez les grainetiers, et les deux chez tout épicier.

Asticots.

Ce mets, peu engageant, doit être distribué le moins souvent possible, et toujours dégorgé au préalable dans du son plusieurs fois renouvelé. On l'ob-

---

1. La farine de pavot, si nécessaire à beaucoup de jeunes oiseaux, peut être momentanément remplacée par des graines de cette plante, triturées puis essorées dans un linge, pour en soustraire l'huile.

tient en laissant pourrir une tête de mouton au dessus d'un drap où tombent les asticots.

Vers de terre.

Ressource indispensable pour une foule d'oiseaux. Rien de plus aisé que de l'obtenir.

La petite espèce, employée comme appât, se trouve chez les marchands d'articles de pêche. Elle se reproduit ensuite et pullule dans des couches alternatives de terreau et de fumier de cheval, que l'on arrose, de préférence avec l'eau de vaisselle. On y jette aussi les épluchures de fruits et de carottes. Il y a 3 ou 4 générations de vers chaque année. On les laisse dégorger 24 heures, avant de les mélanger aux pâtées. Les petits échassiers et les merles ne prennent pas tant de soin pour les avaler.

Le gros ver de terre (vulgairement *achée*) est en général préféré par les oiseaux. Il suffit de jeter les vers dans le jardin-volière, où ils se multiplieront au bord de l'eau. Mais, pour obvier au temps de sécheresse où ils s'enfoncent trop avant, on en recueillera une provision qu'il suffira de placer dans une forte couche de la terre où on les aura trouvés ; le tout sera confié à une fosse cimentée, à de vieilles baignoires ou caisses, que l'on arrosera de temps en temps. Les jeunes vers ne tarderont pas à pulluler.

Mouches.

On mêle aux pâtées les mouches sèches, que l'on achète chez les industriels pour élevage, ou que l'on ramasse soi-même en hiver dans les chambres inoccupées où elles se réfugient.

Mais ces apports ne sauraient suffire à un amateur qui se spécialiserait dans l'élevage si utile et si délicat des passereaux muscivores. La science entomologique aidant, je pense que l'on obtiendrait la multiplication artificielle des mouches et de beaucoup d'autres insectes, comme l'on a obtenu celle du ver à soie et du ver de farine (1).

Il suffirait de garder tous ces insectes dans une chambre hermétiquement close, ne prenant l'air que par une fenêtre, grillagée d'une fine toile métallique. En hiver, on maintiendrait la température exigée pour la reproduction. Des débris de cuisine, des fruits avariés, ou les plantes requises par divers insectes fourniraient l'alimentation. Du fumier, de vieux troncs d'arbres, etc., serviraient d'asiles pour la ponte, conformément aux indications puisées dans l'entomologie. Il deviendrait dès lors facile d'ajouter aux pâtées des insectes frais et plus abondants. L'ornithologie pratique gagnerait à s'orienter dans cette voie, et l'on réaliserait la multiplication, en quelque sorte automatique, des oiseaux les plus indispensables à l'agriculture ou à l'hygiène.

Mais toutes les sortes d'insectes ne se prêteraient pas à cet élevage artificiel. La mouche de l'olivier et celle du cerisier, par exemple, pondent un seul œuf dans chaque fruit; l'insecte qui en sort se nourrit de la pulpe fraîche. On voit qu'il serait trop dispendieux d'obtenir une reproduction suffisante. Au contraire, la mouche commune, qui pond en masse dans de

---

1. Les mouches déposent leurs œufs de préférence dans le fumier de cheval très frais. Ce fumier pourrait donc servir à se procurer la nourriture nécessaire aux muscivores, en le renouvelant chaque matin dans une pièce hermétiquement close (sauf une lucarne munie de toile métallique) et où l'on enfermerait des mouches.

vieilles boiseries ou du fumier, et se nourrit des restes de la table, pourrait être multipliée dans les conditions indiquées ci-dessus.

Autres insectes.

Parmi les innombrables sortes de chenilles et de vermisseaux qui ravagent nos cultures et servent de nourriture aux passereaux, plusieurs sans doute seraient susceptibles d'être artificiellement multipliées en chambre close, certains parasites de la vigne notamment.

L'altise, facile à recueillir sur un drap, en secouant le cep, a 3 pontes annuelles. La femelle dépose ses œufs au revers des feuilles, par groupes de 30 à 50 ; ils éclosent 8 jours après. En ajoutant de nouvelles feuilles, sans toucher aux anciennes, on obtiendrait une nombreuse reproduction.

La teigne du pommier, régal des grives et des mésanges, pullule dans des bourses qu'elle tisse sur les feuilles. Une provision de ces feuilles, rechargée de temps en temps, permettrait de se procurer cet insecte abondamment.

Peut-être, malgré leur exiguïté, et en raison de leur effarante fécondité, pourrait-on tirer parti encore des pucerons.

L'araignée, indispensable au bon élevage du rossignol et de quelques autres oiseaux, pourrait être exploitée de la même façon. Au reste, les étables en fournissent une ample provision.

L'oiselier occupera ses loisirs à recueillir dans la campagne les insectes de toute sorte : sauterelles, chenilles (sauf pour la plupart des passereaux la chenille de haie.) M. Plocq récolte des larves sous l'écorce d'arbres morts, des sauterelles, le matin, dans la rosée; M. Leroy indique le ver à soie. En hiver, les fours abandonnés, les fentes de murs fournissent parfois des myriades de larves, pucerons, mouches, punaises. Inestimables richesses, en général peu disputées! Déposés dans des caisses, ou simplement sur le sol de la logette et des chambres d'élevage, parmi des plâtras et des farines avariées, ces insectes s'y multiplieront, par une température tiède.

Enfin il serait indiqué de planter dans le jardin-volière certains arbres (tilleul, pêcher) ou arbustes à fleurs, qui attirent particulièrement les insectes.

Animaux divers.

Le cobaye (ou cochon d'Inde) qui se multiplie si facilement, pourrait servir à l'élevage des jeunes rapaces nocturnes ou des hérons.

La crevette grise, peu estimée, le pou de mer, une foule de mollusques et de crustacés sont déjà utilisés pour l'élevage des échassiers.

Rien ne serait plus aisé que de propager dans un enclos les limaces (petites loches) et surtout les limaçons dont se repaissent tant d'oiseaux, et qui seraient broyés dans les pâtées des jeunes, ou dépecés par les dentirostres et les échassiers. Les limaçons pondent jusqu'à 700 œufs qui, confiés à la terre ou aux troncs d'arbres, réussissent surtout par une température humide et chaude. On les nourrirait de mauvais fruits, bois pourri, débris de viande, épluchures de légumes, feuilles. Ils se reproduisent en mai, au sortir de leur sommeil hivernal. Les Romains pratiquaient pour la table l'élevage artificiel des limaçons, qu'ils nourrissaient de farines. Certaines vignes permettent de récolter en grand nombre ces mollusques.

Les bêtes nuisibles : serpents, écureuils, éperviers, fouines, etc., peuvent encore servir à la confection de certaines pâtées. Il serait prudent toutefois de ne donner leur chair qu'aux petits des oiseaux qui, à l'état libre, se repaissent de ces animaux.

Larves de fourmis.

Les larves de fourmis constituent, avec les vers de farine et les pâtées, la ressource principale de l'élevage. Malheureusement le pillage inconsidéré des grandes fourmilières pour les faisanderies les a rendues rares dans de nombreux départements. Souhaitons que dans les régions montagneuses, où elles abondent encore, il s'établisse une exploitation prudente pour fournir des larves aux pays ravagés. Si l'élevage artificiel des oiseaux utiles prend quelque extension, si les pouvoirs publics encouragent sur ce point les initiatives privées, toute une branche commerciale devra se fonder pour centraliser puis vendre aux éleveurs, soit les larves de fourmis fraîches, soit les autres éléments de l'alimentation que j'ai indiqués précédemment. Une multitude de déchets qui se perdent dans les abattoirs, les halles, les usines de conserves, les fruiteries, ou sont consommés par des légions toujours croissantes de dogues et de chats malfaisants, pourront être livrés par de nouveaux courtiers aux éleveurs d'oiseaux utiles, d'oiseaux d'ornement ou d'oiseaux-gibiers. Les grandes Sociétés de chasse et la Société d'acclimatation devraient bien prendre l'initiative de cette fondation !

Actuellement les larves de grosses fourmis ne

peuvent se trouver que sèches chez les marchands d'articles pour élevage, ou fraîches dans les rares fourmilières que présentent encore nos bois ou les talus de nos fossés. Le plus souvent, l'éleveur en est réduit aux larves de petites fourmis qu'il découvre dans les prés, ou sous les pierres des chemins.

M. Leroy indique des procédés pour domestiquer les grosses espèces de fourmis. On apporte dans un sac la fourmilière et on l'installe dans quelque coin peu fréquenté du parc, en ayant soin de la placer sous les mêmes essences d'arbres qui l'abritaient. Un trou creusé en entonnoir renversé, une litière de foin, (chaque couche posée en croix sur la précédente), les matériaux trouvés dans la fourmilière remis à la disposition des insectes, une provision de substances sucrées, par exemple un pot de confitures ou de miel délayé dans de l'eau, quelques poignées d'herbes coupées menues sont les principaux éléments de la domestication. Il faut éviter de faucher les herbes ou orties qui croissent autour d'une fourmilière, et attirent les pucerons dont se nourrissent les fourmis. On peut établir plusieurs colonies dans le voisinage l'une de l'autre, à la condition expresse qu'elles proviennent d'une même source. Inutile d'ajouter que les fourmilières ne doivent jamais être exposées aux incursions des volailles. On pourrait au reste les protéger par un grillage contre leurs nombreux ennemis.

La récolte des larves a lieu chaque matin. Elles seront données très fraîches aux oiseaux, ou passées au four[1]. Les quelques insectes mêlés aux larves serviront eux-mêmes de nourriture. C'est fraîches aussi

---

1. Sans ces précautions, elles deviennent bientôt un poison dangereux, et tout l'élevage succombe peu à peu. Les larves non cuites sont préférables, même mélangées de quelques four-

qu'elles doivent être mélangées avec les pâtées. On devra éviter de bouleverser la fourmilière en faisant la provision quotidienne, ou de l'inonder en opérant sous la pluie.

Ver de farine.

Le ténébrion, ou ver de farine, indispensable à l'élevage des insectivores, et seul accepté souvent par les oiseaux malades, ne doit pas être confondu avec de petits papillons ou insectes bleuâtres qui vivent aussi dans certaines farines, et qu'il importe de détruire ou de laisser s'envoler, car ils nuisent au ténébrion.

On se procurera les premiers vers de farine, soit chez Duquesne ou tout autre industriel pour élevages, soit à la Halle aux grains, soit chez quelques marchands d'oiseaux, au prix moyen de 4 francs le mille.

Ces premiers vers en produiront ensuite d'autres indéfiniment. Il y a trois générations chaque année, et l'on peut dire qu'il éclôt des œufs en toute saison, surtout si l'on maintient la température au-dessus de 15 degrés. Chaque ténébrion pond de 100 à 150 œufs. Le ténébrion subit trois métamorphoses : ver long et d'un gris jaunâtre, larve blanchâtre, enfin insecte noir, arrondi, assez semblable au grillon ; c'est sous cette forme qu'il se reproduit. Il vole alors, ce qui oblige à grillager d'une toile métallique la lucarne de la pièce où se pratique l'élevage des vers. La plu-

mis vivantes, surtout si celles-ci appartiennent aux petites espèces.

Indispensables pour les perdreaux jusqu'après leur entière croissance, les larves de fourmis permettent aussi l'élevage de nombreux passereaux, et de tous les grimpeurs. Dans bien des cas, ni les pâtées ni surtout les vers de farine ne peuvent les remplacer.

part des oiseaux les mangent sous les trois formes, mais de préférence sous la première.

Le ténébrion craint la lumière et l'humidité. Un pot de grès, une vieille malle peuvent servir à sa propagation. Pour un grand jardin-volière, le mieux est de lui consacrer une chambre de la Logette, où les tas de son contenant les vers seront déposés sur le sol même, carrelé ou bétonné. Un mètre cube suffira pour l'entretien de 8 ou 10 couples de petits insectivores et de leurs couvées.

On ajoute au gros son où vivent les insectes un peu de farine de seigle, ou des croûtons de pain, des épluchures de fruits, de carottes, de pommes de terre, de salades, et on l'entremêle de gros papier, de lainages, de vieux bouchons, de bois pourri, où les ténébrions se blottissent et pondent [1]. En été, on humecte les tas d'un peu d'eau, tout en évitant la moisissure, fatale aux insectes, puis aux oiseaux qui s'en repaissent. M. Leroy dispose de vieux souliers, imprégnés d'eau, où les insectes se désaltèrent. En hiver, après la dernière éclosion de novembre, on enlève la couche de cendre constituée par les déjections des insectes. Le reste de l'année, on recharge le tas de son, sans y toucher, sinon pour récolter les vers groupés sous les lainages, près de la surface.

La température préférable pour les éclosions est de 18 à 25 degrés. Il y aurait donc grand avantage à chauffer la chambre. Il faut en renouveler quelquefois l'air ; mais, le reste du temps, elle doit rester bien close, autant contre le froid que contre les souris. La lucarne s'ouvrira vers le sud, afin d'éviter l'humidité. Une toile métallique permettra d'aérer plus facilement.

1. Tout cela n'est pas indispensable. Le gros son, les lainages et les épluchures de carottes peuvent suffire.

XIV

LE REPEUPLEMENT ARTIFICIEL

Tels sont les soins et la patience que l'élevage des oiseaux exige. Il est évidemment plus facile de les abattre à coups de fusil ! Image du mal, toujours plus commode à accomplir que le bien.

Souhaitons de voir s'établir les volières de repeuplement, et l'esprit public répudier l'abject instinct de destruction que l'ironie d'Octave Mirbeau flagellait dans ce portrait :

« C'était un excellent homme et qui avait la manie de tuer. Il ne pouvait voir un oiseau, qu'il ne fût pris aussitôt du désir étrange de le détruire. Il faisait aux merles, aux chardonnerets, aux bouvreuils une chasse impitoyable... Souvent il s'embusquait des heures entières, immobile, derrière un arbre où le jardinier lui avait signalé une petite mésange à tête bleue. A la promenade, il visait les oiseaux avec sa canne et ne manquait jamais de dire : « Pan ! il y « était, le mâtin ! » ou bien : « pan ! je l'aurais raté. » Ce sont les seules réflexions que lui aient jamais inspirées les oiseaux. »

Si un semblable type, aujourd'hui assez commun,

apparaît aux générations futures comme plus abject que les Vandales, elles sauront gré du moins à quelques naturalistes de leur avoir conservé par le repeuplement artificiel diverses espèces d'oiseaux.

En 1854, M. J. Geoffroy Saint-Hilaire exposait ainsi le but de la Société d'Acclimatation : « Il ne s'agit de rien moins que de peupler nos champs, nos forêts, nos rivières, d'hôtes nouveaux, d'augmenter le nombre de nos animaux domestiques. »

Il semble que les naturalistes devraient aujourd'hui se préoccuper d'abord de repeupler nos espèces indigènes, si facilement sacrifiées à l'anarchie. Il est même fort douteux que l'introduction des faunes exotiques ne soit pas quelquefois préjudiciable. On l'a constaté souvent pour le gibier[1]. Des maladies importées par les nouveaux venus ravagent les espèces indigènes, non prémunies contre elles. Les oiseaux d'agrément présentent le même danger : tout récemment, des lâchers de colombes lophotes dans les parcs anglais ont contaminé et fait périr les tourterelles sauvages.

Ce qu'il faudrait obtenir de l'élevage, c'est de *sédentariser nos erratiques* et quelques-uns de nos migrateurs, afin de les soustraire aux mille embuscades des pérégrinations. M. Cretté de Palluel considère notamment les fils télégraphiques comme des engins de destruction permanents; les migrateurs s'y heurtent et s'y tuent. J'ai montré le péril des phares. En 1889 celui de la tour Eiffel (bien inutile !)

---

1. Notamment pour le lièvre. Le tinamou et peut-être le faisan font fuir les perdrix. Celles-ci même ont à souffrir des perdrix exotiques. « Le résultat de tout cet engouement pour l'étranger est le plus souvent négatif », écrit l'auteur de *l'Organisation des chasses.*

immola tout un passage d'alouettes. Or, M. Leroy observe avec raison que *l'élevage sur place est la meilleure garantie du cantonnement.*

D'ailleurs, l'on ne jouit vraiment des oiseaux, l'on n'observe leurs mœurs que dans cet état de demi-domestication : « Ils sont, observe M. Rogeron, le complément naturel d'un parc, d'un jardin. A côté d'arbres exotiques savamment et pittoresquement groupés en vue d'imiter la nature, pour que l'ensemble soit vrai, harmonieux et complet, il faut parmi tout cela des animaux et surtout des oiseaux, la partie la plus gaie de la nature vivante; sans quoi ruisseaux, pièces d'eau, étangs, pelouses, prairies paraîtraient vides, solitaires et sans vie. »

M. Rogeron cite, comme preuve de la possibilité du cantonnement, l'exemple des riverains « qui élèvent sur nos rivières d'Anjou une grande quantité de canards de la race dite d'appel, les tiennent enfermés pendant les dix jours qui suivent l'éclosion, puis les lâchent sur nos rivières et marais, leur laissant la liberté complète. La mère les emmène au loin, presque toujours à plusieurs kilomètres de l'habitation, où elle les élève à l'état complètement libre pour les ramener tout gros si toutefois il ne leur est pas arrivé d'accident ainsi qu'à elle... Si le canard sauvage trouvait sa vie assurée dans un endroit il n'en bougerait guère ; les canards sauvages apprivoisés que nous possédons en liberté sur nos pièces d'eau et qui s'en écartent peu, malgré leurs ailes intactes, en sont une preuve ».

Une grange ouverte, servant d'abri et de pansoir en hiver, pourrait assurer l'existence de migrateurs sédentarisés. Il serait intéressant de fixer ainsi par exemple l'outarde et l'œdicnème. M. Leroy estime très facile leur domestication complète. On pourrait, ajoute-t-il, « utiliser les aptitudes de l'œdicnème, et en faire un bon serviteur comme on a fait du vanneau, voire du bécasseau combattant, ces émérites mangeurs de vers et de petits mollusques, considérés aujourd'hui comme d'excellents policiers de nos jardins et de nos cultures maraîchères. »

Le râle de genêt, si familier, résisterait plus difficilement aux grands froids. Il faudrait le reprendre à la fin de l'automne, l'enfermer jusqu'au printemps.

Pour le repeuplement artificiel d'un territoire, le *Lâcher des jeunes*, éclos dans le jardin-volière, aura lieu au début du printemps suivant.

Vers la fin de janvier, on les habituera, dans le jardin-volière, à chercher une nourriture éparpillée et analogue à celle qu'ils auront à conquérir en liberté.

On s'emparera d'eux, avec des haveneaux, dans la logette ou les pansoirs, en y déposant de la nourriture après les avoir fait un peu jeûner. Puis on les lâchera dès l'aube au centre du territoire à repeupler, après avoir répandu aux alentours leurs aliments préférés, de peur qu'ils ne s'éloignent dans un premier vol. Pour le même motif, on les laissera sortir doucement, d'eux-mêmes, de la cage.

Les résultats de ces repeuplements artificiels sont excellents, même pour des espèces sédentaires qui subsistaient encore à l'état libre mais dont ils renouvellent le sang. Ces races locales s'en trouvent toujours améliorées.

M. Levitre nous indique les résultats obtenus pour un repeuplement de canards sauvages (cols-verts).

Quatre couples lâchés sur un étang donnèrent, en première reproduction, 42 canetons, lesquels en produisirent, l'année suivante, 260.

—————

Dans le lamentable état de nos mœurs cynégétiques, ces sortes de repeuplement ne doivent évidemment s'opérer aujourd'hui que sur des terres gardées et avec des espèces sédentaires ou faciles à sédentariser.

On ne peut recommander les palmipèdes, tant que la chasse ne sera pas interdite sur les rivières, où ces oiseaux se réfugient lorsque les étangs gèlent, à moins de reprendre momentanément quelques espèces faciles à apprivoiser, comme les sarcelles, les petits grèbes, ou de constituer au bord d'une pièce d'eau un abri au soleil, pourvu de nourriture et d'eau.

Mais il faut prévoir d'autres ennemis que les chasseurs.

D'abord les *braconniers* qui capturent ou assomment, avec des filets ou des bâtons, les passereaux endormis sur les haies. A défaut d'une surveillance nocturne, toujours difficile, le plus efficace remède consiste dans la plantation de *halliers-garennes*. Avec une centaine de pieds de houx, de buisson-ardent, d'ajonc, et autres arbustes épineux à feuillage persistant, entremêlés d'aubépine, de prunellier, de ronce, de poirier sauvage, on peut établir une citadelle impénétrable que les oiseaux adoptent pour dortoir, surtout si elle est abritée du froid. On choisira les arbustes selon la nature du sol; le buisson-ardent est préférable à tous dans les terrains argileux. Un carré de 30 mètres sur chaque face suffirait à protéger des centaines de passereaux. Plusieurs de ces halliers, espacés sur un territoire, rendraient vaine toute tentative de braconnage nocturne. On peut parfaire la défense avec la ronce artificielle.

Dans les futaies, quelques vieux troncs couverts de lierre abriteront les espèces qui dorment sur les arbres élevés.

Un fossé large et profond, entourant la queue des étangs, obviera au braconnage des oiseaux aquatiques. On peut ajouter sur les bords quelques fourrés de ronces, ou l'un des halliers-garennes.

Il est beaucoup plus difficile de protéger contre la tirasse (ou grand filet) les espèces qui dorment sur les guérets. Dans les chasses bien gardées, on pique, l'hiver, sur les champs nus quelques épines. Si l'on ne craignait de gêner les labours, le mieux serait d'intercaler, comme en Normandie, des rangées d'arbres fruitiers. On peut aussi entourer les champs de haies parsemées d'arbres élevés; ceux-ci ne nuisent point à la culture, sauf les ormes et les acacias. Les cyprès, thuyas, et autres arbres verts constituent en outre une excellente remise pour beaucoup de passereaux.

Les oiseaux ont bien d'autres ennemis que l'homme. Et, puisque celui-ci a rompu l'équilibre naturel, il faut en diminuer le nombre le plus possible. Je les crois redoutables dans l'ordre suivant : épervier, écureuil, faucon, chat, fouine, belette, renard, serpents, rat, hérisson. Les chiens errants détruisent en outre les couvées des humicoles.

Il existe toute une bibliothèque cynégétique relative au *piégeage*. Je relaterai seulement mes expériences personnelles.

L'usage du *poteau* contre les oiseaux de proie est, non seulement cruel, mais encore déplorable en ce que ce genre de piège capture surtout les hiboux et chouettes, parfois des buses [1], presque jamais d'éperviers.

La chasse au moyen du *grand-duc* empaillé ne donne guère de meilleurs résultats. Ce sont les rapaces les moins nuisibles, ou les plus utiles, le saint-martin surtout, qui s'y font tuer.

J'ai réussi, au contraire, à me débarrasser des éperviers et des faucons avec un *grand trébuchet* à dur ressort, peint en vert, et surmontant une cage où s'agitent quelques moineaux ou serins. On est sûr de ne capturer ainsi que des rapaces nuisibles. Je n'ai jamais pris de chouette, mais, outre les éperviers, des chats, des écureuils et des belettes.

Les pies et les corbeaux sont trop méfiants pour se jeter dans ce trébuchet. Ils semblent même observer narquoisement le piégeur qui pose cet engin ou tout autre. Assurément ils se moquent de lui. Quiconque a élevé des corneilles et constaté leurs malices croira ce que je dis.

On fait à ces amusants oiseaux une stupide guerre d'extermination. Leurs nids étranges, à la cime des peupliers, manqueraient à nos paysages. Eux-mêmes animent, l'hiver, nos prairies, qu'ils purgent des vers blancs. Au printemps, je n'ai rencontré que les pies et les corbeaux pour combattre efficacement les

---

1. Les buses et busards, si controversés, ont gagné leur procès devant les naturalistes allemands, et sont sur le point de le gagner en France. M. Paul Paris vient de publier dans la *Revue française d'ornithologie* un « examen du contenu stomacal de quelques rapaces » qui témoignerait en faveur de ces deux genres. Néanmoins, leur utilité et surtout leur innocuité ne sauraient être comparées à celles des chouettes.

vipères. Incontestablement ils pillent quelques nids ; et il importe de réduire le nombre des individus, mais sans anéantir les espèces.

Un animal qu'il faut traquer sans miséricorde, c'est l'*écureuil*. Une seule paire suffit pour dépeupler une futaie. Depuis le roitelet jusqu'au faisan, rien n'est à l'abri de ce rongeur. Il pille les nids, boit les œufs, mange les petits. M. d'Anne a observé que l'invasion des écureuils dans la Somme a presque exterminé l'avifaune de ce département. Ils pénètrent jusque dans les basses-cours ; j'en ai pris à des pièges appâtés avec des œufs de poules. Le plus simple est de les tuer au fusil ; on les capture très facilement à l'aide de pièges appâtés avec des pommes. Vraiment l'on croit rêver quand on voit des propriétaires et des gardes immoler les chouettes et les pics-verts, oiseaux utiles entre tous, et respecter l'écureuil qui, outre ses méfaits contre l'avifaune, ravage les sapinières, les noisetiers, et ne compense ses dégâts par aucun service ! Il n'existe pas de bête plus malfaisante, après la vipère et l'épervier.

Le *chat* vient ensuite. Une superstition imbécile empêchant de tuer ces animaux, ils pullulent dans certains pays. Quand se décidera-t-on à les remplacer, comme récemment aux Etats-Unis, par des chouettes apprivoisées ? La loi devrait autoriser la destruction de tout chat non muni d'un collier [1] ?

Il paraît que couper les oreilles au chat l'empêche

---

1. Forbush estimait à 1.500.000 le nombre des oiseaux tués par les chats dans le seul Etat de la Nouvelle Angleterre. Le docteur Fisher admettait que chaque chat demi-sauvage détruit au moins un oiseau par semaine ; il arrivait au chiffre effrayant de 3.500.000 oiseaux dévorés annuellement par les chats dans l'Etat de New-York.

de vagabonder, la pluie ou la poussière lui chatouillant le conduit auriculaire. Il reste alors dans les maisons et y croque, faute d'oiseaux, quelques souris. Il est facile au reste de se délivrer de celles-ci avec les souricières, et des rats avec l'arsenic.

C'est le seul cas où j'admettrais le poison. Son emploi dégénère vite en abus. Disposé contre les bêtes puantes, il devient même très dangereux pour les humains qui peuvent s'emparer de l'appât bourré de strychnine.

Le *piégeage* reste la meilleure arme contre les martes, fouines, putois et belettes. Tous les traités de chasse, les catalogues de fabricants (notamment Aurouze, 3, rue des Halles, à Paris) renseigneront sur les diverses sortes d'engins. Le plus facilement utilisable est la boîte à double bascule. On la place, soit au milieu d'un sentier et entourée d'épines, dans un bois, soit au fond d'un fossé sec, sous une haie. Les prises sont retirées au moyen d'un sac dans lequel on vide la boîte, ou noyées avec elle. Il est prudent de hérisser de pointes les planches intérieures, que les captifs rongent parfois pour s'échapper. La tendue doit s'opérer avec des gants bien nettoyés. Certains gardes *affranchissent* les pièges avec des herbes odorantes.

Le piégeur évitera que l'herbe foulée, une trace quelconque ne décèlent son passage. Il garnira de mousse, de feuilles sèches, l'entrée de la boîte. Il faut renoncer à multiplier les rapaces nocturnes, et d'ailleurs aucune sorte d'oiseaux, si l'on n'a préalablement détruit leurs terribles ennemis : putois, fouine, belette.

Les *vipères* et les *couleuvres* ravagent beaucoup de nids d'humicoles. On les chasse le matin et le soir, au printemps et à l'automne, autour des haies et des bois abrités du vent. Dans un parc, les cigognes, les hérons ou les busards éjointés leur font une guerre active.

Contre les *rats* et les *souris* qui boivent les œufs, croquent les petits, nos meilleurs auxiliaires sont les rapaces nocturnes. La hulotte notamment détruit des légions de rats d'eau. Elle décime aussi les *loirs*, autres ennemis de la faune ailée ; en outre il est facile de les piéger ou de les prendre, durant leur sommeil hivernal, dans les vieux nids où ils amassent un lit de mousse.

Enfin le *hérisson*, utile aux cultures, est en revanche nuisible aux couvées d'humicoles. On peut substituer pour lui à la peine de mort celle de la déportation dans un jardin clos.

Quant aux lézards et aux crapauds, ils sont très utiles et absolument inoffensifs.

Un autre ennemi des oiseaux, c'est l'*hiver* rigoureux. Par la neige prolongée ils meurent de faim ; sans la neige ils meurent de soif.

Dans ce dernier cas, le plus fréquent et le moins remarqué, il faut casser la glace au bord de quelque mare, au soleil, ou disposer des baquets d'eau tiède munis d'un petit radeau.

Quant au *nourrissage hivernal*, il est de deux sortes :

1° *Naturel*, et consistant dans la plantation d'arbres ou arbustes à baies hivernales : buisson-ardent, aucuba, sorbier, houx, genévrier, mahonia, aubépine. On peut aussi abandonner aux oiseaux quelques jachères où croîtront des chardons et des graminées.

Il sera prudent d'habituer dans le jardin-volière les bacci-granivores à apprécier les baies ou graines qu'ils rencontreront à l'état libre. En effet, observe M. Magaud d'Aubusson, « il suffit d'un essai fait par un oiseau pour que tous les hôtes de la région se communiquent la découverte ».

2° *Artificiel*, et tel qu'on le pratique en Scandinavie et dans l'Europe centrale, où les hivers sont très rigoureux. Il consiste en provisions mises à la portée des oiseaux. Mais, outre qu'il est assez compliqué, il peut tenter les braconniers, à moins d'une surveillance active. Je l'ai pratiqué avec succès, et plus simplement que ne le recommandent les Guides de protection, en distribuant aux bruants de l'avoine et aux verdiers du marc de raisin. M. Magaud d'Aubusson réfute une objection :

« On craindra peut-être que les oiseaux, abondamment pourvus, deviennent paresseux et délaissent la chasse à l'insecte, pour ne plus songer qu'à cette nourriture toujours prête et si facile à prendre ; il n'en est rien cependant.

« Dès que la température devient plus clémente, aussitôt que le manteau de neige se déchire en quelqu'endroit ou qu'apparaît un chaud rayon de soleil, l'oiseau se fait moins assidu à la mangeoire. Il n'est pas besoin de le suivre longtemps pour voir combien fréquemment il interrompt ses visites et retourne explorer les arbres du voisinage. Sauf urgente nécessité, la nourriture artificielle, si bonne soit-elle, ne lui est qu'un succédané qui ne peut remplacer l'œuf de papillon, la larve ou la chenille. »

A l'inverse de ce qu'on supposerait, les purs insectivores sédentaires pâtissent moins que les semi-insectivores ; car les premiers, ou se réfugient, tel le troglodyte, dans les granges, y chassent les mouches, les araignées engourdies, ou, tels les pics, le grimpereau, soulèvent les écorces pour y découvrir des larves.

Voici, d'après M. Kehrig, un exemple de nourrissage artificiel tel qu'il se pratique dans l'Europe centrale pour les semi-insectivores :

« M. de Berlepsch a construit des maisonnettes-mangeoires où ils peuvent picorer des grains à l'abri de la neige ; mais il a surtout inventé une pâture spéciale, mélangée de pain râpé, de viande hachée, de chanvre écrasé, de graine de pavot, de millet, d'avoine, de baies de sureau séchées et d'œufs de fourmis, le tout versé dans la graisse bouillante de bœuf où de mouton. A l'aide d'une cuilier, cette pâtée est répandue sur des branches de pin où elle se fixe en durcissant...

« En Bavière, le gouvernement a convoqué une Commission autorisée pour la protection des oiseaux, qui crée dans tout le royaume des bosquets-protecteurs, fait suspendre des nichoirs, et fait donner la pâture pendant l'hiver. Les bosquets sont placés sous la surveillance de garde-oiseaux spéciaux, qui doivent suivre un cours de trois mois chez M. de Berlepsch, à Seebach, et qui sont subordonnés aux autorités forestières. »

Ainsi, comme pour racheter le néfaste industrialisme que la Prusse nous inculqua, et son mercantilisme qui déchaîna la guerre, la Bavière nous offre l'exemple d'une sage protection de l'avifaune, étendue jusqu'à la sauvegarde des nids. M. Baudouy observe à ce sujet : « En Allemagne, où la protection des oiseaux est l'objet de la sollicitude effective du gouvernement et des agriculteurs, on met une feuille de tôle autour de la tige des arbres. C'est en quelque sorte une grande virole placée au moins à un mètre de hauteur, à laquelle les griffes des chats ne peuvent s'accrocher pour arriver aux couvées. On se sert également d'un grillage ayant la forme d'un entonnoir renversé qui embrasse la tige à une certaine hauteur et que le chat ne peut franchir pour atteindre les nids. Bien que ces accessoires ne soient pas très coûteux, ils peuvent être remplacés par deux poignées de branches épineuses liées à la tige, à un mètre et demi du sol.

« Ces précautions sont prises contre les chats domestiques qui vont dans les jardins ou le verger voisin. Quant aux chats qui ont abandonné les maisons pour errer sans cesse à travers la campagne, il faut les abattre sans pitié, ou les prendre à l'aide d'un piège, car ce sont les plus dangereux. Au mois de mai 1906, dans la Charente, nous avons pu en observer un qui a pris, dans un champ de luzerne, six oiseaux dans une matinée; probablement des mères en train de couver. Il paraît qu'un seul de ces animaux se charge à lui seul de détruire les oiseaux sur une étendue de plusieurs kilomètres carrés. Donc, pas de quartier ! »

Certains oiseaux nichent à nos portes, semblent implorer notre aide. « Au printemps de 1896, raconte M. d'Hamonville, un couple de mésanges bleues établi dans le jardin d'un de mes compatriotes, M. Berthier, vint faire son nid dans un arrosoir suspendu à un arbre. Le propriétaire, qui est un observateur et qui connaît l'utilité de ces petits êtres, ne trouva rien de mieux à faire, pour protéger ses petits amis, que de coller sur l'arrosoir une feuille de papier portant ces simples mots : *Défense de toucher*.

Grâce à cette mesure et aux recommandations faites à chacun, le couple put amener à bien sa nombreuse et charmante famille. L'année suivante, les mésanges, qui ont, comme tous les animaux, le culte du souvenir, revinrent nicher au même lieu ; et j'aime à croire quelles ont eu même protection et même réussite. »

Les *nids artificiels*, dont j'ai parlé à propos du jardin-volière, sont usités dans l'Europe centrale pour les oiseaux libres nichant au creux : sittelle, torcol, mésanges, pics, rossignol de muraille, etc... Le baron de Berlepsch en dispose 500 sur son domaine de Seebach. Plusieurs propriétaires de notre Midi ont recours aussi à ce procédé pour protéger leurs vignes contre les insectes.

Mais combien est-il préférable de laisser debout quelques vieux troncs d'arbres où le pic-vert se charge de creuser des nids pour lui-même et ensuite pour d'autres occupants !

Les espèces nichant à la haie profiteront encore pour élever leurs couvées des *halliers-garennes* destinés à protéger les adultes contre le braconnage et à les nourrir en hiver.

La protection la plus difficile, et aujourd'hui presque désespérée, est celle des espèces nichant sur le sol. La faucheuse mécanique, la suppression des chaumes, le sarclage abusif des céréales menacent ces espèces d'une totale destruction. Dans de bien rares cas, on peut, comme M. Xavier Raspail, protéger par un grillage les couvées de ces humicoles. En Angleterre, on a coutume d'attacher une sonnette à l'avant de la faucheuse mécanique.

Pour protéger sûrement la perdrix grise, le râle, le vanneau et les passereaux humicoles, il n'existerait que deux moyens, pareillement chimériques dans l'état présent des esprits :

1° Revenir au système des capitaineries, où les fauchaisons n'étaient permises qu'à une date déterminée (fin de juillet). Malgré le préjugé, ceci serait compatible avec l'intérêt agricole, si on laissait le bétail pacager au début du printemps ;

2° Faire promener par deux gamins, en avant de la faucheuse, une corde pour courber l'herbe. La couveuse s'envolant, on trouverait le nid et l'on pourrait élever les petits.

Actuellement, râles, vanneaux, farlouses, bergeronnettes jaunes, etc. ne réussissent plus leurs couvées que dans les prés qui bordent certaines rivières, dont les crues obligent à retarder la fenaison jusqu'en août.

———

Partout ailleurs prés dépeuplés, sillons muets ! Tels sont les résultats de la culture industrielle, succédant aux paisibles, aux prudentes exploitations rurales d'autrefois. Et la stupide machine tue l'homme lui-même, stérilise les campagnes, multiplie l'enfer usinier. Les tristes idoles de notre âge ont dévoré bien d'autres choses que l'Oiseau : toute grandeur morale et toute beauté. Nous devons en revanche au Moloch industriel d'apprendre toutes les catastrophes de l'univers et d'ajouter 1 ou 2 zéros aux chiffres de mort des anciennes guerres !

Vaincus, nous les parias de ce monde désenchanté, nous devons quand même mener la lutte contre l'insolence de l'esclave-roi, du fabricant d'engins sorti de son échoppe pour refaire la Création à sa guise. Efforçons-nous donc de conserver quelques types de beauté pour les générations futures qui, lasses peut-être de haleter sur l'enclume des Cyclopes et de dérober à Zeus la foudre, se retourneront vers les lacs, les forêts, et la féerie des oiseaux.

Aujourd'hui, hélas ! les arbres tombent, remplacés par les hideux poteaux des Compagnies d'électricité. Autre embûche pour la faune ailée, formidable réseau de mort tendu sur tous nos chemins. Le Nord n'a plus le droit de reprocher au Midi son mépris de la nature. On peut réprimer les tueries des pays latins, on a même réussi auprès d'eux par la persuasion. Mais quel remède contre les dévastations de l'Industrie, fruit du mercantilisme anglo-saxon ? Il existe pourtant toute une école qui nous présente comme l'idéal de l'avenir les usiniers de Manchester et les charcutiers de Chicago.

Si du moins un Gouvernement soucieux de ses devoirs enjoignait aux électriciens d'enterrer leurs fils, non seulement les oiseaux seraient épargnés, mais les passants eux-mêmes ne risqueraient plus d'être électrocutés par la rupture d'un câble, et l'ignominie de ces ferrailles cesserait de déshonorer nos paysages !

J'ai entendu aussi certains amis de la nature souhaiter une entente avec les ingénieurs. Assurément beaucoup parmi ceux-ci gardent le culte de la beauté, et déplorent, les premiers, le désordre entraîné par la métamorphose industrielle. N'y pourraient-ils découvrir quelque remède ?

Quant aux Ligues protectrices, elles devraient bien instituer une enquête sur le nombre d'oiseaux tués par les fils. Les renseignements sont fort contradictoires. J'ai ouï dire que les fils de fer galvanisés constituent un isolateur pour les pattes des oiseaux, lesquels seraient, au contraire, foudroyés par les fils de cuivre. Il y a aussi, sans doute, une question d'intensité du fluide.

Il est hors de doute que des oiseaux périssent. Mais se brisent-ils la tête en plein vol, ou sont-ils électrocutés en se perchant? Dans le premier cas, le chiffre des victimes serait beaucoup moindre et quasi négligeable. Dans le deuxième, il s'agit de l'imminente disparition de ceux des traquets, bruants et autres passereaux percheurs, que l'on ne parviendrait pas à sédentariser [1].

Si le mal provient de l'électrocution, et que l'on y découvre un remède, ne fût-ce que d'enterrer les

1. J'avais ouvert une enquête à ce sujet dans la *Revue d'Ornithologie*. Voici l'une des réponses :

« De nombreux oiseaux, parmi les oiseaux qui voyagent la nuit et volent bas, sont tués par les fils électriques. Ils sont tués non par électrocution, mais par la simple rencontre des fils, ainsi que le prouvent les blessures que l'on constate sur le corps des victimes de ces accidents.

« Parmi les espèces victimes de ces accidents, je citerai surtout les grives, les perdrix, les bécasses, les étourneaux, etc... Ces morts, quoique fréquentes à l'époque des migrations, ne représentent pas un chiffre élevé. Il n'est pas rare cependant de trouver 6 à 7 victimes par matinée (grives surtout). Pour les éviter, je ne vois que des remèdes d'une dépense trop considérable.

« Ces observations, faites surtout dans l'Afrique du Nord, doivent être exactes pour tous les pays où les lignes électriques traversent des forêts un peu vastes. »

Cependant le fait qu'on a dû interdire dans le Midi la destruction des hirondelles au moyen d'un fil relié à une forte batterie électrique démontrerait que l'électrocution menace les oiseaux. Un électricien m'a soutenu que le courant cesse d'être dangereux lorsqu'il est réparti sur plusieurs fils (lignes d'éclairage) et que l'oiseau communique avec un seul. J'ignore ce qu'il en est réellement. La protection de l'avifaune est assez importante pour que l'on doive approfondir davantage ce sujet et se préoccuper des remèdes possibles.

fils ou d'établir une gaine isolatrice, il restera à le faire appliquer. Qui oserait l'espérer des pouvoirs publics ?

Obtiendrons-nous seulement en France ce qui se pratique en Hollande pour la protection des migrateurs contre la fascination des grands phares ? MM. Richard et Burdet ont constaté au phare de Terschelling le plein succès des échelles Thijsse. En 1911, du 13 au 14 octobre, il y eut un passage exceptionnel, surtout d'alouettes, d'étourneaux et de grives. On lit dans le rapport, que le gardien du phare est tenu d'envoyer annuellement au Ministère de la Marine de Hollande, que des centaines de mille d'oiseaux passèrent cette nuit par le phare ; 10.000 d'entre eux pouvaient se reposer à la fois sur les échelles ; lorsqu'ils avaient recouvré des forces suffisantes, ils reprenaient leur ronde folle autour de la lumière, cédant la place à leurs compagnons épuisés. Ce chassé-croisé, qui dura jusqu'au matin, n'accusa que 7 morts sur la tour et 12 au pied de celle-ci.

D'après la relation des enquêteurs, un autre remède serait la coloration des lentilles. Les feux blancs surtout attirent les oiseaux. La confusion des couleurs a causé assez de sinistres dans la Marine, pour que l'on puisse mettre à l'étude l'unification de la teinte rouge et la seule différenciation par le nombre ou la durée des éclats. Si les feux blancs sont nécessaires, que du moins on installe les échelles Thijsse, et que l'on exerce une surveillance sur certains gardiens qui pratiquent, paraît-il, le braconnage à la lentille, afin que les émigrants ailés n'aient plus à inscrire sur leurs cartes notre pays sous ce nom : Terre des naufrageurs !

C'est déjà trop que Paris détienne le marché mondial de ce que M. Emile Faguet appelait les « cimetières pour chapeaux ». Le grand mal réside moins encore dans la vente des espèces exotiques par les plumassiers à quelques riches élégantes que dans l'exemple donné par celles-ci aux femmes du peuple qui, faute d'une aigrette ou d'un « paradis », arborent les plus utiles de nos oiseaux indigènes, une chouette, un pic-vert, tués par quelque chasseur de leur connaissance.

La démocratisation du chapeau-cimetière en amènera peut-être la suppression, quand les villageoises auront enfin constaté qu'il est passé de mode.

J'ai vu dans une église un navrant spectacle : tout un orphelinat coiffé de chapeaux de paille sur lesquels on avait épinglé un rollier. Quelle région de l'Asie avait été dépeuplée de ces beaux oiseaux bleus pour infliger à de pauvres filles une dérision d'élégance [1] ?

---

1. Le trébuchet dont je parle dans ce chapitre peut rendre d'incalculables services aux protecteurs du gibier ou des oiseaux utiles. Un article que je lui avais consacré dans le *Bulletin de la Société centrale des chasseurs* m'a valu de nombreuses demandes de renseignements détaillés ou de photographies.

Rien de plus simple : c'est le vulgaire trébuchet que vendent tous les oiseliers, mais trois fois plus grand. On doit l'appâter avec des oiseaux vivants de couleurs tranchantes (serin, verdier, etc.).

Je suis parvenu à supprimer avec cet engin les éperviers, crécerelles, écureuils qui décimaient chez moi les passereaux. Tous les chasseurs sérieux et tous les protecteurs des oiseaux devraient faire confectionner ce trébuchet par un oiselier ou un menuisier,

XV

LA PROTECTION AGRICOLE

En face de tant de mauvaises volontés coalisées contre l'Oiseau, il faut à ses défenseurs un sentiment presque héroïque du devoir de solidarité envers les générations futures. Combien tentant l'appel de quelque Jardin-Volière où, dans un songe oriental, nous jouirions égoïstement du ramage et de la beauté de rares volatiles conservés pour nous seuls! L'amère volupté du pessimisme, la nostalgie des mondes éteints nous conduiraient parfois jusqu'à ces musées où subsistent encore quelques spécimens des espèces anéanties, telle la jolie huppe de la Réunion, exterminée entre 1830 et 1837.

C'est l'évidence d'un très réel devoir qui m'incite à tâcher de faire comprendre ici aux indifférents que l'Oiseau, non seulement nous est nécessaire, mais que ses services sont *absolument irremplaçables*. Je résumerai en ce chapitre les divers aspects de la question, examinés jusqu'ici séparément. On ne craint pas l'apparence de certaines redites, quand on se préoccupe moins d'amuser quelques amateurs de littérature que d'enfoncer dans les esprits des vérités utiles.

Au reste, les efforts désintéressés ne sont jamais entièrement perdus. Les enquêtes officielles entreprises à la sollicitation des Ligues protectrices, relativement à l'utilité ou à la nocuité de l'avifaune ont toujours conclu à son avantage. Tout récemment encore, le merle d'eau (cincle aquatique) pour la destruction duquel la Suisse payait une prime, vient d'être retranché de la classe des piscivores et déclaré digne de protection par la loi fédérale.

Pratiquement, quels progrès accomplis, par exemple dans l'Europe centrale, entre les stupides proscriptions du moineau en Prusse et les notes que M. L. Chappellier rapportait d'un voyage ! Evitons Hambourg et son symbolique marché de bêtes féroces, tigres, hyènes qui entretiennent dans les foules un goût de bassesse et de carnage. Laissons aussi à la Prusse son aigle, emblème de tous les despotismes conquérants. L'émotivité sereine des oiseaux, il la faut demander à ces petites principautés, patries de la musique et du rêve, et sur lesquelles s'appesantit d'abord la botte brutale des Frédéric et des Bismarck :

« Tout le long de la ligne de chemin de fer, on voit, près des maisonnettes des garde-barrières, près des petites fermes, des habitations situées en plein champ, de longues perches plantées verticalement et supportant un ou plusieurs nichoirs. En général, ceux-ci m'ont paru bien plus abondants dans les endroits découverts. Est-ce parce qu'ils sont plus visibles ? Je ne le crois pas : l'habitant dont la maison est située loin de toute forêt cherche, au moyen de nichoirs, à attirer autour de lui les oiseaux utiles. Il leur procure un logement confortable; en échange, il leur demande de protéger son jardin ou sa récolte contre les chenilles ou les insectes... On voit que la question a été étudiée depuis longtemps chez nos voisins. Les paysans connaissent et pratiquent la protection des insectivores, et j'ai vu des nichoirs municipaux lors de mon premier séjour en Allemagne en 1893. Parmi les villes que j'ai eu l'occasion de visiter et qui en entretiennent dans leurs promenades et jardins publics, je pourrais citer Francfort-sur le-Mein, Dietz-sur-la-Lahn, Mayence, Cologne, Munich, Dresde, Leipzig, Stendal, Vienne et Prague. Toute détérioration de ces nichoirs est sévèrement punie par la police. Il serait à souhaiter que cet exemple fût suivi chez nous, et que nos municipalités plaçassent de nombreux nichoirs et mangeoires dans leurs parcs et promenades publics. »

Ne demandons pas tant ! Notre climat, plus tempéré que celui de l'Europe centrale, rend moins nécessaire le nourrissage hivernal. Il suffirait de ne plus voir dans la vallée du Rhône, et ailleurs, ces longues perches destinées, elles aussi, à attirer les oiseaux, non pour les protéger, hélas ! mais pour faciliter leur massacre à cet ignoble « poste à feu » que certains préfets s'obstinent à tolérer.

Cependant l'utilité des oiseaux reste jugée désormais pour nos hommes d'État. Ils avouent seulement leur impuissance contre l'anarchie rurale, comme en témoigne cette déclaration d'un ministre de l'Agriculture, M. Clémentel :

« Les arrêtés réglementaires en vigueur dans tous les départements interdisent d'une façon absolue la chasse des oiseaux utiles, dont un article spécial donne l'énumération. Le ministre de l'Agriculture a d'ailleurs mis à l'étude les mesures à prendre pour obtenir des populations une meilleure observation de ces prohibitions ; mais aucune détermination ne pourra être adoptée à cet égard qu'après approbation du rapport général de la Commission ornithologique qui fonctionne actuellement à ce ministère et dont les travaux sont sur le point d'être achevés. »

Ce qui retarde les décisons de cette Commission, c'est le cas de quelques oiseaux manifestement reconnus utiles, comme l'ortolan, mais dont plusieurs députés s'obstinent à réclamer la chasse. C'est ensuite le cas de deux ou trois espèces sur lesquelles on hésite à se prononcer, en raison de leur grande utilité dans certains lieux et de leur incontestable nocuité dans d'autres.

Au premier rang de ces espèces en litige figure le moineau. Le sacrifier complètement serait recommencer la désastreuse expérience de Frédéric II. Il convient néanmoins de restreindre son pullulement excessif. On peut du reste l'écarter des ensemencés, non avec des épouvantails dont il se moque, mais avec des morceaux de verre qui s'entrechoquent et miroitent, ou mieux avec des ficelles rouges entre-croisées sur les plates-bandes.

Cette question du moineau m'incite à transcrire quelques passages d'une intéressante lettre que m'adressait M. Augustin Gaudicheau, instituteur et propriétaire de vignes en Maine-et-Loire :

« Je suis un partisan convaincu et irréductible du moineau, et du pullulement du moineau. Je n'ai jamais trouvé plus de 7 à 8 grains de blé dans l'estomac d'un de ces oiseaux. En revanche, j'ai constaté maintes fois, surtout à la saison des nids, que le moineau est un des plus gros mangeurs de sauterelles, charançons, *pucerons des choux, hannetons.* J'ai un jardin soigneusement entretenu ; je n'ai jamais eu à me plaindre des oiseaux, mais j'ai pris, aux en-

droits à protéger, les précautions que j'indique ci-
dessus (ficelles de couleur)... Aujourd'hui où tout se
paie, il est bien juste de rétribuer nos plus utiles ser-
viteurs d'un peu de grains ou de fruits. Quand ils en
mangent un, c'est pour en sauver cent... J'ai fondé ici
une Société protectrice des oiseaux, dont font partie
mes 80 élèves et 10 anciens élèves... Il faut voir avec
quelle joie ces braves petits cœurs m'annoncent de
temps en temps : — Monsieur, mes roitelets sont
partis ; Monsieur, le nid de chardonnerets a réussi.
— Les uns ont entouré le pied d'un arbre d'ajoncs
pour protéger un nid contre les chats. Un autre a utilisé un vieux tuyau de poêle pour loger des mésanges.
Chaque enfant qui protège un nid est félicité publi-
quement... Cette habitude de respecter les oiseaux
et leurs nids a développé la sensibilité et la bonté de
ces enfants... C'est par l'enfant seulement que les
meilleurs résultats seront obtenus. »

Oui, l'enfant peut recevoir, mieux que l'adulte, et
conserver une mentalité favorable à l'Oiseau. Le
vieux cultivateur, mûri dans ses préjugés et ses for-
mules, regardera avec étonnement dans votre volière
les grives dévorer les insectes de préférence aux
fruits ; mais, une heure après, vous l'entendrez répéter : « Il est temps de cueillir les pêches ; les oiseaux les mangent toutes ! » Vainement lui montrerez
vous sur ces fruits des grappes de mouches, de guêpes,
ou les traces d'une dent de rat ; l'oiseau restera
l'unique coupable !

Sans recourir aux causes morales, on trouverait
peut-être une cause de cet entêtement dans une ru-
desse physiologique qui rend l'œil incapable de saisir les détails exigeant l'acuité visuelle. Celle-ci est
moins nécessaire pour voir un merle croquer une

cerise que pour le voir déterrer une courtilière. La perception de l'insecte rongeant le fruit, de l'oiseau attrapant l'insecte pourrait bien ne pas pénétrer dans certains cerveaux. L'éducation des jeunes villageois sous ce rapport devrait donc être à la fois morale et physiologique.

Personne d'ailleurs ne songe à nier que les pies enlèvent quelques poussins, les merles quelques cerises, les moineaux quelques grains de blé. Mais ce qu'il importe de faire comprendre, c'est que ce salaire payé à la gourmandise de l'Oiseau reste dérisoire quand on observe ensuite les désastres causés par les insectes dans les lieux où il a disparu. Cette sorte de prime d'assurance est en outre beaucoup plus faible qu'on ne le suppose, car les trois quarts des dégâts attribués à l'Oiseau sont l'œuvre des chenilles, des mouches, des pucerons, des rats, des mulots, et aussi des chauves-souris qui percent, par exemple l'écorce de la grenade. Que de fois le corbeau, accusé de manger les pois ou le blé, guette-t-il en même temps les campagnols, ravageurs autrement terribles !

En résumé, *il s'agit pour le cultivateur, ou d'abandonner aux oiseaux le dixième à peine de sa récolte, ou d'en abandonner la moitié, parfois de l'abandonner toute, aux insectes et aux rongeurs.* Malheureusement, l'exiguïté des chenilles, le noctambulisme des rats et des mulots empêchent de les surprendre en flagrant délit de dévastation, tandis que l'Oiseau commet au vu de tous ses peccadilles.

Néanmoins, l'opinion publique tend à s'éclairer peu à peu. Un état de doute succède à l'hostilité envers la faune ailée. Deux faits frappent ses plus irréductibles adversaires : la concomitance de la diminution des oiseaux et du pullulement des insectes dévastateurs ; puis l'inutilité, tout au moins le coût et l'insuffisance des traitements chimiques.

Malheureusement, les efforts des agronomes et des naturalistes sérieux pour démontrer la nécessité de l'Oiseau comme protecteur des récoltes, sont paralysés par les sophismes de trois catégories de gens : les chasseurs incorrigibles, certains entomologistes à vue étroite, enfin les marchands de drogues.

L'argumentation des tueurs de becs-fins consistant à prétendre que l'intérêt agricole ne doit pas compter devant leur caprice, un État soucieux de son devoir n'aurait qu'à leur répondre par ses gendarmes et ses juges.

Mais l'argumentation des entomologistes et celle des droguistes exigent un plus sérieux examen.

L'OISEAU PEUT-IL ÊTRE SUPPLÉÉ

dans sa lutte contre les insectes et les rongeurs ?

Certains entomologistes ont prétendu que, les insectes nuisibles étant détruits par d'autres, le rôle de l'Oiseau reste superflu. Paradoxe spécieux qui, comme tout paradoxe, s'étaie sur une portion de vérité.

En effet, grâce à une loi naturelle de suppléance, l'équilibre initial des espèces animales étant rompu par l'homme, les désastres qu'occasionne toujours la disparition des oiseaux peuvent être atténués, ralentis dans une certaine mesure. Ce sont en général les cultures les plus indispensables, notamment celles des céréales, qui bénéficient de ce remède succédané. Mais il ne saurait remplacer d'une façon complète et durable la tâche dévolue à l'avifaune.

Incontestablement divers parasites de la végétation sont combattus par quelques invertébrés : la chenille du chou peut disparaître momentanément sous les atteintes d'un hyménoptère ; certains pucerons ont pour ennemis les coccinelles, les syrphes, les craboniens ; la tenthrède du poirier succombe sous la larve de l'ophion mercator ; les processionnaires sont attaquées par le calosome inquisiteur, et les bombyx par les ichneumons. Néanmoins *les services rendus par ce qu'on est convenu d'appeler les bons insectes ne peuvent soutenir aucune comparaison avec l'utilité des oiseaux.* En effet :

1° *Un nombre immense d'insectes très nuisibles échappent entièrement aux attaques des autres invertébrés. Au contraire, tous ont pour ennemis une ou plusieurs espèces d'oiseaux.* Quinze ou vingt sortes d'insectes, réputés utiles, ne sauraient remplacer nos 150 à 200 espèces de passereaux et de grimpeurs insectivores, sans cesse en chasse contre les centaines de sortes d'insectes qui ravagent nos cultures. Pour ne citer que les plus connues et les plus dangereuses de celles-ci, 13 dévastent les céréales, 24 les arbres fruitiers, 18 les forêts, et un nombre encore plus grand s'acharnent contre les plantes potagères, les fleurs, le houblon, la vigne. Plusieurs de ces sortes d'insectes parasites engendrent des millions, parfois des milliards de rejetons en une seule année, lorsque les oiseaux, et aussi quelques autres adversaires comme le crapaud et le lézard, ne restreignent pas leur effroyable pullulement.

2° *Les insectes utiles parce qu'ils en combattent d'autres deviennent eux-mêmes nuisibles par leurs propres dévastations.* Tels les capricornes, les perce-oreilles. La courtilière détruit quelques vers, mais surtout les racines des légumineuses ; les guêpes chassent les tenthrèdes, mais elles dévorent les fruits ; une petite mouche, le pteromalus, mange l'alucite, mais elle-même est extrêmement nuisible. L'araignée, qui se repaît de mouches, est dangereuse, ou du moins gênante pour l'homme.

Dans d'autres classes que celle des insectes, le même phénomène se reproduit. Les petits rongeurs sont détruits par les hiboux, absolument inoffensifs, ou par les vipères, les belettes, animaux eux-mêmes dangereux ou nuisibles. La supériorité de l'Oiseau s'affirme donc encore ici.

3° A supposer, contre l'évidence expérimentale, que l'oiseau et certains insectes puissent rendre les mêmes services, qui donc, à moins d'une véritable perversion, préférera l'insecte à l'oiseau, la punaise et le frêlon à la fauvette et à la mésange, le répugnant symbole des hideurs morales à l'être qui enchante nos oreilles, nos yeux, et prête une âme multiforme à la nature ?

4° Enfin les prôneurs de l'insecte expliqueront-ils pourquoi *les fléaux agricoles coïncident toujours exactement avec la disparition des oiseaux ?* J'imagine que nos Tartarins ne tirent pas encore les guêpes et les araignées. Or, partout où ils massacrent engoulevents, traquets, ortolans, becs-fins, aussitôt la cochylis, l'eudemis, cent autres parasites occasionnent d'irréparables désastres. Ce sont donc bien réellement les oiseaux, et non quelques invertébrés, qui nous protégeaient avec efficacité contre le pullulement des parasites. Si la sylviculture a été peu éprouvée jusqu'ici comparativement à l'agriculture et surtout à la viticulture, c'est que, pour diverses causes que j'ai exposées ailleurs, les grimpeurs et les passereaux forestiers ont mieux échappé à la destruction que les oiseaux habitant nos guérets et nos vignes.

En résumé, si, par exception, quelques oiseaux sont partiellement nuisibles, et quelques insectes partiellement utiles, néanmoins une loi supérieure s'affirme : celle que *la classe entière des oiseaux nous est indispensable contre la classe entière des insectes.*

Les prôneurs des *Traitements chimiques* reconnaissent implicitement l'existence de fléaux agricoles déchaînés par la disparition des oiseaux, et que le petit nombre des invertébrés carnivores est impuissant à enrayer. Seulement, ces chimistes prétendent remplacer artificiellement le secours de la faune ailée.

Leur paradoxe, comme celui des entomologistes, s'appuie sur une vérité partielle. L'effort humain peut, lui aussi, compenser par un remède succédané, dans une certaine mesure, la rupture de l'équilibre naturel. Personne ne songe à nier par exemple l'utilité de la nicotine contre les pucerons. Mais aucun agronome sincère et réellement informé n'admet que le secours des oiseaux puisse être remplacé par celui des droguistes *dans tous les cas et avec la même efficacité.*

M. G. Battachon, inspecteur de l'Agriculture, écrivait :

« En matière de destruction d'insectes, les oiseaux sont outillés comme nous ne le serons jamais. Avec toute notre science, tous nos engins perfectionnés,

tous nos produits chimiques, nous sommes incapables
d'arriver aux résultats qu'obtiennent nos aides ailés
avec leurs yeux et avec leur bec, à la seule condition
d'être suffisamment nombreux. Or, ce nombre, c'est
à nous de l'assurer, en donnant l'exemple d'abord,
puis en nous efforçant de répandre et de faire pénétrer autour de nous, de la façon la plus saisissante
possible, les notions si simples sur lesquelles s'appuie la nécessité de protéger les oiseaux.

« J'ai, dans mon jardin, un noisetier. Ce noisetier,
qui est situé dans une encoignure, était couvert de
kermès. Il y a quelques jours une fauvette survint;
devant moi et sans s'occuper de ma présence — il est
vrai que j'eus bien garde de la déranger, — à coups
de bec multipliés elle s'acharna après les kermès. Au
bout de quelques instants elle partit, puis elle revint
et recommença. Ma petite fauvette a dû réitérer sa
chasse un certain nombre de fois en mon absence,
car aujourd'hui j'ai examiné mon noisetier : il a été
si épluché que tous les kermès ont disparu.

« Et alors, en présence de ce résultat, je me suis
demandé une fois de plus, comment, lorsque les cultivateurs ont à leur disposition des auxiliaires aussi
précieux, créés tout exprès pour les débarrasser gratuitement des insectes nuisibles, tout en charmant
leurs yeux et leurs oreilles, comment il était possible
qu'ils ne fissent pas tous leurs efforts pour les protéger... »

M. Rendu, inspecteur général de l'Agriculture,
proclamait, dans son étude sur les *Insectes nuisibles*,
la supériorité de l'oiseau sur la chimie. Il indique les
chouettes comme le meilleur secours contre la courtilière, et estime les fauvettes seules capables de détruire les psylles, car « les traitements au lait de

chaux et aux narcotiques ne sont praticables que sur quelques pieds d'arbres ».

Aux partisans des traitements chimiques on peut faire presque les mêmes réponses qu'aux prôneurs des invertébrés carnivores :

1.º *Une multitude d'insectes nuisibles échappent entièrement à l'action des traitements chimiques.*

Pour choisir un exemple très commun, on peut détruire quelques moustiques en versant du pétrole sur un bassin de jardin ; mais allez donc tenter l'opération pour les marais de la Camargue ! Rien ici ne saurait suppléer les hirondelles et les martinets.

Il serait tout aussi bouffon de prétendre remplacer les mésanges, les pics-verts, les sittelles dans une forêt. Tout le stock des chaux, des sulfates, des aluns et des potasses offerts au public crédule ne suffirait pas pour protéger les arbres contre les légions d'insectes lignicoles.

Dans les vignes elles-mêmes, suppose-t-on que les sulfateuses iront, comme le bec des traquets et des ortolans, chercher les parasites au revers des feuilles ou sous les écorces ? Elles détruiront juste assez d'insectes pour empoisonner avec leurs cadavres les passereaux qui s'en nourrissent, car voilà sans doute une nouvelle cause de la *disparition presque complète des insectivores qui protégeaient spécialement la vigne.*

Vos chaux, vos aluns atteindront-ils, comme le bec des fauvettes et des pouillots, la chenille sur le bourgeon, puis sur la fleur, enfin sur le fruit ? Seront-ils présents, assidus, à chaque transformation de la feuille qui germe, du grain qui mûrit ! « On comprend sans peine, observe M. Rendu, qu'il n'existe pas de remède contre l'invasion du charançon cou sillonné ; qui donc aurait la pensée d'attaquer chacune des galles du navet ? »

A combien de traitements, prônés comme infaillibles, les agriculteurs ont-ils dû renoncer ! La chaux en poudre contre le négril, par exemple. A chaque page des Traités d'agriculture on lit des aveux comme celui-ci : « Nul moyen connu pour détruire la noctuelle du blé », ou : « On ne connaît aucun moyen d'arrêter les dégâts de la mouche des cerises. » Pardon ! Il en existe un : c'est de respecter les loriots et les gobe-mouches. Les premiers ne croqueront une cerise qu'après s'être gavés d'insectes ; les seconds ne touchent pas même à ces fruits.

2° Non seulement les traitements chimiques sont inutiles ou insuffisants, mais en outre ils sont *souvent dangereux*.

Dangereux pour la végétation. Les plantes s'alimentent et respirent comme nous. Or, pense-t-on qu'un homme enduit de chaux, pommadé d'alun, abreuvé d'acide sulfurique, nourri de poisons variés, présenterait un cas de robustesse et de longévité ? La dégénérescence constatée dans un grand nombre de pépinières, le ralentissement des sèves, l'insipidité des fruits tiennent pour une large part aux drogues dont on sature les végétaux.

Dangereux pour les animaux domestiques. On voit souvent toutes les volailles d'une ferme intoxiquées par les semences soumises aux traitements chimiques. Ailleurs c'est une troupe de canards qui périt après avoir dévoré des limaçons provenant d'une vigne traitée au sulfate de cuivre.

Dangereux pour les personnes. Si les susdits escargots eussent été servis à des consommateurs, je doute que ceux-ci se fussent bien trouvés de leur repas. Que de fois, dans les journaux du Midi, ai-je lu le fait-divers d'une famille empoisonnée par des alouettes victimes de la noix vomique ! Tout récemment, un chasseur toulousain, qui venait de déjeuner de quelques alouettes « fut pris de violentes douleurs d'entrailles. Un de ses amis le trouva étendu sur le sol, presque inanimé ». En 1913, près de Paris, une fillette mourait pour avoir mangé des groseilles sur lesquelles on avait répandu un insecticide. Certaines drogues sont d'ailleurs dangereuses à manipuler : tel le sulfure de carbone employé contre les charançons du blé, et qui, selon M. Rendu, est extrêmement inflammable « et peut causer un incendie subit ».

3º Insuffisants et dangereux, les traitements chimiques sont en outre fort *onéreux*. On chicane quelques centimes de raisins ou de cerises aux oiseaux qui préserveraient des insectes le reste de la récolte, et on n'hésite pas à débourser plusieurs louis pour des sacs de drogues, souvent inutiles, parfois nuisibles. Et encore faut-il ajouter le prix de la main-d'œuvre !

M. Rendu écrit à propos du kermès de l'olivier :

« Contre ce fléau, il n'y a guère de remède dans les olivettes de quelque étendue, car le seul moyen reconnu comme efficace consiste en aspersions d'eau de chaux plusieurs fois répétées ; on peut, dans les cas extrêmes, recourir à ce procédé, mais il est bien coûteux par les frais de main-d'œuvre qu'il occasionne, et encore, à moins de lotions très énergiques, produit-il peu d'effet sur des insectes abrités sous une carapace. »

On en pourrait dire autant de la plupart des traitements chimiques.

4° *La multiplication constante des fléaux agricoles démontre l'insuffisance des traitements chimiques.* Les sulfates, les aluns, les laits de chaux n'ont pas mieux réussi que les « bons insectes » à enrayer les dévastations des parasites, dont la marée monte, envahit vignes, moissons, arbres fruitiers, partout où l'on a détruit l'Oiseau [1].

Ce qui est vrai des insectes l'est aussi des petits rongeurs, particulièrement des *campagnols*. La France en compte 23 espèces, qui dévorent luzernes, sainfoins, betteraves, céréales.

Jadis, leurs invasions étaient réprimées par les troupes nomades de hiboux brachyotes et par les chouettes sédentaires. On a massacré hiboux et chouettes; rien ne limite désormais le fléau. D'après une récente évaluation de M. A. Grosbois, les campagnols coûteraient chaque année 200 millions à la France. Voilà où aboutit l'imbécile destruction des rapaces nocturnes!

Là aussi les marchands de produits chimiques sont accourus à la curée. Blés arseniqués, noix vomique, carbonate de baryte, tout a été essayé à grands frais par les agriculteurs, sans autre résultat sérieux que d'empoisonner en masse perdreaux, faisans, et une multitude de passereaux grani-insectivores, beaucoup

1. Les agriculteurs reconnaissent enfin l'incapacité des drogues à remplacer le secours des oiseaux. Pour détruire la cochylis, qui, en 1915, a dévasté les vignes du Centre, quelques Bulletins agricoles ont conseillé de supprimer le peu de grappes qui restaient, afin de prendre l'insecte par la famine. Ainsi voilà le dernier recours pour sauver l'agriculture : détruire les fruits. Après cela, on peut tirer l'échelle, et conclure amèrement que les oiseaux sont bien vengés!

plus utiles que nuisibles. Les cadavres des rares campagnols empoisonnés ont intoxiqué à leur tour ce qui restait de rapaces nocturnes, dans les régions où eurent lieu ces néfastes expériences.

Les cultivateurs, ne gagnant rien sur le fléau avec les traitements chimiques, ont alors recouru aux virus. Ici rien de plus simple : vous prenez le campagnol et vous lui injectez la préparation. C'est le procédé classique du grain de sel sous la queue !

Il existe, à vrai dire, une autre méthode : on trempe de l'avoine dans le bouillon de culture, puis on la répand sur les sillons, avec prière aux campagnols de s'abstenir désormais de tout autre aliment. Ils doivent, s'ils sont dociles, périr le septième jour. Ces expériences, parfaites en laboratoire, ne donnent plus le même résultat dans la campagne. Aussi les partisans des virus, en désespoir de cause, conseillent-ils aux cultivateurs de servir leurs ennemis à domicile, en versant dans chacun de leurs trous la préparation. On le voit, rien n'est plus pratique, surtout quand les moissons couvrent le sol ! La première pluie du reste ne laissera pas trace de tout ce travail.

Le Parlement a voté 700.000 francs pour ces stupides expériences. Quant à protéger efficacement et à repeupler les rapaces nocturnes, personne n'en a même parlé. Cependant j'ai vu l'invasion des campagnols radicalement arrêtée dans tous ceux de nos cantons de l'Ouest où de vieilles souches et des chasses gardées assurent encore quelque protection aux hiboux et aux chouettes.

Dès 1828, M. Millet prédisait implicitement le fléau actuel, lorsqu'il écrivait : « Les hiboux, les chouettes, les effraies, les chevêches vivant habituellement de mulots et de campagnols, il conviendrait de les laisser en paix et de leur accorder même une protection, plutôt que de les tuer impitoyablement, comme il est malheureusement assez d'usage chez la plupart des chasseurs. Le reproche qu'on leur fait de détruire le gibier, n'étant basé que sur des faits illusoires, il est facile de démontrer qu'ils ne doivent pas être passibles de cette accusation. En effet, ces oiseaux ne dépeçant pas les animaux dont ils se repaissent, ils les avalent dans leur entier, c'est-à-dire avec les poils qui les recouvrent, et qu'ils rejettent en boulettes après la déglutition opérée ; ces faits indiquent qu'ils ne saisissent que des animaux de petite taille. »

L'observation de M. Millet, vraie en général pour les strygidés adultes, cesse de l'être pour les jeunes. J'ai constaté dans des nids de chats-huants l'apport d'énormes rats d'eau que les parents dépeçaient à leur progéniture. Mais je n'ai jamais trouvé trace d'un lapin, d'un perdreau ou d'un oiseau utile. Mon expérience innocente concorde avec les conclusions qu'un zoologiste bavarois tirait récemment de très nombreuses autopsies (moyen barbare d'enquête !) et qui établissaient que les hiboux et chouettes mangent des animaux nuisibles dans la proportion de 80 à 95 p. 100 selon les espèces.

Avant d'accuser les chouettes de dévaster les pigeonniers, il serait bon de se demander si les pigeons ne sont pas victimes des rats que les chats-huants viennent guetter. L'expérience m'a toujours prouvé qu'il en est ainsi. Les anciens cultivateurs, qui disposaient des arceaux sur leurs sillons pour permettre aux chouettes d'épier les campagnols, faisaient de meilleure besogne que les acheteurs de drogues et de virus.

Vraiment, s'il est un sujet où l'on ne doive pas craindre les redites, c'est celui de l'utilité agricole de l'avifaune. Une année moins favorable au pullulement des insectes, les prospectus d'un marchand de drogues suffisent pour que le cultivateur oublie les irremplaçables services des oiseaux !

Cependant, les quelques dégâts commis par ceux-ci ne sauraient peser dans la balance, ils s'annihilent totalement, si l'on calcule les centaines de millions que les passereaux insectivores peuvent épargner à l'agriculture, soit de la part des chenilles et des autres parasites, soit de la part des traitements chimiques.

Choisissons l'exemple le plus désavantageux à l'Oiseau, celui d'une bande de sansonnets s'abattant sur une vigne à l'époque des vendanges. Chacun de ces étourneaux peut dévorer par jour une grappe de grosseur normale. Cent étourneaux, répartis durant une période de 20 jours sur un cru de 100 hectares, représentent le maximum de ravages auquel soit exposé un pays vignoble. Voilà donc au total une moyenne de 20 grappes par hectare sacrifiées aux oiseaux. Doublez, triplez ce chiffre, et le dommage n'atteindra jamais 20 francs par hectare. Maintenant, calculez sur la même surface le prix des drogues et de la main-d'œuvre pour les sulfatages, les pots de mélasse, ou autres traitements insecticides ! Il faut compter de 150 à 200 francs si l'on veut obtenir un résultat sérieux, et encore dans une année où l'état de la température ne rendra pas inutile toute la dépense.

Les étourneaux, je le sais, ne rendent aucun service à la vigne. C'est exceptionnellement qu'ils y avalent quelque insecte. Mais, tout le reste de l'année, ils purgent de leurs parasites les bois, les prairies, et débarrassent de leur vermine les troupeaux. Le viticulteur, en épargnant les étourneaux, *échangera donc un service* avec le laboureur qui, de son côté, protégera l'ortolan, l'un des passereaux les plus utiles à la vigne, mais qui mange en automne quelques grains d'avoine.

C'est, en effet, une grave erreur de croire que les diverses espèces d'oiseaux, même les purs insectivores, détruisent indistinctement les parasites de tous les genres de culture.

Chaque espèce garde sa sphère d'action. Les sylvicoles ne sauveront pas plus les vignes, que les viticoles ne défendront les forêts. On peut voir auprès d'un bois dont la végétation luxuriante atteste la présence des pics-verts, des grimpereaux, des sittelles, une vigne dévastée par la cochylis, si les oiseaux viticoles ont disparu.

Or, ceux-ci ont disparu presque partout depuis une vingtaine d'années, pour des causes que j'ai indiquées ailleurs, notamment la chasse des migrateurs dans le Midi, et le braconnage nocturne des sédentaires qui couchaient sur les buissons. Parmi les espèces les plus indispensables à la viticulture, il faut — ou plutôt il fallait — compter :

1.° L'engoulevent, l'hirondelle, le gobe-mouches, qui détruisent des milliers d'insectes nuisibles sous leur forme de papillons. L'engoulevent surtout, si stupidement exterminé par les chasseurs méridionaux (et autres), avalait dans ses randonnées seminocturnes des quantités innombrables de papillons de cochylis. C'est assurément l'oiseau qui manque le plus à nos vignobles;

2.° Les fauvettes, pouillots, ortolans, bruants jaunes

et zizis, bergeronnettes, traquets, qui dévorent les insectes en été sous leur forme de vers;

3° Les pinsons, mésanges, accenteurs, pipits, alouettes lulus, qui, outre leurs destructions estivales d'insectes parfaits, font, en hiver, la chasse aux œufs et larves des parasites de la végétation;

4° Les râles, œdicnèmes (ou courlis de terre), canepetières, qui, sans dédaigner les gros insectes, font aussi la chasse aux petits limaçons, dont la multiplication actuelle s'ajoute aux autres fléaux de la vigne dans certaines régions.

Aujourd'hui, l'on entend répéter dans nos pays vignobles : « La vigne coûtait moins cher, et rapportait beaucoup plus autrefois. Il n'y avait pas toutes ces maladies ! » Mais l'on n'a garde d'ajouter : « En ce temps-là, les oiseaux abondaient dans nos campagnes. »

Celles des maladies de la vigne qui ont plus ou moins sévi à toutes les époques sont précisément celles que ne combattent pas directement les oiseaux : l'oïdium par exemple [1].

Quant au phylloxéra, ce lamentable champ d'expérience des traitements chimiques inutiles et coûteux, il eût probablement été restreint, vaincu peutêtre, par la destruction que font de sa ponte aérienne (évidemment pas de sa ponte souterraine) certains

---

1. Est-il cependant exact de dire que les maladies cryptogamiques échappent totalement à l'action des oiseaux ? On a soutenu, peut-être avec raison, que les mésanges, bruants, etc... en soulevant les écorces pourries pour chercher des insectes, nettoient les ceps et limitent l'extension des cryptogames. En tout cas, s'ils ne remédient pas directement aux maladies cryptogamiques, les oiseaux, par leurs destructions d'insectes, conservent à la vigne une vigueur qui lui permet de résister mieux à ces maladies, ordinairement développées sur des ceps débilités.

becs-fins, si le fléau n'eût pris naissance dans les régions du Languedoc où la destruction des insectivores sévit le plus impitoyablement.

Mais là où l'extermination des oiseaux s'affirme comme *la cause indiscutable, unique, des désastres vinicoles*, c'est dans les fléaux de l'altise, de l'eudémis, et surtout de la cochylis.

On s'est décidé enfin à protéger un peu les hirondelles ! J'en vois davantage depuis deux ans, et déjà leur petite multiplication amène une diminution sensible des mouches et des moustiques sur les points où elles ont reparu. Plusieurs viticulteurs du Midi ont observé qu'elles survolaient leurs crus, chassant les papillons. J'ai fait la même remarque en Maine-et-Loire, surtout le soir, à l'heure où les papillons recommencent à voler. Or, il paraît certain que la récolte de vin a été supérieure en 1914 aux précédentes, et que le fléau de la cochylis a subi un ralentissement. On ne peut l'attribuer qu'à ce retour plus nombreux des hirondelles, car les vignes où les traitements chimiques n'ont pas eu lieu ont bénéficié autant que les autres de l'amélioration.

Mais il ne faut pas chanter victoire. D'abord une reprise des massacres, une mauvaise saison peuvent de nouveau décimer ou éloigner de nous les hirondelles[1]. Puis ces latirostres n'attaquent que les papillons de la cochylis ; ils ne sauraient suppléer les autres insectivores, dans la destruction, soit de la

1. La disparition des insectivores sédentaires devient plus désastreuse dans les années où les intempéries ont retardé et raréfié l'arrivée des migrateurs. C'est le cas en 1915. Faute d'hirondelles, la vigne est absolument ravagée par la cochylis, sauf dans le Loiret et les quelques autres régions où l'abondance des bois et des propriétés gardées a sauvegardé mieux qu'ailleurs les oiseaux sédentaires.

cochylis sous sa forme d'insecte parfait, soit surtout
de ceux des parasites de la vigne qui ne se métamor-
phosent pas en papillons.

On a essayé dans le Midi les poulaillers ambulants.
Les poules attrapent çà et là un gros insecte, mais
elles demeurent incapables de saisir comme les
becs-fins les larves et les chenilles minuscules tapies
au revers des feuilles comme le cigarier, ou sous
les écorces. Pas plus que les traitements chimiques,
elles ne remédieront à l'extermination démente des
passereaux insectivores.

—————

Outre l'anarchie de la chasse, les paradoxes de
certains professeurs d'agriculture ont contribué à
priver nos récoltes de leurs défenseurs naturels, en
conseillant d'arracher les haies et les arbres. M. de
Sélys-Longchamps attribuait à cette cause la disparition dès mésanges en Belgique : « On a remplacé
par des clôtures ciselées régulièrement et réduites à
un minimum de hauteur et d'épaisseur les vieilles et
larges haies presque impénétrables et rarement taillées, remplies de broussailles de toute espèce... qui
offraient aux petits oiseaux des retraites favorables,
des troncs creux pour leur nidification et des halliers
variés d'épine, d'églantier, merisier, ronces, etc. »

Le véritable intérêt agricole pâtit donc autant que
l'esthétique naturelle de cette écœurante nudité où
l'on a réduit nos campagnes. Un seul nid supprimé,
c'est une avalanche d'insectes ajoutée, nous dit
M. H. Kehrig : « Une mésange entrant dans son nid
n'apporte pas moins de vingt-cinq à trente insectes
chaque fois ; on a compté qu'elle fait environ deux
cents voyages par jour, voltigeant d'arbre en arbre,

sautant de branche en branche et s'y soutenant dans toutes les positions. On les rencontre partout où il y a des souches et des arbres à nettoyer. »

M. Foulongue écrit dans le *Journal de Rouen* :

« Il y a quinze ans, j'étais membre du jury à Saint-Pierre-du-Vauvray ; ayant observé dans beaucoup de vergers de petites boîtes carrées de 20 centimètres dans l'intersection des branches, j'en ai demandé l'explication au dévoué président du syndicat, M. Bertin. Il m'a donné une leçon d'élevage.

« De retour à ma ferme, ayant une très grande exploitation fruitière, j'ai fait confectionner une certaine quantité d'habitations à bon marché qui m'ont rendu des services inappréciables. 20 boîtes sur 54 étaient habitées l'année suivante par des mésanges, rouges-gorges, grimpereaux ; tous ces petits oiseaux se chargent de nettoyer mes pommiers des chenilles et autres insectes. »

M. Tisseyre, directeur d'école à Toulonges (Pyrénées-Orientales), après avoir donné des détails sur son action protectrice à l'école, rapporte le fait suivant :

« Dans un grand vignoble, la cochylis et l'eudémis firent de grands ravages, surtout à la dernière ponte. Une partie du vignoble, située à proximité de la ferme, était très fréquentée par des bandes de moineaux qui y passaient presque toute la journée. On se figurait qu'ils mangeaient des raisins. Or, qu'arriva-t-il au moment des vendanges ? Le propriétaire constata, avec stupéfaction, que tout le reste du vignoble avait été fort maltraité par la cochylis et l'eudémis, tandis que les raisins qui se trouvaient dans la partie fréquentée par les moineaux étaient tout à fait indemnes. Au lieu de manger des grains de raisins, ces pétulants oiseaux avaient dévoré les larves et les papillons de cochylis et d'eudémis, et sauvé la récolte.

« Le propriétaire s'empressa de faire établir de nombreux nids artificiels, et défendit très sévèrement à tous ses ouvriers de toucher aux moineaux, ou même de les effrayer. »

Ainsi, dans les rares propriétés où abondent encore les oiseaux, voit-on les arbres sains, couverts de feuilles et de fruits, que remplacent les grappes de chenilles dans les lieux où on les a exterminés[1].

Si nos successeurs sont capables d'intelligence et de décision, ils rompront délibérément avec un industrialisme destructeur, et redemanderont à la nature ses secours gratuits et seuls efficaces. Les bosquets de refuge, les haies touffues, les grands arbres remplaceront les sinistres murs d'usines et les dépôts de produits chimiques. *La protection de la faune ailée occupera dans les actes administratifs un rôle aussi important que les autres services publics.* Le meurtre d'un loriot, d'un gobe-mouches, d'une fauvette sera aussi sévèrement puni que l'incendie d'une récolte, dont le résultat n'est guère pire.

Dès aujourd'hui, il devient urgent d'éclairer les populations agricoles sur leur réel intérêt, en démon-

---

1. Les succès contre des épidémies déclarées sont ordinairement moins complets. Pourtant Wilamowitz cite le cas suivant qu'il a observé lui-même. Depuis sept ans, et toutes les années, les chênes de son parc étaient dénudés par des chenilles tordeuses. Il installa des nids artificiels dans la moitié du parc, et il put constater que, dès la première année, les feuilles ne furent pas dévorées, tandis qu'elles le furent dans l'autre partie. L'installation de nichoirs permit d'y supprimer aussi les chenilles.

trant, d'après les expériences de naturalistes et d'agronomes, que *les services globaux rendus par les oiseaux surpassent incalculablement la somme de leurs larcins.*

La Société d'agriculture de la Gironde a répandu l'affiche suivante : « Ceux qui détruisent les petits oiseaux sont les pires ennemis de l'agriculture. » Excellente initiative, toutefois insuffisante, car il importe de motiver un tel jugement et de substituer l'évidence aux préjugés routiniers.

Ici s'affirme la nécessité d'un *enseignement ornithologique.* Mieux informé, le chasseur épargnera peut-être le vanneau, notre unique auxiliaire contre l'armée des termites, si funeste à nos ports ; en tout cas la chouette qui, au calcul de Lenz, extermine chaque année environ 1.500 rats ou souris, sans compter les hannetons et les grosses chenilles. Le cultivateur protégera plus assidûment la couvée de la mésange bleue, si les expériences de Gloger et de Lécuyer lui ont révélé que ce passereau débarrasse annuellement nos récoltes de 50.000 insectes ou larves au minimum, et qu'un couple consomme pour élever sa couvée près de 40.000 chenilles, et des larves par millions. Le viticulteur retrouvera du courage et protégera les nids, en apprenant de M. Zacharewicz, professeur d'agronomie, que 50 passereaux suffisent à détruire la cochylis dans un hectare de vignes [1].

Mais vingt conférences ou articles de journaux ne vaudront jamais la démonstration pratique qu'offre

---

1. D'après mes expériences personnelles, je crois même ce chiffre inférieur à la réalité. Une dizaine d'ortolans ou de traquets suffiraient à détruire la cochylis sous sa forme aptère, et 2 ou 3 hirondelles sous sa forme ailée, dans un hectare et au cours d'une saison.

le spectacle d'une volière. Je ne la suppose pas, bien entendu, peuplée des deux ou trois espèces de fringilles granivores qu'on élève d'ordinaire en cage, précisément à cause de la facilité de les nourrir. Je la suppose peuplée d'insectivores, ou même de frugi-insectivores comme les grives, les merles, et de grani-insectivores comme les lulus, les mésanges. Ces oiseaux auront vite démontré leur utilité, si on leur offre le choix entre des végétaux et des insectes. Les purs insectivores périront de faim plutôt que de toucher aux fruits, aux graines ; quant aux grives, aux mésanges, aux lulus, elles se jetteront avidement sur les vers de farine, et ne se rabattront sur les fruits ou les graines que quand on les sèvrera de vers ou de larves de fourmis.

En constatant cette préférence si marquée de la presque totalité des passereaux pour les larves et les insectes, le nombre incroyable qu'ils en dévorent, le spectateur sera forcé de reconnaître que *la disparition des oiseaux est bien réellement l'unique cause de nos plus redoutables fléaux agricoles.*

Si l'on se décide enfin à reconnaître que les oiseaux sont absolument indispensables, voici à peu près la densité spécifique où ils pourront rendre des services efficaces. Supposez un domaine de 100 hectares, constitué par parties égales en diverses cultures. Il faudra : 8 ou 10 chouettes pour détruire les mulots dans les champs, les souris et les rats autour des bâtiments ; une centaine de bruants, traquets, ortolans, lulus, pour protéger la vigne contre l'altise, la cochylis, etc... ; une trentaine de merles et de grives pour détruire les limaçons, les chenilles des arbres fruitiers ; une dizaine de corneilles et une vingtaine d'étourneaux pour combattre les hannetons et leurs larves ; autant de pics et de sittelles pour sauvegarder les futaies ; une centaine de linots et de chardonnerets pour dévorer la semence des chardons et des autres parasites végétaux ; une centaine de fauvettes, pouillots, mésanges, bergeronnettes, etc... pour détruire les insectes des haies et des taillis ; une trentaine de loriots, engoulevents, hirondelles, gobe-mouches, pour préserver les personnes contre le pullulement des mouches et des moustiques. Je cite seulement nos principaux défenseurs contre nos plus redoutables ennemis. D'autres oiseaux, la huppe, le coucou, etc... ont aussi leur utilité spécifique. L'alouette, le moineau eux-mêmes sont nécessaires, malgré leur nocuité passagère. Quelques sacs de céréales, quelques paniers de cerises et de raisins que l'on abandonnera aux frugi-insectivores à l'époque si courte de la maturité, ne sauraient entrer en balance avec les incalculables et irremplaçables services que nous rendent la presque totalité des espèces d'oiseaux, durant tout le reste de l'année.

Dans une culture intelligente, on planterait, en sus des autres, une vingtaine d'arbres fruitiers représentant ce que peuvent prélever de cerises ou de raisins étourneaux et merles. Moyennant cette prime d'assurance, on serait protégé contre les chenilles, les hannetons, les mouches et tous les parasites similaires qui, si l'on tue les oiseaux, anéantiront tout espoir de récolte.

XVI

LE CARREFOUR

Puisse une rénovation de l'enseignement scolaire inculquer aux générations futures la protection de l'Oiseau, non seulement à cause de son utilité agricole, mais aussi en raison de son charme, du complément indispensable qu'il apporte à la beauté naturelle, enfin de l'intérêt scientifique que présente le maintien de toutes ses espèces !

J'ai suivi une marche inverse. Je l'ai longtemps aimé pour lui-même, avant de constater son utilité, moins en feuilletant les livres de ses apologistes qu'en étudiant de près son régime.

Au fond, que m'importaient ses services agricoles, lorsque les années de mon enfance se différenciaient par une colonie de draines cachant leurs nids de lichen sur des souches lierreuses, ou par une spatule blessée sur nos marais angevins; lorsque les ajoncs des caps armoricains vivaient pour moi par leurs vols légers de linots; lorsque, plus tard, je pardonnais presque ses crimes à la Renaissance en songeant que François Ier écouta le merle bleu, dont je ne retrouvai, hélas ! dans les arènes latines que le souvenir ; lorsque le désert biblique s'auréolait pour moi d'une alouette grise ; lorsque j'observais le corbeau des prophètes dans la vallée de Josaphat, quelques verdiers à Béthanie, et l'alcyon moucheté de l'Orient sur les eaux sacrées de Tibériade ?

Il m'était fort indifférent que les chouettes mangeassent des campagnols, lorsqu'enfant je frissonnais si délicieusement à la plainte nocturne de la hulotte. Et cette extase me demeure plus profonde que l'angoissante ivresse où nous plongent les roulades du rossignol, au lointain des nuits sereines. J'aime l'Hellas d'avoir donné la chouette pour emblème à la déesse de la Sagesse. Ainsi la raison grecque s'accorde-t-elle avec cet enseignement de la Bible : « Point de sagesse sans quelque tristesse. »

Les peuples qui se refusent aux pensées graves aboutissent aux pensées tragiques.

Oui, le hibou annonce malheur, mais à ceux-là qui le tuent de peur d'entendre son rappel des vérités sérieuses. Une sorte d'instinct prophétique s'ajoute en lui à ce caractère sacré que Joseph de Maistre reconnaissait à l'Oiseau. Le hibou ne supporte pas la lumière matérialiste de Baal. Sa vie commence à l'heure où la clarté se réfugie de nos yeux dans notre âme, où la pensée de la mort et de l'immortalité succède aux intérêts mesquins du jour. Quand le démon ne la détourne pas vers l'orgie, la nuit est à Dieu. Malheur à qui repousse cette vision intérieure, que les yeux du hibou semblent symboliser ! Voilà pourquoi la Grèce, si intuitive à travers ses fables, le reliait au culte de Pallas ; de Pallas, Intelligence émanée de la pensée de Zeus, et pseudonyme du Verbe, dont Jean nous révèle qu' « Il était dans le monde, quand le monde ne le connaissait pas ».

Affinités mystérieuses de la nature, de la poésie, et des réalités transcendantes ! Laissons l'athée sourire, et le janséniste s'indigner devant les magnifiques strophes des *Contemplations*, où une chouette clouée sur une porte évoque à Victor Hugo le drame du Calvaire :

> Puis ils clouèrent, les infâmes,
> L'âme qui défendait leurs âmes,
> L'être dont l'œil jetait du jour ;
> Et leur foule, dans sa démence,
> Railla cette chouette immense
> De la lumière et de l'amour.

A l'antinomie que le pharisaïsme des derniers siècles prétendit établir entre la nature et la religion, il est grand temps de substituer, comme l'avaient fait les âges vraiment chrétiens, le choix entre l'ordre maintenu et le désordre introduit par l'homme dans l'ensemble de la Création, visible ou invisible.

Or, nous voici à un Carrefour. Ou bien, par de perpétuels attentats contre la nature et les vérités transcendantes, notre civilisation s'obstinera à provoquer Dieu ; ou bien l'homme abdiquera ses meurtriers caprices, son puéril orgueil, et le pacte normal de l'Humanité avec l'œuvre du Créateur sera renoué.

Toute l'Histoire présente des alternances d'enfer et de ciel. Après les grandes obnubilations du bien et les châtiments qui les suivent, l'on constate d'ordinaire un progrès moral, un échelon supérieur atteint par les sociétés. Cette notion si profonde du *devoir envers Dieu* qui magnifie notre dix-septième siècle est sortie des affreuses guerres religieuses du seizième. Aux hécatombes de la Convention et de l'Empire succéda une notion plus intense du *devoir envers les hommes*. Peut-être après nos expiations présentes la notion du *devoir envers la nature* se précisera-t-elle enfin ?

Le démon s'acharne contre toutes les splendeurs de la Création. Mais l'Évangile enseigne « qu'aucun passereau ne succombe sans la permission du Père ». Le pouvoir laissé à la malice humaine ne comporte pas l'impunité. Il existe une limite dans le mal qu'il n'est permis à personne de dépasser. Savons-nous ce que pèse dans le plateau des vengeances divines l'extermination obstinée des petits chanteurs, des irremplaçables auxiliaires que nous avait donnés la Bonté créatrice ? Déjà les fléaux agricoles nous avertissent que les âmes respectueuses de la beauté naturelle ne restent pas toujours seules à pâtir de ses profanations. Immanquablement il sonne une heure où la souffrance s'étend aux pervers et aux indifférents.

Assez longtemps, sous la risée des foules, les admirateurs de l'œuvre divine menèrent le deuil des oiseaux, devenus la première cible de l'anarchie. Que nous importe, en effet, un paysage sans ailes et sans voix ? Le silence des campagnes s'accroît chaque jour. Rien désormais ne nous sollicite. Le délice d'embarquer, par la brise saline, sur le goémon des estacades nous est gâté lorsqu'une bande de joviaux désœuvrés, campés ainsi que des preux sur leur pointe de rocher, fusillent les mouettes. Je ne tiens plus désormais à évoquer le moyen âge dans les garrigues languedociennes où le sifflet grêle du verdier cesse de ponctuer le solennel silence du grand soleil. La serpentante douceur des rivières angevines, leurs prairies mélancoliques ne m'enchantent plus, si je songe qu'il y voltige aujourd'hui moins de bergeronnettes qu'il n'y glissait de martins-pêcheurs entre les saules il y a 20 ans, et qu'il ne s'y promenait de hérons méditatifs il y a un siècle.

Pour préserver le peu d'espèces subsistantes il faudrait changer la mentalité contemporaine, opérer un prodige analogue à celui qui transforma en sauveteurs bretons les fils des naufrageurs.

Actuellement l'Européen, par son mépris de la nature, est tombé au-dessous des peuples qu'il prétend éduquer. Dans le récit d'un missionnaire je lis que de pauvres nègres de Zanzibar vinrent supplier certains trafiquants d'épargner les bêtes de leurs forêts : « Pardon, dirent-ils, et pitié pour nos singes qui n'ont jamais fait de mal à personne, qui ne volent point, qui ne mangent que quelques fruits ! Ils vont en famille boire à la rivière, et de peur de salir leur robe blanche sur la route, chacun relève la queue de celui qui le précède[1]. » O nègres, qui exprimiez ainsi votre naïf enthousiasme de la nature, vous êtes les sauvages ; et le Marseillais, massacreur d'hirondelles, est le civilisé ! Civilisés aussi, les snobs parisiens, leurs maîtresses aux toilettes éhontées, qui viennent corrompre les familles de pêcheurs, sur la côte bretonne, et dépeupler la mer de ses cormorans et de ses courlis !

A Dakar, les Européens massacraient jusqu'aux vautours, auxquels leur rôle hygiénique, seul obstacle à la peste, a valu le surnom de charognards. Il a fallu qu'en mars 1914 un décret de la métropole essayât d'arrêter ce carnage imbécile.

---

1. *Au Kilima Ndjaro*, par Mgr Le Roy (Librairie du Souvenir africain, 30, rue Lhomond, Paris.)

L'échasse à pieds rouges, le plus élégant peut-être de tous les oiseaux, n'est plus en sûreté sur nos lacs algériens. Quelques-uns de ces échassiers, comme par un coup de désespoir, s'envolèrent en 1911 jusque sur nos marais vendéens. Ils s'y reproduisirent, fondèrent une petite colonie, que deux ou trois brutes décimèrent en 1913. M. Plocq m'écrit que les rares survivants ont fui nos côtes inhospitalières. Après quoi, méditez ces lignes de Brehm : « La confiance que l'échasse, si prudente, montre à l'égard des Égyptiens est parfaitement fondée. Jamais un Arabe ne pensera à poursuivre, ni même à troubler cet oiseau. »

Ce qui échappe à l'Européen chasseur n'échappe pas à l'industriel. M. Magaud d'Aubusson vient de signaler l'imminente disparition, sur les récifs d'Ouessant, des sternes, puffins, macareux, petits pluviers, huîtriers, cormorans, traqués par les ouvriers qu'emploie l'industrie de la soude. Les ornithologistes ne souffriront pas seuls. Les pêcheurs sont gravement lésés par les immenses destructions du frai de poisson qu'occasionne la récolte continuelle du goémon, jadis sagement limitée à 2 jours par an. Quant aux oiseaux, ils sont décimés, ou dénichés, jusque sur l'aride îlot de Roch'ir, dernier refuge de la sterne de Dougall sur nos côtes. En Angleterre, où cet oiseau avait aussi presque entièrement disparu, quelques mesures de protection ont permis de reconstituer ses colonies. M. Magaud d'Aubusson propose d'acheter ou de louer l'archipel qui entoure Ouessant; mais l'éminent naturaliste garde peu d'illusions : « Dans d'autres pays on trouverait rapidement les ressources nécessaires. Nous savons ce qui s'est produit en Hollande quand il s'est agi d'acquérir dans un but de protection le lac de Naarden ; en quelques semaines l'Association néerlandaise réunit une somme de 350.000 francs. Chez nous on s'intéresse médiocrement à ces questions. Le nombre est petit de ceux qui consentiraient à souscrire de l'argent pour empêcher notre faune ornithologique de s'appauvrir et lui conserver des espèces curieuses par leurs mœurs, leurs habitudes et leur rareté[1]. »

Le même découragement paralyse les éleveurs qui voudraient doter notre pays d'espèces nouvelles, ou seulement réintroduire les anciennes. Un voyou armé d'une carabine ruinera impunément le résultat d'années d'efforts. Tel fut le cas en Franche-Comté pour la gélinotte, dans le Gard pour le guêpier. Aussi, nos ornithologistes finissent-ils par enregistrer simplement les disparitions successives de notre avifaune. M. Xavier Raspail signale dans l'Oise 24 espèces éteintes, depuis 1892, sur 42 qui fréquentaient son parc.

Dans le microcosme de cette étude, où l'extermination des oiseaux me mit sur la piste de toute l'anarchie contemporaine, plus d'une fois j'ai rencontré Eve : « Refuser une carabine à ce pauvre petit ! », ou : « Ces plumes de héron qui m'iraient si bien ! » Et voilà, madame, un jardin dépeuplé de fauvettes par votre affreux mioche, ou un étang inanimé.

Pas plus qu'au sortir de la messe mondaine elles ne consentiront à acheter le journal honnête, nous

---

1. Ceux qui sollicitent des souscriptions pour la sauvegarde des oiseaux se heurtent en général à cette réponse : « Il y a tant d'œuvres plus utiles ! » Bossuet l'a dit excellemment : « Que l'avarice parle haut, quand elle peut se couvrir du prétexte de la charité ! »

n'obtiendrons d'elles seulement qu'elles choisissent pour parure les plumes des éperviers, ou des oiseaux de basse-cour. On dirait qu'un démon les incite à préférer les dépouilles des plus charmants oiseaux, ou des plus utiles. Je parle, hélas ! de nos compatriotes, puisque ailleurs on a vu reines ou duchesses présider les ligues protectrices. M. Hugues, après M. E. Faguet, s'indigne de ces modes scandaleuses qui dépeuplent les forêts tropicales ou nos rivages, suppriment « toute la vie et la gaité de nos petites fermes françaises, quand les hirondelles sont mises à la douzaine sur le plus pauvre chapeau ».

Si les massacres d'hirondelles ont subi quelque arrêt, la mode de l'aigrette et du paradisier continue de sévir impitoyablement[1]. Là-bas, sur les lagunes des Florides, ou aux bords des lacs mystérieux de l'Afrique, les jeunes aigrettes piaillent de faim; les parents aux somptueuses robes blanches sont tombés sous le plomb de quelque nègre qu'un trafiquant européen paie pour ce crime. Mais nos mondaines pourront roucouler : « Vraiment, chère belle, ce chapeau vous sied à ravir ! » La mort lente, au creux du pauvre nid délaissé, voilà qui n'importe guère plus à ces coquettes que n'importe aux gourmets la torture des langoustes, bouillies vivantes, alors qu'il serait si simple de leur couper la tête ! La souffrance des bêtes, est-ce que cela compte aux yeux de nos raffinés ? Mais il existe sans doute des crimes dont

---

1. Passage écrit avant la guerre. On connaît le mot de cet officier devant lequel, dans un tramway, deux Parisiennes s'inquiétaient de savoir si l'on porterait du brun ou du mauve : « Tranquillisez-vous, mesdames, cet hiver on portera du noir. » Mais faut-il un million de cadavres pour décider les Parisiennes à réfléchir ?

ne parle pas la Théologie morale, et que Dieu venge.

Sir Henry Berthoud nous renseigne sur la façon dont on tuait naguère (et cet usage est-il aboli ?) les paradisiers sans gâter leur plumage : « Les indigènes se mirent à torturer les pauvres oiseaux, dont je crois encore entendre les plaintes désespérées. Figurez-vous que, sans les tuer au préalable, on leur arracha les entrailles, et qu'on leur passa un fer rouge dans le corps. Vous savez combien les merles ont la vie dure, et vous comprenez ce que souffrirent les pauvres bêtes pendant une agonie qui se prolongea durant plus d'un quart d'heure. Les indigènes enlevèrent ensuite, à l'aide d'un roseau aigu, les os du crâne et du squelette, coupèrent les pattes et enfermèrent les peaux, fraîches encore, dans une sorte d'étui fait avec un morceau de bambou. Là, non seulement elles conservèrent leur éclat, mais encore elles se rétrécirent, elles se resserrèrent et subirent une sorte de feutrage. Voilà à quel prix, quand la mode l'exige, nos jeunes femmes se parent des aigrettes des oiseaux de paradis ! »

Je ne crois pas que l'indifférence à l'égard de semblables atrocités soit naturelle à l'âme française. C'est là, avec tant d'autres poisons, un apport de la prétendue Renaissance. Durant trois siècles, on nous aveugla sur les splendeurs de l'œuvre divine et sur la mentalité animale, pour nous faire idolâtrer des toiles peintes et des bonshommes de pierre. L'art reste pourtant fort inférieur à la beauté vivante. Ce qu'il domine en revanche, et de très haut, c'est l'industrie. Ici n'accusons plus les influences latines, mais la prépondérance anglo-saxonne. Autant l'Italie devint corrompue et corruptrice par l'abus des arts et par l'immoralisme de Machiavel, autant nous venons de constater, dans les dévastations de la Belgique, à quel degré de barbarie la mégalomanie industrielle, jointe à l'immoralisme des Nietzsche et des Bismarck, a ravalé l'Allemagne.

Ce n'est pas la rêveuse Germanie, agricole et naturiste, des légendes souabes et des poèmes wagnériens qui a mutilé les enfants, torturé les femmes et les blessés. Quelque dure et malfaisante que se soit révélée à toute époque l'ingérence prussienne, un abîme moral s'est creusé chez nos ennemis entre 1870 et 1914. Demandons-en l'explication à l'athéisme cynique de Nietzsche, mais aussi à la brutalité dominatrice qu'engendre presque invariablement la substitution de l'usine à l'atelier modeste et surtout aux foyers rustiques. Puisse l'Allemagne éteindre ses hauts fourneaux et revoir ses cigognes ! Puisse un désastre militaire, châtiment de son orgueil, attester que les peuples déclinent dès qu'ils cessent de représenter quelque idéal !

Augurons favorablement d'une victoire pour les réveils de l'âme française. Puisse celle-ci opter résolument entre le matérialisme et les buts supérieurs assignés à l'Humanité !

En attendant qu'elle incendiât nos villes avec ses obusiers et ses avions, trop longtemps l'Allemagne nous anémia avec le pain blanc de ses minoteries, nous empoisonna de produits pharmaceutiques étiquetés chez elle : « bon pour les Français », nous aveugla avec ses Compagnies d'électricité. Sachons répudier enfin son néfaste industrialisme, et lui emprunter, avec certains principes d'autorité sociale, sa législation protectrice des oiseaux [1] !

---

1. Si la poésie naturiste de l'Allemagne lui fit édicter des lois

Que ferons-nous de notre victoire ? La belle discipline que la France accepta au cours de l'état de siège influencera-t-elle nos lois futures, et surtout leur application ? La menace d'une invasion est-elle donc nécessaire pour que les politiciens permettent aux tribunaux et aux gendarmes d'accomplir leur devoir ? Chasseurs sérieux, amis des petits oiseaux, agriculteurs, tous exigent qu'on en finisse avec la licence du braconnage. Est-il donc plus facile de mobiliser 4 millions d'hommes que d'opérer une rafle générale et la destruction dûment constatée de tous les engins prohibés ? Quand un décret a pu couvrir de gardes civiques l'ensemble du territoire, serait-il impossible d'organiser quelques brigades départementales pour la répression du maraudage nocturne ? Daigne le Gouvernement par ces mesures, et d'autres analogues, sauver le peu qui reste de notre avifaune !

Le monopole de l'armurerie, tout en procurant des ressources à l'État, pourrait empêcher la fabrication des carabines d'enfants et des canons-canardières ; il supprimerait le braconnage, si la production du permis de chasse était requise pour l'achat de la poudre et du plomb.

Mais les mesures les plus urgentes, et les plus faciles à réaliser, sont les suivantes :

protectrices, sa manie scientifique a, en revanche, fort préjudicié aux oiseaux. Que d'autopsies inutiles pour déterminer leur régime alimentaire ! Mais surtout l'absurde innovation du *baguage*, destiné à nous renseigner sur les routes des migrateurs, aura pour résultat de fournir un prétexte aux massacreurs de mouettes et d'échassiers. Nous serons bien avancés de connaître leur itinéraire quand les derniers auront été immolés au Moloch scientifique ! Un des charmes de l'Oiseau, c'était précisément le mystère qui entourait ses voyages.

1° Suppression de l'impôt sur les gardes-chasse.

2° Elévation de la pénalité en matière de chasse, et notamment contre la destruction des oiseaux nécessaires à l'agriculture. La sévérité de plusieurs tribunaux au cours de l'état de siège a fait cesser presque entièrement le braconnage dans leurs ressorts.

3° Augmentation des primes accordées aux agents répressifs pour les procès-verbaux suivis de condamnation.

4° Suppression de la scandaleuse tolérance de chasse sur les côtes et les îles. Obligation aux *douaniers maritimes* de constater les délits.

5° Encouragements officiels à la *syndicalisation des chasses banales.*

6° Réduction de la tolérance de chasse dans les jardins clos. C'est par un abus révoltant qu'on l'a laissée s'étendre aux massacres de fauvettes à l'aide de carabines ou de pièges variés. Les protecteurs des oiseaux doivent bien connaître leurs droits à ce sujet. D'abord une haie ne suffit pas pour établir la clôture; il faut un mur ou un grillage élevé et continu. Ensuite la tolérance ne concerne ni les espèces protégées, ni les engins prohibés. « La chasse permise sans restriction dans les propriétés closes, observait le docteur Turrel, serait un singulier abus de la propriété qui, par extension, aboutirait à la tolérance du crime dans une maison fermée. » Le tribunal de Pontoise, la Cour de cassation (26 avril 1845), la Cour de Montpellier (28 janvier 1868) ont prononcé de fortes amendes contre des destructeurs de petits oiseaux dans les jardins fermés, et décidé que « les contraventions peuvent être valablement constatées de l'extérieur ».

7° Réduction et, autant que possible, *suppression des ouvertures partielles. Suppression radicale des tolérances.* Les protecteurs de l'avifaune viennent d'obtenir une magnifique victoire avec l'arrêt définitif que la Cour de cassation rendait le 20 novembre 1914 contre plusieurs marchands de gibier bordelais, et qui déclare nuls les arrêtés préfectoraux contrevenant à la loi générale sur la police de la chasse. Voici quelques motivés de ce monument juridique :

« ... Attendu qu'il est constant que les 12 et 16 octobre 1913, un grand nombre d'oiseaux, pipits des prés et bergeronnettes, visés à l'interdiction de l'article 7 de l'arrêté préfectoral de la Gironde du 28 juillet 1913, ont été vendus aux halles de Bordeaux par D..., C..., et S... facteurs à la criée ;

« Attendu que les trois appelants se réclament aujourd'hui de la tolérance émanant d'un avis préfectoral du 8 août 1913 ; mais qu'il est à dire qu'ils n'ignoraient pas, en raison notamment d'un communiqué antérieur de la partie civile, que cette tolérance administrative ne pouvait tenir en échec un arrêté ayant force de loi...

« Attendu que l'action en réparation du préjudice causé par un délit appartient à tous ceux qui en ont souffert ; qu'à ce titre M. Cluzeau intervient d'abord en la cause en son nom personnel comme propriétaire en Gironde...

« Attendu, d'autre part, que M. Cluzeau intervient en sa qualité de président de la Société des chasseurs au fusil de la Gironde et propriétaires du Sud-Ouest de la France, dont les statuts ont été régulièrement déposés et publiés, en conformité de la loi de droit commun du premier juillet 1901...

« Attendu qu'il ressort des statuts de l'association dont s'agit, que cette association a pour but l'intérêt des chasseurs et celui à la fois des propriétaires, agriculteurs ou non;

« Qu'elle s'est constituée, tant pour la défense du gibier par la répression du braconnage, que pour celle de leurs propriétés par la protection des petits oiseaux incontestablement utiles à l'agriculture;

« Attendu qu'il y a bien là, avec la possibilité d'un dommage, un intérêt collectif et direct... »

L'arrêt, en conséquence, maintenait celui de la Cour de Bordeaux, soit contre chaque délinquant une amende de 50 francs, des dommages-intérêts fixés à 100 francs, et le maximum de la contrainte par corps.

Cette victoire de l'ordre sur l'anarchie, dont non seulement les amis des oiseaux et les agriculteurs, mais tous les vrais patriotes doivent se réjouir, prouve que la France prête l'oreille au glas de l'avifaune, et entend bien que la Convention de 1902 ne restera plus chez elle lettre morte. Sachons persévérer dans cette voie où d'autres peuples nous ont précédés. Les Américains, écœurés des exterminations d'échassiers à l'embouchure de leurs fleuves, viennent d'y envoyer des brigades d'agents qui ont expulsé, malgré leurs protestations, les Compagnies constituées pour ces massacres. Ne pouvons-nous agir de même dans dans les estuaires de la Somme, de la Loire et de la Gironde?

L'Angleterre s'est émue, lorsqu'en 1905, à son Congrès international d'Ornithologie, lord W. Rothschild releva une liste de 231 espèces d'oiseaux anéanties au cours des derniers siècles, et dénonça les sociétés établies aux îles Auckland et Macquarie pour fondre la graisse des pingouins assommés par millions. Dès avant ce rapport, l'Angleterre, en 1869, votait une loi pour la protection des oiseaux de mer. En 1899, elle supprimait les plumes d'aigrettes dans l'uniforme des officiers ; en 1902 elle interdisait aux Indes l'exportation des dépouilles d'oiseaux. L'Australie suivit cet exemple. Alors éclatèrent les réclamations des plumassiers. Mais, à la suite de nouveaux abus signalés par lord Rothschild, notamment la vente de 159.000 cadavres de martins-pêcheurs, une loi rigoureusement protectrice vient d'être votée par les Chambres britanniques à une écrasante majorité [1].

Do, do, do, do, do, la, si.

Pourquoi, ce soir, l'obsession de ces trois notes, de cette pauvre ritournelle plaintive et très douce ?

Par quelles routes mystérieuses de l'âme m'emporte-t-elle, loin d'une frileuse vallée d'Anjou, vers le grand soleil des garrigues languedociennes ?

Affinités imprévues ; et, sur l'aile d'un bout de mélodie, confluent étrange de la nature, de l'art religieux, et des drames politiques ! Voici que ces trois notes harmonisent soudain pour moi deux impressions de ma journée, très différentes. D'abord la rencontre de quelques verdiers voletant sur une haie.

1. La mode très ancienne des fourrures, et les industries qu'elle a enfantées, ont rendu aux oiseaux d'incalculables services, en réduisant le nombre des renards, lynx, martres, etc... L'on ne saurait donc trop encourager cette mode et ces industries. Tandis que les législations doivent prohiber comme immorale et antisociale la mode des plumes arrachées aux cadavres de nos plus charmants ou de nos plus utiles oiseaux : mouettes, hirondelles, hiboux, sans parler des forêts équatoriales dépeuplées par les indigènes auxquels de cyniques trafiquants inculquent, par l'appât du gain, le goût de la destruction.

Ensuite le navrant entrefilet d'un journal sur l'occupation allemande en Belgique : au monastère de Leffe, asile des Prémontrés expulsés de Frigolet, les officiers prussiens, drapés, en guise de robe de chambre, dans les blanches tuniques des religieux, surveillaient l'exécution en masse de prétendus espions.

Do, do, do, do, do, la, si. C'est la plainte grêle du verdier perché sur une yeuse, parmi le cailloutis brûlant des garrigues.

Do, do, do, do, do, la, si. C'est la finale extatique, infiniment douce et dolente, de chaque verset des Complies, dans la liturgie des Prémontrés.

Le chant des verdiers s'espace chaque jour davantage sur la garrigue. Et pour y suppléer, par leurs voix du soir, les moines blancs ne sont plus là.

Nous délivrera-t-on des oiseleurs, et nous rendra-t-on les fils de saint Norbert ?

Question singulièrement grave ; de la réponse dépend tout l'avenir moral de notre pays. Et ce n'est point la rechute au sectarisme antireligieux qu'il faut le plus redouter, car tout fanatisme réveille des énergies, mais le retour vers cette veulerie universelle, vers cette mentalité de rhéteurs toujours prête à travestir le mal en bien et le bien en mal, à s'apitoyer sur les gredins et à découvrir des tares aux braves gens. Il s'agit en somme de savoir si la France remembrée saura préférer à l'anarchie la discipline sociale ; si elle sera gouvernée par des ministres, chargés d'appliquer la loi à tous, ou par des parlementaires, préoccupés de soustraire à son action leurs électeurs.

Toutefois, l'autorité n'est pas le despotisme, et

elle doit s'appuyer sur la persuasion. Voilà pourquoi, dans le sujet qui nous occupe ici, nous ne recourons pas seulement au magistrat et au gendarme, mais encore à l'instituteur, au journaliste, au conférencier. La cause de l'Oiseau est depuis longtemps gagnée devant l'élite ; il importe qu'elle le soit un jour devant la masse des citoyens.

Ne nous laissons pas décourager par l'apparente inutilité de tant de campagnes entreprises en faveur de l'Oiseau, depuis Michelet et Toussenel, et je pourrais dire : depuis Virgile, depuis Aristophane. Le bien collectif s'opère très lentement. Que de voix inécoutées, d'efforts perdus, semblait-il, avant la suppression de la torture et de l'esclavage !

La protection rationnelle des espèces animales, et particulièrement de l'avifaune, constitue un magnifique programme d'action pour les législateurs, les moralistes, les particuliers, qui peuvent employer leur or, leur intelligence, leur énergie à orienter vers la compréhension de la beauté naturelle les générations futures.

Que de branches de l'activité humaine pourraient être dirigées vers ce noble but ! La presse d'abord, puis les clichés photographiques révélant les méfaits de l'Insecte, les services de l'Oiseau. Et les livres de prix, d'ordinaire si stupides, les almanachs populaires, les affiches enfin dans les mairies, les écoles, les auberges. Quelques musées de province[1] ajoutent maintenant aux étiquettes un résumé des services particuliers rendus à l'agriculture par chaque genre d'oiseaux. Le directeur de la *Revue*

---

1. Notamment celui de Saumur, sur l'initiative de M. le docteur Peton.

française d'Ornithologie, M. Menegaux, vient d'obtenir du Ministère de nombreux abonnements pour les lycées et les écoles normales. Voilà pour nous, sur le terrain de la persuasion, un encouragement officiel aussi précieux que l'est, sur le terrain de l'autorité, l'arrêt de la Cour de cassation annulant les tolérances préfectorales de braconnage. Souhaitons que l'enseignement ornithologique s'étende aux écoles primaires, surtout dans les campagnes, sous le double rapport de l'utilité agricole et de l'esthétique naturelle. Mieux pénétré de la beauté du monde qui l'entoure, ramené aux émotions saines et à la science rustique de ses pères, le cultivateur sera moins tenté de mendier un dépravant idéal aux cafés-concerts et de se passer au cou la cangue des ouvriers d'usine.

La *Ligue française pour la protection de l'Oiseau*, dont les principaux administrateurs ont été mobilisés, a suspendu ses travaux jusqu'à la paix. Le *Bulletin mensuel de la Société nationale d'Acclimatation* s'est chargé de l'intérim. En outre, une circulaire adressée à tous les membres exposait la situation de la Ligue en juillet 1914. Les heureux résultats se multipliaient. Par exemple, un officier anglais venait d'adresser un chèque de 500 francs, et en annonçait d'autres pour la protection des hirondelles. L'Angleterre avait fourni aussi une série de gravures en couleur représentant les plus beaux oiseaux victimes des exigences de la mode. La Suisse rééditait ses cartes postales illustrées montrant les insectivores dans leur tâche bienfaisante. Mais il est à craindre que les relations avec les Sociétés protectrices fortement organisées en Allemagne et en Autriche ne puissent être renouées, en raison du caractère atroce imprimé par la Prusse à la guerre, si courtoise alors qu'au dix-septième siècle l'esprit français la gouvernait !

Ce que notre Ligue pourra reprendre, surtout si l'État et les riches particuliers se décident enfin à la soutenir largement, c'est son service de conférences avec projections ; ce sont ses circulaires aux préfets et aux conseils départementaux, et d'autres, bien nécessaires, aux chefs de légions, aux gardes-chasse, aux propriétaires ruraux. Un *Appel aux petits Parisiens*, favorisé par plusieurs directeurs d'écoles, avait décidé de nombreux élèves à fabriquer des nichoirs artificiels qu'ils expédiaient à leurs camarades des villages. Enfin toute une organisation de Sociétés scolaires protectrices s'élaborait. Pourquoi les mesures qui ont produit de si excellents résultats chez les autres peuples ne réussiraient-elles point parmi nous ?

Il n'est pas jusqu'à nos pires adversaires, les plumassiers par exemple, auprès desquels certaines démarches conciliatrices n'aient été tentées[1]. M. Menegaux poursuit, dans sa Revue, l'étude des moyens

---

1. Les plumassiers, les protecteurs des oiseaux, les Sociétés de chasse sérieuses auraient intérêt à s'entendre ensemble et à fournir les éléments d'une Commission permanente pour la répression efficace du braconnage, et la détermination des espèces tuables. Une multitude de chapeaux de femmes, surtout en province, sont ornés d'oiseaux protégés par la loi, tués par des braconniers et naturalisés en dehors du syndicat de la plumasserie. Celui-ci se trouve donc lésé du même coup que le protecteur des oiseaux utiles et le chasseur régulier. D'où possibilité d'une action commune contre l'anarchie. Le seul obstacle réside dans le désaccord des ornithophiles et des plumassiers sur la détermination des espèces tuables. Comme oiseaux indigènes, outre bien entendu les oiseaux de volière, puis les éperviers, crécerelles et autres déprédateurs diurnes, nous pourrions concéder aux plumassiers, tous les-

pratiques de substituer aux dépouilles d'oiseaux sauvages celles de quelques beaux volatiles domestiqués, comme les faisans, les perruches, ou même les aigrettes, dont l'élevage, plus onéreux que celui des autruches, est cependant réalisé déjà par divers amateurs.

Je lis dans le *Bulletin de la Société d'Acclimatation* les heureux résultats obtenus par M. de Najac, dans sa ferme d'aigrettes, près de Quimper. Ces échassiers, nourris surtout de poisson et de crevettes, s'acclimatent bien, et se reproduiront sans doute en colonie, comme les hérons gris en demi-liberté au jardin zoologique de Rotterdam.

Et les fabricants de drogues, eux, y a-t-il quelque espoir de les convertir ? M. Chappellier m'écrit à leur sujet : « Ce sont naturellement, puisqu'ils défendent leur bourse, des irréductibles. Nous devons les laisser de côté, sans autre espoir que de montrer aux cultivateurs leur véritable intérêt. » Du moins pourrait-on obtenir des Syndicats agricoles et des journaux agronomiques (je parle des désintéressés) qu'ils n'insèrent plus les réclames éhontées pour des traitements chimiques le plus souvent inefficaces, parfois dangereux, toujours ruineux. Les cultivateurs emploieront mieux leur or en achetant des phosphates et autres engrais.

La nouvelle génération rurale comprendra-t-elle aussi qu'il importe de rompre avec les préjugés faussement utilitaires, et de revenir à divers usages de nos aïeux ? Le déboisement nous prépare des inondations et des sécheresses périodiques ; il transformera l'Europe en déserts comme ces contrées asiati-

cinq ans par exemple, à tour de rôle, l'étourneau, le merle, la pie, le geai, très utiles en nombre restreint, nuisibles lorsqu'ils se multiplient à l'excès.

ques où les populations n'ont pas respecté l'arbre et la haie. Les bois et les étangs si nombreux de l'Ancienne France régularisaient le climat, le régime des rivières, et maintenaient la fertilité du sol. Le déboisement et le desséchement systématiques, en sacrifiant l'avenir à la surproduction immédiate, rappellent le procédé du sauvage qui coupe l'arbre pour cueillir le fruit. Voilà ce qu'il importe de faire enfin comprendre, non seulement aux cultivateurs, mais encore aux propriétaires qui, par incurie ou avarice, laissent leurs fermiers déraciner arbres et buissons.

Mais, pas plus que le libérateur d'Israël n'entra lui-même dans la Terre Promise, les moralistes qui s'efforcent aujourd'hui d'arracher à sa servitude volontaire un peuple abruti par la construction des usines ne reverront les campagnes françaises parées de leurs beautés naturelles. Peuvent-ils même s'affirmer qu'ils travaillent pour l'avenir ? L'autorité ne réside pas en leurs mains. Peut-être continuerons-nous de subir le despotisme de l'anarchie ? Nous ne pouvons, nous, que répéter aux hommes d'État, qui seuls détiennent vraiment les destinées d'une nation, les paroles que Moïse adressait aux Israélites : « J'ai placé devant vous la vie ou la mort. Choisissez ! »

XVII

UNE TERRE PROMISE

Si l'Europe sait choisir la vie, briser ses faux dieux, si elle construit moins de forges et plus d'autels, si elle renoue le pacte normal de l'homme avec la nature, alors, à défaut de l'Eden irréparablement perdu, l'accès d'une Terre Promise lui reste possible. Le poète retrouvera quelque joie, le philosophe la vérité, l'esclave de l'usine un foyer.

Dans l'Éden, loi initiale de bonheur, possession anticipée de la Divinité, le devoir s'accomplissait sans souffrance ; un fleuve descendu nous portait vers le ciel. La conquête d'une Terre Promise, c'est un courant à remonter, l'effort vers la vertu et vers un débris de joie. Mais, malgré tant d'écueils et de douleurs, cette différence des voies terrestres importe peu en somme, pourvu que l'âme, libérée d'une fugitive existence, ait mérité la plénitude d'extase où les heures ne sonnent plus.

Sans l'espoir d'une béatitude indestructible tout serait glas pour nos cœurs. L'on ne jouit de ce monde-ci que par les promesses supérieures de l'autre. O Terre, antichambre dont les bibelots nous amusent, et, dans la mesure même où nous en restons détachés, trompent les minutes d'attente ! Oiseaux, fleurs, forêts, lacs, nous savourons mieux vos enchantements si, ramenés à votre valeur véritable, vous nous faites pressentir ces splendeurs ultra-terrestres dont l'Apôtre nous dit que « nul œil et nulle oreille ne sauraient concevoir ce que Dieu réserve à ses élus ».

Mais déjà, en ces décors de notre planète, quelles merveilles et quelle harmonie ! Tous les poètes les ont redites, des épopées de l'Inde aux légendes de l'Edda, depuis Sophocle et Virgile jusqu'à Jean-Jacques, Bernardin et l'auteur du *Génie du Christianisme*. Parfois de moins illustres, ces *poetæ minores* qui, mieux que les grands maîtres, pénètrent l'enchantement des choses, ont projeté une lumière vive sur quelque coin spécial de la Création. Tel Victor Pavie devinant le rapport symbolique des fleurs avec les différents terrains : « Une note de Mozart dans *le Barbier*, une retouche de Rubens à une Madone de Giotto ne violeraient pas plus d'harmonies qu'un bluet dans les bois, que dans les moissons un muguet, qu'une plante des schistes dépaysée dans les calcaires.

« A nos schisteuses argiles, terrains substantiels et froids, ces fleurs modèles à qui rien ne manque et qu'on dirait créées pour l'étude des commençants. A nos calcaires ardents les anomalies, les hardiesses, tous ces caprices de la forme qui ne révèlent leurs secrets qu'à la perspicacité des adeptes. J'assimilerais le schiste, avec ses compactes moissons, à ces constitutions régulières et sages, amies du positif et que la raison protège contre les entraînement de la passion. Moins propre à la culture, plus riche en spontanéité, le calcaire me représente ces natures magnétiques et fébriles chez qui la pauvreté du sang, unie à l'exaltation nerveuse, ouvre une large porte à tous les phénomènes de l'intuition. Boileau était schisteux, Hoffmann était calcaire. Dieu, qui n'est point injuste, a équilibré ses faveurs entre les lieux comme entre les hommes ; à chacun ses misères, à chacun ses splendeurs. Là où les blés sont maigres, où l'herbe avorte dans les prés, où le gland qui est semé germe en sapins et en bruyères, il a permis qu'aux anathèmes du laboureur répondissent les bénédictions du naturaliste. »

Déjà, hélas ! Victor Pavie constate l'invasion de la vigne sur les sols réservés aux peintres et aux poètes ! Vainement, entre ces pierres mordorées, chercherions-nous les sèches et lumineuses plantes qui jadis s'harmonisaient avec elles, les fleurs de soleil signalées par d'anciens botanistes. A peine quelques lichens y réchauffent-ils encore le frileux lézard, type survivant des faunes primitives, et qui veille sur le cimetière des fossiles, ses contemporains. Pourtant, sur ces calcaires rutilants et pauvres, combien regrettè-je davantage l'humble et confiante chanson, les teintes fuligineuses du traquet pâtre !

Pour retrouver sous nos tristes palimpsestes l'écriture de Dieu, il faudrait s'enfoncer à cœur perdu dans les exubérantes forêts de la Guyane, dans les sombres marécages de la Lithuanie, ou parmi les roseaux des lacs sibériens : « Là, dit Kropotkine, l'air est plein de goélands et de sternes comme de flocons de neige un jour d'hiver. Des milliers de pluviers et de bécassines courent sur le rivage, sifflant, et jouissant de vivre. Plus loin, presque sur chaque vague, un canard se balance, tandis qu'au-dessus volent des bandes d'oiseaux aquatiques. La vie multiforme partout abonde. »

Avant que les colons italiens n'eussent dévasté la faune argentine, un voyageur entendit dans la pampa un extraordinaire chant du soir; des millions de passereaux l'entonnaient sur une étendue de plusieurs milles. M. Hugues, citant ce fait, ajoute : « N'y aurait-il qu'en France, pays de prédilection pour tout être vivant, où les bêtes même les plus gracieuses ne pourraient vivre qu'à l'état précaire, dans une méfiance perpétuelle, paralysées par l'hostilité de l'homme? Il y a un intérêt d'éducation démocratique à ne pas les laisser plus longtemps victimes de l'ignorance et de la barbarie. »

Notre civilisation même est intéressée à ne point abandonner le monopole de la bonté envers les bêtes au nègre qui considère comme un sacrilège de tuer le flamant rose, à l'Arabe qui laisse la cigogne nicher en paix sur son toit.

Enfin n'y a-t-il pas un intérêt religieux à ce que l'exemple des plus scandaleux attentats contre l'œuvre divine soit fourni par les peuples baptisés? L'idolâtre agenouillé devant ses fétiches révère, par delà eux, le Créateur des merveilles qu'il admire dans le silence de son cœur; et le chrétien, lui, mieux informé sur la Création, sachant que Dieu n'a rien produit sans un but quelconque — et pour la plupart des oiseaux ce but est surtout esthétique — le chrétien qui punirait de prison la lacération d'un objet d'art représentant un oiseau, sourirait comme d'une peccadille de voir immoler l'oiseau lui-même, détruire la plus magnifique harmonie de l'œuvre divine! Je dis qu'un tel acte est un crime, un crime toujours châtié.

Au fond de ce crime on trouverait une erreur doctrinale. Le venin janséniste, qui devança Jansénius, a séparé Dieu de ses ouvrages, oblitéré le culte de l'Esprit, chassé de la Crèche le bœuf et l'âne, réprouvé la poétique légende du Christ enfant qui modelait un oiseau et lui insufflait la vie, et presque arraché de l'Évangile les roseaux de Tibériade, les blés de la Galilée, la poule et les poussins auxquels Jésus comparait lui et ses disciples, toute cette surnaturalisation de la nature dont il nous faut chercher la trace dans l'incomparable liturgie du Samedi Saint, aujourd'hui délaissée par les fidèles ! Quand Brizeux s'indignait que le clergé breton prohibât la bénédiction des bœufs au sanctuaire de saint Corentin, le poète parlait en apôtre [1].

Toutes les manifestations de la vie attestent un Créateur. C'est le sens du magnifique cantique : *Benedicite*. Partout se révèle l'empreinte d'une Providence organisatrice. Quel endurcissement d'orgueil retient donc un acte d'adoration sur les lèvres du physiologiste qui étudie l'organisme humain, ou du psychologue scrutant la conscience ? D'ailleurs, chacun garde vers Dieu ses voies préférées. « Le ciel étoilé sur nos têtes ; en nous la loi morale », disait Kant. Plus volontiers j'écrirais : En nous l'amour ; à côté de nous le monde des oiseaux.

Buffon désespérait de décrire seulement leur beauté : « Il n'y a de termes dans aucune langue pour en exprimer les nuances, les teintes, les reflets et les mélanges. » Quel joaillier, par une fastidieuse

---

1. En revanche, le clergé devrait bien interdire le scandaleux usage des noms de saints donnés aux bœufs, aux vaches, aux chevaux dans diverses régions de l'Ouest.

énumération de saphirs, de rubis, de topazes, d'émeraudes, esquisserait les centaines de variétés que compte la série des colibris ? Oiseaux-abeilles, que parfois dévore une gigantesque araignée, en cette faune invraisemblable des Tropiques où le symbolisme animal du ciel et de l'enfer atteint son paroxysme.

À la réserve des quelques espèces manifestement destinées à notre nourriture, comment ose-t-on porter la main sur un être aussi sacré que l'Oiseau ? Tout nous avertit que Dieu nous l'a donné comme *auxiliaire*, comme *ami*, comme *précepteur*.

Ses légers méfaits font oublier trop souvent ses incalculables services. « Jamais, dit Toussenel, l'on ne devrait juger un animal avant d'avoir découvert pour quelle cause Dieu l'a créé. » Mais les esprits brutaux ou superficiels préfèrent résoudre le problème à coups de fusil. Alors suit le déséquilibre des espèces. Partout où l'Européen pénètre pour la première fois, il trouve une harmonie parfaite dans la série des êtres. Chaque contrée possède les oiseaux nécessaires à combattre la propagation des bêtes qui par leur pullulement deviendraient un fléau. L'Oiseau massacré, le fléau se développe. « On a tant à souffrir, observait Conrad de Courcy, des insectes importés dans la Nouvelle-Zélande par les semences venues de l'Europe, qu'on paie 25 francs par *oiseau insectivore* que les bâtiments importent dans cette colonie. »

Encore plus ami qu'auxiliaire, l'Oiseau enchante ou console l'homme dans les sites les plus variés : moineau gavroche des villes, rouge-gorge suivant la charrue, pétrel ou mouette signalant au marin la bourrasque ou l'écueil, hibou nous rappelant la gravité de nos destinées, fauvette vocalisant dans nos jardins.

Le chant d'une espèce particulière scande chaque heure de la journée. Linné enregistra cette horloge ornithologique. Quand la chouette termine son hululement le verdier s'éveille, puis le pinson, la fauvette, la caille, le bouvreuil, et, à l'aurore, le merle. Le pouillot, la mésange, enfin le moineau signalent les premières heures du jour.

Précepteur, l'Oiseau nous inflige d'abord une leçon de modestie. Nos doigts, encore moins nos machines jamais ne tisseront le nid du loriot, du pinson, du chardonneret. Et voilà bien l'instinct, c'est-à-dire une finalité surpassant l'intelligence de l'agent; irrécusable preuve d'une Providence organisatrice.

Mais tout n'est pas instinct chez l'Oiseau. Il s'élève jusqu'à une mentalité, parfois jusqu'à l'image confuse d'une moralité, puisque le corbeau apprivoisé est susceptible de colère, de vengeance, de ruse, d'espièglerie. Il fait des farces, et considère d'un œil narquois sa victime. Il est le roué de la gent ailée.

Elle se réhabilite heureusement par une foule de bons sujets qui semblent avoir lu dans l'œuf la *Morale en action*. Buffon célèbre ainsi leurs vertueux ménages : « Dans les oiseaux il y a plus de tendresse, plus de moral en amour que dans les quadrupèdes[1]. A l'exception de ceux de nos basses-cours et de quelques autres espèces, tous les oiseaux

---

1. « Richard de Saint-Victor voit dans le volucre le symbole de la vie intérieure, comme il voit dans le quadrupède l'image de la vie extérieure. » (Huysmans.) La symbolique des bêtes diffère beaucoup chez les auteurs ecclésiastiques ; mais presque invariablement l'oiseau figure les justes.

paraissent s'unir par un pacte constant, et qui dure au moins aussi longtemps que l'éducation de leurs petits. » En outre, d'après Buffon, ces ménages exemplaires rendraient sur la continence des points à Scipion, et ne se livreraient derechef à leurs plaisirs légitimes que quand leur première couvée ne peut plus en souffrir.

J'en suis fâché pour Buffon, pour les oiseaux et pour les bonnes mœurs, mais je suis forcé ici d'en rabattre, ayant vu mainte fois dans les volières un mâle chasser du nid la couveuse afin d'assurer des cadets à leur progéniture.

M. Rogeron observe que, pour décourager ces assiduités des mâles, les canes se font laides et maussades au cours de l'incubation. Le devoir de la maternité prévaut sur la coquetterie. Les études ornithologiques seraient-elles si déplacées dans un pensionnat ?

Les hiéroglyphes égyptiens figuraient la tendresse maternelle par la perdrix, qui feint une blessure, se sacrifie pour sauver ses poussins. D'autres espèces agissent de même.

Au point de vue de la sociabilité, le merle, la poule d'eau, le rouge-gorge pratiquent le plus revêche individualisme, tandis que les mouettes, les sternes vivent par colonies et jamais n'abandonnent une sœur blessée. Aussi voit-on des brutes fusiller jusqu'à la dernière.

La variabilité des caractères dans une même espèce, la rencontre d'individus conciliants dans une famille plutôt querelleuse, ou querelleurs dans une famille ordinairement placide, permettent d'assigner à l'Oiseau, et à tout animal supérieur, une mentalité différente de l'instinct. Néanmoins, cette mentalité ne dépasse guère comme but l'utilité individuelle ou spécifique, ni comme sources l'adaptation ou l'hérédité. Saint Augustin précisait le monopole de notre liberté morale quand il écrivait : « Rien de plus sociable que l'homme par sa nature, et rien de plus insociable par sa corruption. » Outre la possibilité d'amélioration ou de corruption volontaires, nous possédons le sens esthétique, la faculté du progrès, le désir de l'immortalité, enfin et surtout le sens religieux. L'on ne rencontre chez les animaux les mieux doués ni artiste, ni poète, ni inventeur, et nulle trace de tombeaux ou d'autels. Leurs défauts en somme ne sont pas des vices, ni leurs qualités des vertus, puisqu'un déterminisme inné y préside. Appellerons-nous même tendresse maternelle l'impulsif dévouement de la poule se privant de nourriture pour des poussins qui ne sont pas siens; et nous indignerons-nous contre la cane qui se gave elle-même avant de songer à ses canetons ? Un embryon de raisonnement fait parfois préférer aux bêtes le suicide à la captivité; mais l'histoire animale n'enregistre ni Léonidas ni Régulus, acceptant par devoir raisonné la mort et les tourments.

L'infaillibilité même de l'instinct assigne à l'animal une infériorité catégorique. L'effort et le risque donnent sa valeur à l'acte humain. S'il est plus intéressant de conduire une auto que de somnoler en wagon, et si cet intérêt doit se centupler pour l'aviateur qui risque, au lieu d'une panne, une mort vertigineuse, nous ne saurions envier à l'oiseau ses ailes, ni l'inconcevable sens de l'orientation qui le ramène sûrement de ses migrations lointaines à son berceau. Reprocherions-nous à Dieu d'exiger la collaboration de notre intelligence et de notre énergie avec sa grâce pour la conduite de notre existence matérielle ou morale, tandis qu'un mystérieux avertissement révèle à une colonie d'échassiers qu'à 500 lieues une inondation imprévue lui assure d'abondantes subsistances ? On trouvera dans le livre de M. Rogeron plusieurs exemples analogues, notamment le cas d'une terrible invasion de mulots qui, ravageant vers 1880 le sud de l'Anjou, attira des Alpes, des Pyrénées, de partout, les busards et les rapaces nocturnes par milliers. « Après quoi, ces oiseaux disparurent comme ils étaient venus. Mais comment avaient-ils pu être avertis de cette multiplication insolite de rongeurs dans notre contrée ? » En Orient, le cadavre d'un chameau attire les vautours des extrémités du désert.

Ainsi, par une sorte d'automatisme mental, l'existence de l'Oiseau est providentiellement assurée. La liberté qui intervient ici est encore celle de l'homme : il peut protéger ou détruire les auxiliaires et les amis que le Créateur lui donna.

Quelles joies pures il leur devait dans le premier Jardin-Volière, l'Eden, avant la création d'Eve ! Si les destinées de l'homme se limitaient à ce monde, comme il pourrait reprocher à Dieu de lui avoir infligé ses plus hautes facultés morales : le libre arbitre et l'amour !

Les athées sourient, quelques chrétiens se scandalisent devant la création de la femme avec la chair de l'homme. Il prouve, ce mode de génération, que la race humaine eût pu, si Dieu l'eût voulu, se perpétuer par tous moyens, même, comme certains animaux inférieurs, par fissiparité. Alors ni séduction, ni chuté, ni cet effroyable déluge d'expiations ! Mais quand Adam se réveille, il peut jeter un regard désolé sur le merveilleux panorama qui l'environne : son bonheur terrestre est aboli.

Désormais il n'a plus le droit de respirer une fleur sans la cueillir pour Ève. Et le serpent est là, incarnant l'Esprit mauvais. Si Adam accepte le fruit de l'arbre fatal que lui présente sa compagne, Jéhovah épie sa mésoption ; s'il refuse, quelle scène de ménage ! De toute façon, la paix de sa félicité terrestre est détruite. Mais il fallait ce fouet de l'amour, il fallait cette extérieure obligation d'exercer sa liberté morale, pour préserver l'Humanité de s'endormir dans les nonchalances dont l'Orient hérite encore le souvenir. Une quiétude périssable eût empêché Adam de mériter ses immatérielles destinées.

Ah ! du cher esclavage qu'il ne cherche point à se déprendre ! Qu'il ne répudie pas, à cause d'une passagère contrainte, les seules joies vraies de ce monde et, par delà, une telle espérance ! Laissons à la Germanie l'outrance misogynique du naturisme. Cependant c'est le Vénusberg, et non l'amour chrétien, que fuit Tannhaüser, pour réentendre le chant matinal des oiseaux et respirer l'arome des bois.

De l'Eden saccagé par la faute atavique sachons du moins respecter les derniers vestiges ! Qu'un Adam mieux soumis aux normes de son essence supérieure, qu'une Ève moins impérative, et désormais penchée sur l'incurable tristesse de l'homme, régissent, en attendant les félicités épurées, leur lieu transitoire d'épreuve sans y tyranniser les autres êtres ! Epargnons et multiplions, non seulement les animaux qui nous offrent une utilité grossière, mais surtout les compagnons destinés à enchanter notre geôle.

Réduisons même le nombre des bêtes qui nous semblent nuisibles sans anéantir aucune espèce, car elle représente une pensée du Créateur et nous ignorons quel vide elle laissera. L'Inde a exagéré jusqu'à une scrupuleuse superstition cette vérité. Certains États modernes l'interprètent plus modérément : la Suisse qui protège ses derniers aigles ; le Brunswick où une loi récente sauvegarde les grands-ducs, magnifiques oiseaux, poésie des forêts et des soirs, et auxquels on peut bien sacrifier quelques lièvres. Deux Américains viennent d'escalader les cimes des Andes pour photographier le nid du condor, menacé de disparaître. On songe à le protéger, ce qui vaudrait mieux.

Durant deux siècles, la France avec Buffon, l'Allemagne avec Naumann et Brehm, la Grande-Bretagne avec Wilson, l'Amérique avec Audubon imprimèrent à la science ornithologique son plus large progrès depuis les travaux de Pline et d'Aristote.

Étrange chassé-croisé, et vérification de l'axiome : « nul n'est prophète en son pays », tandis que Wilson, méconnu par l'Écosse, soulève l'enthousiasme du Nouveau-Monde, Audubon, qui cherchait vainement de l'Alaska aux Florides le premier souscripteur pour son atlas ornithologique à 5.000 francs l'exemplaire, passe en Écosse, recueille 75 abonnements à Edimbourg. Il gagne Paris, où Cuvier proclame son atlas « le plus magnifique monument élevé à la nature », et il quitte l'Europe avec 400.000 francs. Nulle Société savante ne le put retenir. Là-bas l'attendaient le roitelet qui lui gazouillait des consolations dans sa mansarde d'Henderson, la grive rousse dont le chant matinal lui faisait oublier les nuits au désert, la foudre illuminant les bois, le tomahawk des Sioux. « Avec quelle ferveur, s'écriet-il, ai-je béni Celui qui la plaça dans la forêt sombre pour me faire sentir que l'homme ne doit jamais désespérer ! » Présenté à la Société zoologique de Philadelphie par Charles-Lucien Bonaparte, Audubon continue en paix son gigantesque ouvrage. Puis il se renfonce sous les futaies du Labrador et de la Louisiane, préférant aux académies la gallinule pourpre qui court sur les feuilles de nénuphar. Wilson, lui, épuise ses solitaires extases devant les héronnières des Florides. Admirables pionniers dont l'enthousiasme venge la nature américaine violée par la hache du bûcheron et le jalon de l'ingénieur !

Des héronnières, où en admirerions-nous, hélas ! dans la France actuelle ? J'aperçus deux couples de hérons gris et quelques grèbes huppés sur les étangs de Serrant, en Anjou. On sait le mot de Napoléon sur ce domaine : « Enfin je vois un château en France ! » Mieux qu'un château, une terre ; une oasis de l'Ancienne France perpétuée au sein de l'universelle dévastation. La nature y fut respectée ; peut-être, faut-il l'avouer, parce que la famille Walsh qui l'acquit au dix-huitième siècle, et le transforma, était anglaise.

Abolies, les héronnières de François Iᵉʳ, à Fontainebleau ! Que ce roi n'aiguilla-t-il toujours vers elles, et vers le merle bleu qu'il écoutait en Provence, la pensée française, au lieu de substituer à notre art religieux du moyen âge, aux sculptures de nos imagiers, aux panneaux de nos Primitifs, aux verrières et aux mausolées de nos cathédrales ces inexpressifs portraits de Romaines, dont le culte, chez nous dépaysé, représente depuis quatre siècles une mystification esthétique.

Un moment, la Renaissance faillit mériter son

nom. L'intelligence de la nature eût refleuri, comme aux jours d'Ovide et de Sophocle. Le roi René acclimatait en Anjou la bartavelle, peuplait d'oiseaux rares les jardins d'Aix. Charles-Quint interdisait qu'on enlevât sa tente où une hirondelle avait fait nid.

Mais les arts sophistiqués du Midi, puis le revêche industrialisme du Nord ont prévalu. Des âmes desséchées, des bras armés d'engins destructeurs effacent de notre planète l'empreinte divine pour refaire la Création à l'image de l'usinier et du maraîcher. Ce vandalisme prendra-t-il fin ? Le sentiment public se retournera-t-il quelque jour contre ceux qui nous ont désenchanté la vie ? Les industriels accepteront-ils de travailler pour le bien plutôt que pour la dévastation, et de fabriquer, par exemple, à bon marché le treillage mécanique et les armatures nécessaires aux jardins-volières, au lieu de propager les carabines et les canons-canardières ? Les droguistes substitueront-ils à leurs poisons agricoles quelques savantes pâtées d'élevage ?

Et, puisqu'il faut occuper les ingénieurs, depuis que le réseau des routes et des chemins de fer est plus que suffisant, ne pourrait-on, au lieu de gaspiller des millions pour une Loire prétendue navigable, barrer les arides vallées de l'Esterel et de l'Auvergne, les transformer en étangs qui assureraient un asile aux échassiers et aux palmipèdes, tout en fertilisant les déserts, en favorisant la pisciculture, en régularisant le régime des fleuves ?

Et nos codes, les corrigera-t-on ? Une dérisoire amende sera-t-elle toujours infligée au misérable qui tue un loriot, un rossignol, tandis que l'infortuné qu'un affreux dogue torture des nuits entières par ses aboiements, ou qui voit auprès de lui quelque cher malade privé de sommeil par cette bête ignoble, ne pourra la tuer sans encourir, d'après l'article 454 du Code Pénal, de six jours à six mois de prison ? C'est à cette infamie, c'est à cet excès d'inhumanité qu'aboutit l'idolâtrie des animaux que l'homme domestiqua dans un but de basse utilité[1] ! Mais contre le noble animal qui se refuse à nos jougs tout est permis. Récemment un politicien proposa d'inoculer un virus mortel aux sangliers ; il fallut la crainte de contaminer les porcs pour que la Chambre passât outre à cette lubie. Je ne prétends pas que l'on épargne tous les sangliers ; mais le chasseur suffit et montre ici sa raison d'être.

Les quadrupèdes sauvages méritent que l'on en conserve au moins quelques spécimens. Il semble que certains États s'avisent enfin de leur devoir protecteur envers l'ensemble de la faune. Réjouissons-nous, avec M. Edmond Perrier, « de voir les gouver-

---

1. Tandis que les oiseaux disparaissent, les chiens pullulent. Cela va de pair, et marque l'étiage du goût public. Les chiens errent dans nos campagnes, dévorant lièvres et perdreaux. Quelques Sociétés de chasseurs ont signalé ce mal ; dans une vingtaine d'années, le Parlement s'avisera sans doute d'y remédier. « Chien » est pour le sage Oriental la suprême injure. La Bible tient cet animal pour impur ; l'*Ecclésiaste* lui compare l'impie ; l'*Évangile* le donne comme symbole à ceux qui n'entreront pas dans le royaume de Dieu. La France l'idolâtrera-t-elle toujours, ainsi que le coq, cet autre emblème de la vie brutale, libertine et braillarde ? Messieurs les bons toutous, veuillez m'excuser, et croyez bien que je n'écris point ceci sans quelque remords. Mais, dévoué terre-neuve, caniche de l'aveugle, tendres épagneuls, vous avez dans les dogues, les roquets, les braques, des légions de trop compromettants cousins

nements préoccupés d'établir dans leurs possessions des refuges où les grands mammifères, par lesquels la vie a affirmé sa puissance, vivront en paix, où les mères pourront sans crainte allaiter leurs petits, où les oiseaux nicheront à l'aise sans que rien vienne les troubler, où les animaux pourront s'imaginer que l'Homme a cessé d'être le sauvage chasseur de l'âge de pierre ».

J'ai exposé précédemment les mesures de sauvegarde adoptées par l'Amérique, par l'Angleterre et ses colonies. Il n'est pas jusqu'à l'Italie qui, commençant à rougir de ses massacres, ne vienne d'interdire l'aveuglement des appeaux. Puissent un jour nos migrateurs ailés ne plus voyager dans la diligence de Terracine !

La Belgique multiplie ses fêtes de l'Oiseau ; à Stavelot la population assiste en grande liesse au lâcher de nombreux passereaux, soignés avec sollicitude durant l'hiver. Je devrais écrire ceci au passé. Aujourd'hui la Belgique râle sous la botte des Teutons. Quel contraste entre les atrocités de cette invasion et les mesures de sauvegarde pour l'avifaune que l'Allemagne édictait hier encore chez elle et dans ses colonies ! Les reitres et les industriels prussiens ont donc pu dépraver à ce point la mentalité d'une nation, à vrai dire composée de races très disparates ! Quel service rendu à l'Europe, et à la Germanie elle-même, si la Prusse était rayée du nombre des Etats, Berlin remplacé par Munich, et les 30.000 esclaves des usines Krupp enfin licenciés !

La sage et tranquille Suisse accroît sans cesse ses mesures protectrices. Aux confins de Berne et de Fribourg elle vient d'instituer la Réserve officielle de Seeland. Les communes du Valais sont astreintes à protéger les oiseaux. L'établissement de nids artificiels et le nourrissage hivernal sont subventionnés par l'État. Le canton du Tessin inflige une amende aux communes qui tolèrent les oiseleurs. Les dégâts de l'aigle, sauvegardé en raison de son intérêt pittoresque, sont payés par la Commission pour la protection de la nature.

En Hongrie, depuis 1907, chaque école possède une ligue contre le dénichage.

A suivre de tels exemples, la France ne ferait que renouer ses traditions. Avant les fêtes des oiseaux instituées aux États-Unis et en Belgique, la Provence lâchait, à Noël, des passereaux dans ses églises, et cette charmante coutume se célébrait pareillement à Reims, au sacre de nos rois. Mais c'était alors le temps du grand Art religieux et du sens vrai de la vie. « Il fallut, écrit Huysmans, l'époque interlope, l'art fourbe et badin du paganisme pour éteindre cette pure flamme, pour anéantir la lumineuse candeur de ce Moyen-Age où Dieu vécut familièrement, chez lui, dans les âmes. » Dès lors on eut un budget des Beaux-Arts, et l'Art dépérit, et de la nature personne n'eut souci. Puis la Révolution déversa sur le cercueil de la Beauté naturelle son École polytechnique et ses ministères des Travaux publics.

Réassocierons-nous jamais l'Oiseau à notre existence religieuse et nationale? Si du moins nous le protégions contre ses innombrables ennemis et lui ménagions dans chaque propriété, dans chaque commune quelques halliers-refuges !

Le scandaleux dédain à son égard semble diminuer. Tout au moins reconnaît-on désormais son utilité agricole, et s'efforce-t-on de le réintroduire dans certains vignobles du Midi. On le protège aussi parfois pour son charme. A Essonne, par exemple, M. Radot, distingué ornithologiste, a fait de sa propriété un paradis des oiseaux, parsemé de nids artificiels.

Le Gouvernement lui-même reconnaît volontiers qu'il a tort de trembler devant les braconniers électeurs. Il montre plus de vigueur aux colonies, parce que là l'esclavage des nègres s'est réfugié dans les bureaux de vote.

Toutefois, nos ministres redouteraient-ils d'être mangés par les Canaques, pour que la Nouvelle-Calédonie semble exclue des mesures protectrices ? La *Revue d'Ornithologie* signale comme menacée de disparition imminente la faune de ces îles. Le cagou, l'un des plus merveilleux oiseaux, mais qui pond un seul œuf, est exterminé par les Européens, les indigènes, ou les chiens errants. Le seul moyen de sauvegarde consisterait, selon M. Sarasin, dans l'établissement de territoires réservés.

En Indo-Chine, l'on s'est avisé de l'utilité de l'avifaune. M. d'André, inspecteur de l'Agriculture, cite ce fait : « Dès la deuxième année, une invasion formidable de hannetons vint détruire tous mes produits. J'eus recours à l'Oiseau et je fis venir de la côte des moineaux. Ces petites bêtes, que je protégeais, se repeuplèrent rapidement, et, dès l'année suivante, je pus lutter avantageusement. Ils se chargèrent les années après de la police au point que le hanneton, qui a continué à exister, n'a plus été un danger pour les récoltes. L'équilibre s'est rétabli parfaitement et, grâce à la présence de l'Oiseau, insectes et récoltes peuvent vivre côte à côte sans inconvénient. »

L'Oiseau est tout aussi indispensable sous les tropiques que dans nos climats. Un journal de Mexico en témoigne : « Dans certaines régions du Salvador où l'on cultive le tabac, les agriculteurs ont recours à un moyen ingénieux pour protéger les feuilles contre les insectes et les vers. Un oiseau originaire des Antilles, dénommé *chompipe* et facile à apprivoiser, est lâché à certaines heures du jour sur les plantations de tabac ; il y détruit les insectes et les vers des feuilles avec une voracité et une exactitude surprenantes. Sans ces oiseaux, certaines années, la récolte serait complètement endommagée, ou bien on devrait, pour la sauver, avoir recours à des ouvriers rares et très chers. »

Puisse le cas de ce chompipe, apprivoisé comme auxiliaire de l'agriculture, nous servir d'exemple ! Jusqu'ici les oiseaux n'ont été domestiqués par l'homme que pour leur utilité gastronomique, quelques-uns — trop rares — pour leur chant ou leur beauté.

L'histoire des premières domestications d'oiseaux remonte à l'origine des sociétés. Plusieurs furent malheureusement abandonnées, et d'ordinaire celles d'espèces intéressantes par leur beauté. Telle la grue. Sebou, prêtre égyptien, possédait un troupeau de mille grues de Numidie, et il fit représenter sur son tombeau cet échassier. Depuis des millénaires peut-être, le Japon fait de l'aigrette blanche l'ornement de ses petits étangs fleuris de lotus, où baignent les escaliers d'étranges palais.

En somme, l'Asie, où survivaient les traditions édenniques, s'intéressa toujours à l'Oiseau. Là furent domestiquées la plupart des espèces qui peuplent encore nos parcs ou nos basses-cours. Le coq

et le pigeon, inconnus d'Homère, vinrent à Rome de
la Perse. La Grèce reçut de l'Asie, sous Périclès, le
paon. L'oie et le faisan représentent aussi d'antiques
importations orientales. Le canard fut domestiqué
par les Romains, d'abord dans de vastes volières
recouvertes d'un filet, pourvues de bassins et de
gazons.

Le Moyen-Age, sur les douves des sombres manoirs, acclimata le cygne. Peut-être fut-il rapporté,
aussi lui, de l'Asie par les Croisés, car l'espèce
domestiquée n'est pas celle de nos cygnes sauvages,
mais une espèce orientale.

Aux conquistadores du quinzième siècle nous
devons la pintade, connue des Romains, oubliée au
Moyen-Age, puis réintroduite par les Portugais; le
serin, des Canaries; le dindon, importé d'Amérique
par les Espagnols, puis présenté à la cour de
Louis XII; le canard musqué et l'oie de Guinée, qui
figurèrent d'abord dans les parcs, ensuite à la cuisine.

Après, il nous faut sauter jusqu'au dix-neuvième
siècle pour rencontrer les cygnes noirs, austra-
liens, de Joséphine de Beauharnais, les mandarins et
les aix, l'oie du Canada, l'oie d'Égypte, l'autruche,
le colin de Californie, les nombreux fringilles importés d'Afrique, et une multitude de colombes exotiques, de perruches et de perroquets. Toutefois, les
perroquets asiatiques et africains avaient amusé les
vieux Romains, puis déridé les châtelains du Moyen-
Age.

La plus déplorable lacune dans les domestications
primitives est celle des hiboux. Que ne les a-t-on
employés dès l'origine, comme le font aujourd'hui
les Américains, à détruire les souris dans les mai-

sons, et n'a-t-on exterminé le chat sauvage, au lieu de demander à celui-ci un familier spectacle de l'égoïsme et de la cruauté !

Cependant les premiers hommes ne s'abusèrent, ni sur la signification satanique du chat, ni sur le symbolisme religieux du hibou. Le chat, détesté des prophètes, leur remémore les idolâtries de Mizraïm et de Babylone, tandis que le hibou leur représente Israël dispersé, gémissant. Plus tard, la chouette se relie, en Grèce, au culte de la Sagesse divine, et le chat deviendra au Moyen-Age le complice des sorciers. Par quelle aberration, par quelles démoniaques tromperies, le chat semble-t-il à nos villageois d'aujourd'hui une sorte de porte-bonheur, qu'on ne tue point sans en pâtir, et le hibou méprisé, exécré, est-il traqué comme une bête néfaste ? Le contraire serait plutôt vrai : c'est le meurtre du hibou, c'est le respect du chat qui portent malheur. L'infernal sabbat du chat sur les toits étouffe la voix recueillie, si profondément poétique, du hibou. Et l'on ne se complaît point aux luxurieux tapages, et l'on ne ferme point son cœur aux avertissements graves sans un jour en porter la peine.

Je souhaiterais que l'extermination du chat, et la protection du hibou fissent partie d'un immense programme de résurrection morale, hélas ! pas même ébauché ! La destruction des rongeurs constitue pour le hibou un besoin vital, et pour le chat un simple jeu, une superfluité ; souvent il ne croque même pas la souris qu'il a prise. Les petits oiseaux, et surtout le gibier que peut attraper le hibou représentent une infime exception, tandis que le chat dévore plus de bergeronnettes, de perdreaux et de lapins que de rats et de mulots. Mais, leurs services fussent-ils égaux,

ce qu'aucun naturaliste n'admettra, que le hibou con-
serverait encore sur le chat la supériorité poétique de
l'être ailé sur le quadrupède rivé à la terre, puis la
supériorité philosophique de la voix grave, annonciatrice du mystère et de l'invisible, sur le miaulement
féroce, libidineux, discordant.

———

Nous voudrions restituer leurs incantations aux
ruines et aux forêts nocturnes. A l'heure où la grande
hirondelle crépusculaire, l'engoulevent, achève dans
l'air obscurci ses silencieux lacets, la hulotte fauve,
de son hou-hou sonore et scandé, gémirait aux créneaux lierreux de la tour, sur les guetteurs de jadis;
l'effraie blanche et dorée quitterait la baie ébréchée
du clocher roman pour appeler, de son râle guttural,
les trépassés dont les noms s'effritent sur les tombes
moussues; le hibou noir, profilé sur la lune à l'extré-
mité d'une branche morte, évoquerait, par delà deux
millénaires, les graves prêtres des chênes qui médi-
taient le Terne divin et comptaient le temps par les
nuits; la petite chevêche grise redirait aux saules du
pré assoupi la chanson des fées.

Et le délice de l'aurore, des étangs moirés où les
glaïeuls se reflètent, le grèbe plongeur, la gallinule
effleurant les nénuphars, le trait d'azur des martins-
pêcheurs nous le restitueront-ils? Reverrons-nous,
confiants et sveltes, les bécasseaux courir sur nos
plages, eux dont les marées rejettent aujourd'hui les
graciles cadavres, pêle-mêle avec ceux des mouettes,
massacrées elles aussi par d'imbéciles désœuvrés?

Cette forme du banditisme et de l'anarchie, ah!
puisse-t-elle céder la place à d'intelligentes initiatives! C'est surtout pour les oiseaux maritimes ou

lacustres que le repeuplement artificiel en jardins-
volières s'affirme indispensable et facile. M. Plocq a
fait couver et a élevé en Vendée la plupart de nos
petits échassiers ou palmipèdes, notamment la sterne
noire. En Anjou, il la faut ajouter au nécrologe de
l'avifaune. Vers 1873, l'abbé Vincelot parlait encore
de ses « légions innombrables » qui enchantaient nos
rivières. Depuis vingt ans, il n'en existe plus une
seule. Je crois bien que cette sterne noire, qui pond
sur les feuilles de nénuphar, fut le véritable alcyon
d'Ovide, l'oiseau légendaire dont le nid était bercé
sur les vagues. Les sternes de M. Plocq, logées dans
une volière de 300 mètres carrés, volent prendre dans
sa main les têtards et les gros insectes. Sûrement elles
se reproduiraient dans sa volière. Je lui conseille de
les conserver, au lieu de les lâcher à l'époque de leur
migration. Il est bien inutile de les envoyer aux cui-
siniers d'Espagne ou d'ailleurs ! Mais ce sont de préférence les sédentaires qu'il importe de multiplier en
captivité : bécasseaux, vanneaux, hérons, gallinules
et petits grèbes.

Quant aux oiseaux d'intérêt agricole, passereaux
insectivores, il faudrait commencer par les espèces
viticoles, les plus menacées aujourd'hui d'une entière
extinction.

Veut-on sérieusement sauver la vigne ? Alors jetez
là vos poisons, vos aspergeoirs, vos pots à mélasse.
Au centre d'un clos d'une vingtaine d'hectares, édifiez
un jardin-volière ainsi modifié : un carré de murs
hauts de 2 mètres, couvert de deux grillages super-
posés. L'un de ces treillages, fixe et maillé à 5 centimètres, permettra l'entrée et la sortie des becs-fins,
tout en les protégeant contre les rapaces. L'autre,
composé de châssis mobiles, et maillé à 1 centimètre,

sera ouvert aussitôt que les oiseaux, nichant dans la volière, auront commencé d'y couver. Ils se répandront alors dans la vigne, la purgeront d'insectes pour nourrir eux-mêmes, puis leurs petits. Ceux-ci, lâchés après l'élevage, s'établiront aux alentours, si l'on a ménagé quelques buissons, et continueront l'œuvre protectrice, tandis que leurs parents commenceront dans le jardin-volière une nouvelle couvée. Vingt couples de fauvettes, bruants zizis, pinsons, accenteurs mouchets, gobe-mouches, bergeronnettes, lulus, traquets ou troglodytes suffiraient, avec leur progéniture, pour détruire tous les parasites dans le vignoble. J'omets les mésanges et les rouges-gorges, trop querelleurs. Avec de vulgaires moineaux il est même probable que l'on obtiendrait un résultat satisfaisant, au moins contre les papillons de cochylis. Pour l'aménagement intérieur du petit enclos, inutile de répéter ce que j'ai détaillé au chapitre des jardins-volières.

Ce système de construction à double grillage pourrait rendre d'immenses services, non seulement aux viticulteurs, mais encore aux éleveurs de minuscules insectivores et larvivores (roitelets, pouillots, etc.) pour lesquels il est à peu près impossible de se procurer la nourriture du premier âge.

Mais qui propagera dans le public l'usage des Jardins-Volières ? L'État devrait donner cet exemple dans quelques écoles rurales. Nul enseignement esthétique ou ménager ne vaudrait l'habitude inculquée aux enfants de respecter les créatures utiles et charmantes. Si l'on ne va pas jusqu'aux essais de nidification en captivité, l'on pourrait du moins prélever, au printemps, quelques couvées prêtes à s'envoler, d'espèces communes et faciles à élever, comme le merle. A la fin de l'hiver suivant, ces oiseaux seraient lâchés dans une fête publique. La coutume du dénichage, ainsi endiguée et tournée au bien, supprimerait le barbare amusement des chapelets d'œufs. Ces leçons de choses complèteraient les cours théoriques sur les mœurs et l'utilité de l'avifaune. Il faudrait d'abord inculquer un tel enseignement aux maîtres, dans les Ecoles normales. Bientôt le tueur d'oiseaux deviendrait un être anachronique, bandit traqué par les lois, honni par les mœurs.

Quant au véritable Jardin-Volière, destiné à la reproduction en captivité des espèces menacées d'extinction, le premier exemple officiel français devrait venir du Muséum.

Cet établissement a subi déjà plusieurs évolutions. D'abord simple collection de plantes médicinales sous Henri IV, puis Jardin des Plantes largement développé par Dufay de Cisternay, il reçut de Buffon son caractère scientifique, et enfin de Bernardin de Saint-Pierre son orientation pittoresque. L'auteur des *Etudes de la Nature*, dernier surintendant du Jardin du Roi, fut maintenu dans la charge de directeur du Muséum national d'histoire naturelle par un décret de la Convention. Alors s'ouvre la ménagerie. Un arrêté de la Commune saisit avec indemnité tous les animaux vivants qu'exhibaient les forains ; puis la collection naissante est enrichie par les hôtes de la ci-devant ménagerie royale de Versailles. La Convention alloue en outre au Muséum un revenu de 337.000 francs, et lui assigne les limites actuelles du Jardin des Plantes. De 1793 à 1860, la ménagerie s'accroît sans cesse, surtout en animaux exotiques. Depuis lors elle n'a guère reçu que des apports peu intéressants : reptiles et singes.

Sous le Second Empire, Geoffroy Saint-Hilaire instaure, à l'autre bout de Paris, le Jardin d'Acclimatation. Les pièces d'eau y hébergent bien quelques colonies de palmipèdes et d'échassiers ; mais, au lieu de tenter des essais de reproduction afin de repeupler notre avifaune fluviale, la Direction, influencée par les goûts déplorables du public et l'appât du lucre, s'oriente bientôt vers les music-hall, les chenils, les basses-cours, et l'inévitable palais des singes. Aujourd'hui, la faillite morale de l'œuvre de Geoffroy Saint-Hilaire apparaît sans remède.

L'initiative d'un Jardin-Volière reviendrait dès lors au Muséum [1]. Ses intelligents administrateurs en comprendront l'utilité. Quant aux ressources, si l'on objecte le désarroi du Trésor public au lendemain d'une abominable guerre, je répondrai que le Jardin des Plantes fut le plus largement doté par les gouvernements aux prises avec des difficultés écrasantes : par Louis XIII à l'époque des guerres religieuses, par la Convention lorsqu'elle luttait seule contre l'Europe. Il semble même que les œuvres réellement civilisatrices ne voient le jour que dans ces atmosphères de calamités. Temps de destruction, mais où l'Esprit divin procrée. Et ce n'est pas sans quelque souvenir des révélations initiales, perpétué sous le satanisme des mythes, que l'Inde, en sa Trimourti, ajoutait à Brahma, dieu-principe, à Vichnou, dieu incarné, Siva, dieu des rénovations par la mort.

Le Jardin-Volière, conservateur des espèces d'oiseaux les plus utiles, les plus belles, les plus mena-

---

1. En 1913, le Parlement s'est honoré en relevant les crédits du Jardin des Plantes. Souhaitons que cette mesure soit enfin le signal d'une orientation législative vers le culte de la beauté naturelle !

cées de disparaître, couronnerait l'ascension morale précédemment réalisée par le passage du Jardin médicinal au Jardin des plantes, puis au Muséum et à la Ménagerie. A défaut de crédits nouveaux, je souhaite que l'on utilise mieux les anciens, et que l'on restitue aux forains leurs lions et leurs tigres afin de pouvoir multiplier les loriots et les grèbes. L'entretien d'un Jardin-Volière, d'une École d'élevage, et d'un Institut ornithologique représenterait pour le Muséum et ses directeurs une fonction plus noble que de concurrencer les dompteurs et les montreurs d'ours ! Révéler au public le monde des animaux sous les traits du gorille, du rhinocéros, ou des piteux carnassiers déambulant dans le fumier de leur cage, équivaut à exhiber aux élèves des Beaux-Arts une académie de bossus et de bancroches. Au lieu de réchauffer à grands frais de hideux crotales, que n'aménage-t-on une volière pour les paradisiers et les colibris !

Toutefois, c'est de notre avifaune française que le Muséum doit devenir un vivant conservatoire. La liste, hélas ! serait longue, des espèces menacées d'une imminente disparition, et qu'un Jardin-Volière pourrait encore sauver ; je citerai parmi les plus intéressantes le rossignol de murailles qui pullulait il y a 30 ans et que les chasseurs du Midi ont exterminé, la huppe, l'épeiche, les traquets, la grive draine, le hibou moyen-duc, plusieurs sortes de bergeronnettes, de fauvettes et de bruants, et les trois quarts de nos palmipèdes ou échassiers, massacrés, ceux-là, au Nord comme au Midi.

Assurément Paris s'honorerait en aménageant une vaste volière chauffée pour les reproductions d'oiseaux

exotiques. Une miniature du Sénégal et du Brésil,
un palmarium où nicheraient les aras, les colibris,
les toucans, constituerait un spectacle plus moral que
les séances d'acrobates et de boxeurs. Et verrons-
nous, quelque jour, au lieu de lamentables défroques
sur les chapeaux, de vivants paradisiers étaler dans
une serre leurs touffes retombantes de plumes rouges
ou oranges, leurs huppes latérales, et la moire de
leur gorge?

Néanmoins, ce luxe doit passer après la reconstitu-
tion de notre avifaune. Au sortir du Jardin-Volière,
nos oiseaux indigènes se multiplieraient d'abord dans
les parcs, les jardins, les bois qui avoisinent Paris.
De tels essais ont été tentés déjà dans d'autres pays,
notamment en Angleterre et dans l'Europe centrale.

Un Hollandais, M. Blaauw, nous décrit les parcs
sud-américains. Il existe un Jardin à Buenos-Ayres.
Ce fut naturellement l'objet de la première visite du
naturaliste; il espérait y trouver des spécimens de
la faune du pays; elle y était très maigrement repré-
sentée, et le directeur de l'établissement, M. Onelli,
lui avoua qu'il était plus facile de se procurer des
animaux étrangers que des animaux autochtones.
Les hôtes les plus remarquables du jardin étaient
une bande de six pingouins aptérodytes du pôle aus-
tral, et des hérons blancs qui, jouissant de leur plein
vol, circulaient d'une pièce d'eau à une autre. Les
hérons provenaient d'une nombreuse troupe de ces
oiseaux qu'on avait lâchés dans le parc, il y a quelques années, dans l'espoir qu'ils s'y fixeraient, et
constitueraient en semi-domesticité une colonie de reproduction.

De Buenos-Ayres, le chemin de fer conduisit

M. Blaauw au pied des Andes. Un peu après la station de Mercédès, la ligne traverse une grande ferme d'autruches nandous, puis côtoie des étangs où les hérons blancs sont en grand nombre, et d'autres où des milliers de flamants rouges sont occupés à filtrer la vase à travers les lamelles de leur bec pour y chercher leur nourriture, tandis que des cygnes coscoroba explorent les rives. Le jardin public de Mendoza, où M. Blaauw ne fit qu'une courte halte, contient une petite collection d'animaux de l'Amérique du Sud : de magnifiques pumas, quelques vigognes, des condors et autres oiseaux de proie, et une bande de cygnes coscoroba.

Dans les ports, des bandes de vautours noirs purgent de leurs détritus les rues. Les colibris à huppe d'or se mêlent aux oiseaux captifs qui se reproduisent dans les jardins publics. On voit que le Sud-Amérique commence à suivre l'exemple des Etats-Unis qui instaurèrent si intelligemment les parcs nationaux de repeuplement.

Aux Antilles, sir W. Ingram a consacré l'île de Tobago à un essai d'acclimatation des paradisiers.

Notre Terre Promise, faite des vestiges permis d'Eden, pourrait donc nous restituer les charmants commensaux de l'homme primitif. L'Oiseau nous demeure un ami, tant que nous n'avons pas trahi cette amitié. « Partout, observe M. Edmond Perrier, où les oiseaux se sont trouvés pour la première fois en présence de l'homme, comme dans les régions antarctiques qu'ont affrontées récemment les Shakleton, les Charcot, les Amundsen, et l'héroïque Scott, ils semblent plutôt l'avoir considéré comme une sorte d'être surnaturel qui s'imposait à leur respect... Vivre en paix avec la nature entière ; organiser le

Globe de manière que le meurtre y soit aussi réduit que possible et que, loin de nous fuir, tous les animaux venant à nous comme à leurs protecteurs naturels se prêtent, pour ainsi dire d'eux-mêmes, aux services que nous leur demandons, voilà l'idéal vers lequel nous essayons de nous acheminer. Il n'est pas d'animaux quelque peu intelligents que l'on ne puisse réussir à faire vivre et se reproduire en captivité à la condition de leur fournir le genre de confortable qui leur convient, d'assurer leur sécurité et de leur fournir quelques distractions parmi lesquelles ils finiront presque toujours par apprécier surtout les caresses de leur maître. »

Après tant de générations traquées par notre barbarie, rares sont les oiseaux qui, comme le merle, la gallinule, gardent en naissant quelque instinctive défiance. Un râle me suivait comme un chien ; des grives prenaient dans ma main les vers de farine ; une perdrix vivait avec les poules, dans mon jardin. « Les oiseaux les plus farouches, observe M. Louis Ternier, sont peut-être ceux qui se familiarisent le plus facilement en captivité. Et ne voit-on pas, dans les contrées de nidification des oiseaux de mer, à Bridlington, Flamborough, par exemple, les guillemots, macareux et similaires, qui ne sont jamais chassés, laisser les *cliff climbers* ou grimpeurs de rochers, chasseurs d'œufs, venir prendre, en les soulevant de la main, l'œuf qu'ils sont en train de couver sur les anfractuosités des falaises. Les animaux, la plupart des oiseaux sont donc naturellement confiants envers l'homme qu'ils ne considèrent comme un ennemi que quand ils ont eu à souffrir de son approche. »

L'on connaît la familiarité des cigognes qui nichent

sur les toits en Orient, en Algérie, en Allemagne.
« Elles s'arrêtent, dit M. Martner, au pied des
Vosges, qu'elles ne dépassent jamais. Cependant,
une fois, un couple de ces oiseaux est venu s'établir
à Lunéville, en bâtissant son nid sur la tête d'une
statue qui surmonte l'église principale. Cet essai ne
leur a pas paru satisfaisant, car elles ne sont pas
revenues. »

Ah! cigognes, cigognes, ne nous faites plus cet
affront, de redouter notre patrie comme une terre de
mort! Mais, nous, cessons de le mériter. Étendons à
tous les oiseaux cette protection qui vaut à quelques
habitués du Luxembourg et des Tuileries l'amitié
confiante des moineaux et des ramiers. Que la première leçon donnée par l'oiseau à ses petits ne soit
plus celle que raconte le vieux naturaliste Bernier :
« Il me souvient de ce que, me promenant un jour
le long d'un chemin, j'aperçus, sur la branche d'un
saule assez bas, trois petites hirondelles nouvelle-
ment sorties du nid, qui ne s'envolèrent pas quoique
je passasse tout proche. Retournant sur mes pas et
repassant pour la troisième fois par-dessous la
branche, j'étendis la main comme pour les prendre;
mais deux grandes hirondelles étant survenues sur
ces entrefaites et ayant gazouillé je ne sais quoi,
les petits s'envolèrent aussitôt. Ce qui me fit juger
premièrement que ces grandes hirondelles étaient
le père et la mère qui, en les querellant, les avaient
avertis de me fuir comme un de leurs ennemis; en
second lieu, que la plupart des animaux ne nous
fuient que parce qu'ils ont reçu quelques dommages
de nous. »

Ainsi l'Oiseau, ce méconnu, dont nous négligeons
les services, dont nous dédaignons les charmes, lui,

nous connaît trop. Heureuses les âmes que l'orgueil et la brutalité n'ont pas desséchées, et chez lesquelles de mystérieux accords relient à l'amour de Dieu l'intelligence des êtres qu'Il a créés ! Je rêve au conte exquis de Flaubert : *Un Cœur simple*. Pourtant, plus émotive que cette idylle d'une servante et d'un perroquet, rayonne l'authentique histoire qu'Henry Berthoud nous a narrée : celle de la jeune idiote qui savait répéter ces seuls mots : « Maman; oiseaux. » Quelques garnements — de ceux-là qui persécutent toutes les faiblesses — l'assaillent un jour, la terrassent. Et voici qu'une légion de merles, de pinsons, s'élancent sur ces lâches, leur becquètent le visage, les contraignent à fuir. Ensuite, peu à peu, dans les profondeurs insondées d'une âme endormie s'éveillera la vie morale, et d'heureuses amours auréoleront cette étrange destinée.

Mais plus haut, plus haut ! Ravissez-nous sur vos ailes, ô passereaux, jusqu'à la sainteté même, jusqu'au Povèrello d'Assise !

———

Parmi les animaux, dans une étable, réplique de Bethléem, naît ce patricien qui, pour dame, choisira la Pauvreté. Si humble entre les pêcheurs qu'on l'eût pris pour l'un d'eux, François puisera en l'ivresse du sacrifice les dilections suprêmes et les joies qui ne trompent point.

Autour de lui le treizième siècle, ardent et mystique, fleur de l'ère chrétienne, trop tôt desséchée par le paganisme florentin.

Poursuivant, par delà les mirages de ce monde, l'éternelle splendeur, et baisant les plaies du lépreux, François lègue une chevalerie aux pieds nus qui grandira sur les ruines fastueuses des Ordres militaires. Au fond, il est un sage, le seul qui ait déchiffré le mot du bonheur. Il sait que l'on ne possède les richesses qu'en se forgeant des querelles et des soucis. Cependant des hommes le haïssent : impies ou pharisiens auxquels sa pauvreté volontaire remémore trop l'immortalité rémunératrice ou le sens vrai de l'Évangile. Mais il va son chemin parmi les huées, bénissant qui l'outrage, répliquant à la calomnie par l'amour.

Et alors cet indigent possède le monde. L'Esprit-Saint dans son âme et les stigmates du Christ sur sa chair, il renoue avec Dieu, par la douleur consentie, le pacte primitif qu'Adam avait reçu dans la joie. Il commande à la nature. Son geste mate la fureur du loup. Sa face amaigrie, où l'emprise divine transparaît, rassure les animaux paisibles. Le lièvre traqué par les veneurs se réfugie sous les plis de sa tunique. Il parle aux brebis une langue que le pâtre n'entend point. Le poisson qu'un pêcheur lui offre, et qu'il dépose au bord du lac, ne consent à y replonger qu'après avoir reçu sa bénédiction.

Les oiseaux, eux, ne consentaient plus, même bénis, à s'éloigner. Aussi bien, saint François d'Assise devrait-il patronner nos ligues, lui qui disait à un chasseur de tourterelles : « Ne livre point à la mort, cher fils, ces volatiles innocents, lesquels, dans l'Écriture, symbolisent les âmes chastes, humbles et fidèles. » Quand le chasseur repentant lui eut remis les colombes, François les harangua : « Pourquoi vous êtes-vous laissées prendre ? Moi, je veux vous arracher à la captivité et à la mort. Venez, et je vous bâtirai des nids où vous pourrez vous multiplier. » Eh ! quoi, n'aurions-nous donc rien inventé, et faut-il relier nos jardins-volières à l'ermitage du Povèrello ?

Assurément il nous surpassait même ; car, non content de multiplier la gent ailée, il entreprit parfois de la convertir. Il tança vertement une jeune alouette huppée qui becquetait ses sœurs, s'appropriait leur nourriture. Puis il maudit l'incorrigible, laquelle se noya dans un vase. Ni chien ni chat ne voulut toucher à ce cadavre réprouvé. Ah ! saint François, laissez-moi préférer vos autres prodiges et de moins affligeants témoignages de votre empire sur la nature !

Je regarde votre maigre silhouette et la lente théorie des frères s'allonger sur les lagunes de Venise, lorsque vous invitiez les mouettes à faire silence pour vous ouïr réciter l'office divin. Pareillement, les hirondelles d'Alviano interrompaient leur gazouillis quand l'ascète leur enjoignait : « Hirondelles, mes sœurs, vous avez assez jasé ; tandis que je prêcherai, écoutez la parole de Dieu. » Mais l'homélie terminée, ou l'oraison, il invitait les joyeuses créatures à renouveler leur concert : « Cigales, tourterelles, fauvettes, mes sœurs, adorons ensemble Celui qui nous donna la vie. »

La bienheureuse pauvreté n'autorisant point l'achat d'une clochette, un faucon éveillait par ses cris, avant l'aube, le monastère ; et, miséricordieux, il retardait son message quand les infirmités de François s'étaient aggravées.

Ainsi, des hirondelles et des myrtes de l'Ombrie aux goélands et aux caps tempêtueux des saints d'Irlande, la lumière du monde invisible découvre aux âmes épurées les splendeurs de la Création matérielle. Le trille d'un rouge-gorge enchante encore l'oreille close aux bruits profanes, ouverte à la symphonie des chœurs séraphiques.

Que le pharisien se voile le front, que cet hypocrite se scandalise de voir Dieu aimé par des cœurs humiliés, alors le Povèrello se retournera vers les bêtes pour invoquer leur témoignage. Et Dieu soulève, un instant, le sceau des malédictions édenniques ; le pacte initial de l'homme innocent avec la nature se renoue dans les prodiges d'une sainteté méconnue par les orgueilleux. La voix d'un oiseau se fait prophétique, et soudain condamne les docteurs gonflés de leur vaine science. Gardez vos chaires professorales, votre fausse sagesse, vos charités feintes ! Ceux que vous poursuivez de vos anathèmes respectés par le monde détiennent, malgré vous, la meilleure part : le cloître fleuri où l'Esprit-Saint se révèle à leur dilection dans le gazouillis matinal des fauvettes. Vous pouvez leur ravir jusqu'à leur réputation chrétienne ; vous ne tromperez le Juge ni sur eux ni sur vous.

Aujourd'hui, où rencontrer le Povèrello, et l'extase de son siècle, et ses oraisons enchantées par les chœurs d'oiseaux innombrables ?

Cela n'a pas porté bonheur à la foi moderne, d'expulser de la liturgie l'Oiseau ! Le Saint-Esprit l'avait choisi pour emblème ; mais à l'Oiseau l'idolâtre Renaissance substitue comme symbole un homme. Bientôt le culte du Saint-Esprit lui-même s'affaiblit dans les âmes, et tout apostolat dès lors semble frappé de stérilité [1].

1. « Les dons de l'Esprit se rapportent à l'intelligence. — L'Esprit en colombe. — Absence au treizième siècle (le

Je ne crois guère que nous entrions dans ma Terre Promise. J'ai le cœur vide d'illusions. Demain, ce sera sans doute, ainsi qu'hier, le triomphe du physicien sur le moraliste, du chimiste sur le poète, de l'industrie sur la nature, de l'avion homicide sur l'oiseau. Et l'insanité matérialiste, la sécheresse janséniste, l'abjection des mœurs continueront de provoquer le Ciel. L'expiation de l'Europe, interrompue en 1815, reprise après cent ans de patience divine, n'avertira personne. Le crime même et la décadence de l'Allemagne, pervertie par la Prusse industrielle et positiviste, ne nous serviront pas de leçon. Entre cette Prusse incendiaire de villes, massacreuse d'enfants, et notre patrie dont aucun gouvernant ne consent à ployer le genou, l'Europe s'enfoncera peut-être vers de pires égarements. Dès lors ruines, maladies, tortures des cœurs durant la paix, ou bien nouvelles hécatombes, l'avenir reverra les châtiments du passé. L'immense barbarie asiatique nous menace. Et, dût-il anticiper l'heure de la destruction du globe, réaliser les incertaines prophéties qui semblent annoncer la fin du monde comme prochaine, le dernier mot restera sûrement à Dieu.

D'ici-là, un conflit, dont il serait puéril de se dissimuler l'issue probable, reste engagé entre nous, les parias de la Cité sans rêve, et ses intangibles hiérophantes : le politicien, l'ingénieur et l'usinier. Les forêts du Chili continueront d'alimenter les succur-

grand siècle chrétien !) de la représentation de l'Esprit en homme. — L'Esprit en homme au quinzième siècle. — L'Esprit est figuré tard sous forme humaine ; sous forme de colombe il traverse tous les siècles. — Jusqu'au dixième siècle l'Esprit ne se voit qu'en colombe. — L'Esprit supprimé. — Hérésies contre le Saint-Esprit. » (DIDRON, *Iconographie chrétienne*.)

sales du Creusot. Les grandioses sapinières du Nord, qui exaltaient la pensée de l'homme, se mueront en journaux, pour abrutir les peuples et leur noircir la vie. Toute voix de la nature finira par se taire, hormis le stupide clairon du coq et l'aboiement du chien. Ceux-là pourront se joindre aux sirènes à vapeur et aux trompes des tramways pour honorer par une convenable symphonie les deux dernières idoles : le Veau d'or et la Bête d'acier.

Ils seront durs à vivre, ces jours! Car, ce qui nous reste de civilisation vraie, nous le devons encore au christianisme. Nos inventions matérielles se peuvent greffer sur la plus atroce barbarie : les musulmans et les bouddhistes emploient le pétrole et l'électricité comme instruments de torture. Après la destruction de la dernière église, ce ne seront pas les bandits policés et les brutes à barèmes, la femme despotique ou asservie, qui nous referont un idéal et de tolérables mœurs.

Ah! saint François d'Assise, priez pour nous! Accomplissez le plus invraisemblable miracle qu'on ait jamais sollicité de votre intervention : christianisez l'avenir!

Et, puisque l'Évangile promet à qui cherche l'invisible royaume tout le reste par surcroît, ô vous qui fîtes courber la tête au loup et qui bénissiez les fauvettes, changez le cœur de nos adversaires. Puisse le politicien voter des lois efficaces pour protéger la faune ailée, l'ingénieur bâtir des jardins-volières, l'industriel préparer, au lieu de poisons, une nourriture pour l'élevage des couvées! Puisse surtout le petit chasseur jeter sa carabine, et l'agriculteur comprendre enfin que tuer l'Oiseau c'est multiplier l'Insecte!

Obtenez-nous de revoir les campagnes peuplées des exquises et indispensables créatures, jadis associées par vous à la louange de Dieu !

FIN

TABLE DES MATIÈRES

LIBRAIRIE ACADEMIQUE PERRIN ET Cie

PIERRE NOTHOMB. — **La Belgique martyre.** Brochure in-16..... » 50
— **Les Barbares en Belgique.** Préface de H. Carton de Wiart. 12e édit. 1 vol. in-16............ 3 50
— **Histoire belge du Grand Duché de Luxembourg.** 1 vol. in-8°. 1 »
— **L'Yser.** — **Les Villes saintes.** — **La Victoire.** — **La Bataille d'été.** — Un volume in-16............... 3 50
HENRI LAVEDAN de *l'Académie française.* **Les Grandes Heures 1914-1915.** 1 volume in-16.... 3 50
— **Les Grandes Heures.** Deuxième Série. Février-Août 1915. Un volume in-16................... 3 50
ANDRÉ HALLAYS. — *En flânant.* — **A travers l'Alsace.** — Mulhouse. — Colmar. — Sainte Odile et Obernai, etc. 1 vol. in-8° écu avec grav... 5 »
EDOUARD SCHURÉ. — **Les grandes légendes de France.** Les légendes de l'Alsace, etc. 1 volume in-16. 3 50
— **L'Alsace française.** Rêves et combats. 1 vol. in-16............. 3 50
G. LENOTRE. — *La Petite Histoire.* **Prussiens d'hier et de toujours.** Un volume in-16............. 3 50
HENRI MALO. — **Le Drame des Flandres.** Un an de guerre. 1er Août 1914-1er Août 1915. 1 vol. in-16 avec 5 gravures................ 3 50
OLIVIER GUIHÉNEUC. — **Dreadnought ou Submersible?** 1 vol. in-16...................... 3 50
ABBÉ AUGUSTIN AUBRY, prêtre du diocèse de Beauvais. — **Ma Captivité en Allemagne.** Lettre-préface de Mgr Baudrillart. 1 vol. in-16.... 2 50
TÉODOR DE WYZEWA. — **La nouvelle Allemagne.** 1 vol. in-16. 3 50
— *La Nouvelle Allemagne.* 2e série, Derrière le front « boche ». 1 volume in-16..................... 3 50
EL. ALTIAR. — **Journal d'une Française en Allemagne,** juillet-octobre 1914. Préface de Charles Vellay. 1 vol. in-16.... 3 50
WILLIAM VOGT. — **La Suisse allemande au début de la guerre de 1914.** 1 volume in-16.......... 2 »
PAUL BALMER. — **Les Allemands chez eux pendant la guerre.** De Cologne à Vienne. Impressions d'un neutre. 1 vol. in-16............ 2 50
MAURICE GANDOLPHE. — **La Marche à la Victoire.** Tableaux du front, 1914-1915. 1 vol. in-16........ 3 50
FRANCIS CHARMES, de l'Académie française. — **L'Allemagne contre** l'Europe. **La Guerre 1914-1915.** 1 volume in-16................. 3 50
JULES MONT. — **La Défense nationale et le Parlement.** 1 vol. in-16. 3 50
Souvenirs d'une Institutrice anglaise à la Cour de Berlin, traduits par T. de Wyzewa. Le « jeu de guerre » du comte Zeppelin. — Le Kronprinz et sa femme, etc. 1 vol. in-16... 3 50
FERNAND LAUDET. — **Paris pendant la Guerre.** 1 volume in-16.... 3 50
GÉNÉRAL F. CANONGE. — **Histoire de l'Invasion allemande en 1870-1871.** 1 volume in-16.......... 3 50
FERNAND-HUBERT GRIMAUTY. — **Six Mois de guerre en Belgique par un soldat belge.** Août 1914-Février 1915. 1 volume in-16..... 3 50
GUSTAVE SOMVILLE. — **Vers Liège.** Le Chemin du crime. Août 1914. 1 volume in-16................. 3 50
CHARLES BAILLOD. — **Pourquoi l'Allemagne devait faire la guerre.** 1 volume in-16............... 2 »
RENÉ PINON. — **France et Allemagne (1870-1913).** Les Nécessités permanentes, 4e édition. 1 vol. in-16 avec une carte hors texte...... 3 50
JEAN PELISSIER. — **Dix Mois de guerre dans les Balkans.** (Octobre 1912-Août 1913). 1 vol. in-8° écu. 5 »
— *Une Enquête d'Avant-Guerre. L'Europe sous la menace Allemande en 1914.* Un volume in-16.... 3 50
BERNARD DESCUBES, brigadier au 60e régiment d'artillerie. — **Mon Carnet d'Eclaireur.** Août-Novembre 1914. Un volume in-16..... 3 50
GEORGES MAZE-SENCIER. — **Les Vies héroïques.** Un volume in-16.. 3 50
GABRIEL FAURE. — **Paysages de Guerre.** Champs de Bataille de France et d'Italie. 1 vol. in-16 2 50
GABRIEL DOMERGUE. — **La Guerre en Orient.** Aux Dardanelles et dans les Balkans. Un volume in-16.. 3 50
FERNAND ENGERAND, député du Calvados. — *L'Allemagne et le fer.* **Les Frontières lorraines et la force allemande.** Un volume in-16.. 3 50
MARCEL POÈTE. — *Une Première manifestation d'Union sacrée.* **Paris devant la menace étrangère en 1636.** Un volume in-16.................... 3 50
CLAUDE PRIEUR. — **De Dixmude à Nieuport.** Journal de campagne d'un officier de Fusiliers marins, Octobre 1914-Mai 1915. 1 vol. avec cartes. 3 50
MAGALI-BOISNARD. — **L'Alerte au Désert.** La Vie saharienne pendant la guerre. 1 vol. in-16............ 3 50

Paris. — Imp. E. CAPIOMONT et Cie, rue de Seine, 57.